★国家示范性高等职业院校建设项目特色教材★

动物病理

钱　峰　主编
冯永谦　主审

DONGWU BINGLI

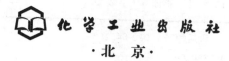

化学工业出版社
·北京·

本书是国家示范性高等职业院校建设项目特色教材之一。本教材通过调查研究兽医类职业岗位群所需要的知识、能力、素质要求，根据当前兽医临床诊断的需求，针对后续专业课程的教学需要，重新解构原有知识体系，基于动物疾病临床诊断的过程以及后续课程的需要，设置常见病变的识别与分析、常见病理的分析、动物尸体剖检技术三个教学项目，共18个任务。每个任务包括培养目标、基础链接、任务导入、相关知识和病例讨论等内容，这些内容把理论与临床实践相结合，在保持科学性和系统性的基础上，注重培养学生分析问题的能力和利用已知的知识解决问题的能力。

本教材既可以作为高职高专院校畜牧兽医相关专业教材，又可作为养殖企业技术人员的岗位培训教材和自学读本。

图书在版编目（CIP）数据

动物病理/钱峰主编 .—北京：化学工业出版社，
2011.10（2022.8重印）
国家示范性高等职业院校建设项目特色教材
ISBN 978-7-122-12533-0

Ⅰ. 动… Ⅱ. 钱… Ⅲ. 兽医学：病理学-高等职业
教育-教材 Ⅳ. S852.3

中国版本图书馆 CIP 数据核字（2011）第 209106 号

责任编辑：李植峰　　　　　　　　　文字编辑：赵爱萍
责任校对：宋　玮　　　　　　　　　装帧设计：史利平

出版发行：化学工业出版社（北京市东城区青年湖南街 13 号　邮政编码 100011）
印　　装：北京虎彩文化传播有限公司
787mm×1092mm　1/16　印张 11　彩插 5　字数 268 千字　　2022 年 8 月北京第 1 版第 8 次印刷

购书咨询：010-64518888　　售后服务：010-64518899
网　　址：http://www.cip.com.cn
凡购买本书，如有缺损质量问题，本社销售中心负责调换。

定　　价：36.00 元

黑龙江农业经济职业学院
国家示范性高等职业院校建设项目特色教材编审委员会

《动物病理》编写人员

主　　编　钱　峰

副主编　李树东　李晓娟　姜　鑫

编写人员　（按姓名汉语拼音排列）

葛　鑫（黑龙江农业经济职业学院）

姜　鑫（黑龙江农业经济职业学院）

李树东（黑龙江农业经济职业学院）

李晓娟（黑龙江农业经济职业学院）

刘华磊（新飞鸿饲料厂）

钱　峰（黑龙江农业经济职业学院）

徐　鹏（牡丹江市金源种猪繁育有限责任公司）

主　　审　冯永谦（黑龙江农业经济职业学院）

编写说明

　　黑龙江农业经济职业学院 2008 年被教育部、财政部确立为国家示范性高等职业院校立项建设单位。学院紧紧围绕黑龙江省农业强省和社会主义新农村建设需要，围绕农业生产（种植、养殖）→农产品加工→农产品销售链条，以作物生产技术、畜牧兽医、食品加工技术、农业经济管理 4 个重点建设专业为引领，着力打造种植、养殖、农产品加工、农业经济管理四大专业集群，从种子入土到餐桌消费、从生产者到消费者、从资本投入到资本增值，全程培养具有爱农情怀、吃苦耐劳、务实创新的农业生产和服务第一线高技能人才。

　　四个重点建设专业遵循"融入多方资源，实行合作办学、融入行业企业标准，对接前沿技术、融入岗位需求，突出能力培养、融入企业文化，强化素质教育"的人才培养模式改革思路和"携手农企（场）、瞄准一线、贴近前沿；基于过程、实战育人、服务三农"的专业建设思路，与农业企业、农业技术推广部门和农业科研院所实施联合共建：共同设计人才培养方案、共同确立课程体系、共同开发核心课程、共同培育农业高职人才；实行基地共建共享、开展师资员工交互培训、联合开展技术攻关、联合打造社会服务平台。

　　专业核心课程按照"针对职业岗位需要、切合区域特点、融入行业标准、源于生产活动、高于生产要求"的原则构建教学内容，选取典型产品、典型项目、典型任务和典型生产过程，采取"教师承担项目、项目对接课程、学生参与管理、生产实训同步"的管理模式，依托校内外生产性实训基地，实施项目教学、现场教学和任务驱动等行动导向的教学模式，让学生"带着任务去学习、按照标准去操作、履行职责去体验"，将"学、教、做"有机融于一体，有效培植学生的应职岗位职业能力和素质。

　　学院成立了示范院校建设项目特色教材编审委员会，编写《果树栽培技术》、《山特产品加工与检测技术》、《农村经济》、《猪生产与疾病防治》等 4 个系列 20 门核心课程特色教材，固化核心课程教学改革成果，与兄弟院校共同分享我们课程建设的收获。系列教材编写突出了以下三个特点：一是编写主线清晰，紧紧围绕职业能力和素质培养设计编写项目；二是内容有效整合，种植类教材融土壤肥料、植物保护、农业机械、栽培技术于一体，食品类教材融加工与检测于一体，养殖类教材融养、防、治于一体；三是编写体例创新，设计了能力目标、任务布置、知识准备、技能训练、学生自测等板块，便于任务驱动、现场教学模式的实施开展。

黑龙江农业经济职业学院
国家示范性高等职业院校建设项目特色教材编审委员会
2010 年 11 月

前　言

　　"动物病理"是动物防疫与检疫等兽医类专业平台课，该课程于 2008 年被确立为国家示范院校省级财政支持的动物防疫与检疫专业重点建设课程。本教材由专任教师与来自兽医临床的技术人员共同开发，本着"强调适用性，突出应用性"的原则；依据兽医、动物检疫相关专业高职高专人才培养的要求；以培养应用型人才为目标，注重应用能力的培养，强化实用技能训练。

　　本教材内容的选取是通过调查研究兽医类职业岗位群所需要的知识、能力、素质要求，根据当前兽医临床诊断的需求，针对后续专业课程的教学需要，重新解构原有知识体系，基于动物疾病临床诊断的过程以及后续课程的需要，设置常见病变的识别与分析、常见病理的分析、动物尸体剖检技术三个教学项目，共 18 个任务。每个任务包括培养目标、基础链接、任务导入、相关知识和病例讨论等内容，这些内容把理论与临床实践相结合，在保持科学性和系统性的基础上，注重培养学生分析问题的能力和利用已知的知识解决问题的能力。

　　参与编写人员及分工如下：疾病基本知识的认识，任务 1、任务 2、任务 4、任务 6、任务 7、任务 12、任务 14、任务 17 由钱峰编写；任务 3、任务 5、任务 8、任务 10、任务 15 中子任务 2、子任务 3 由李树东编写；任务 9、任务 11、任务 13、任务 16 由李晓娟编写，任务 15 中子任务 1 由姜鑫编写；任务 15 中子任务 4～11 由葛鑫编写；任务 18 由刘华磊编写；书中部分临床病例及图片由刘华磊、徐鹏提供，全书由钱峰统稿，由冯永谦教授审定。

　　本教材在编写过程中参考了同行专家的一些文献资料，在此致以崇高的敬意和衷心感谢。

　　由于编者水平有限，经验不足，加之时间仓促，书中难免存在疏漏和不足之处，恳请广大师生和读者批评指正。

编者

2011 年 7 月

目　录

疾病基本知识的认识

[目标]

　　了解畜禽疾病造成的危害，掌握引起疾病的原因；了解疾病发生发展的规律及疾病的经过与转归。揭示疾病本质，为临床畜禽疾病的预防和治疗提供理论依据。

[基础链接]

　　在学习以下内容之前，建议将以下在基础课当中学过的知识点进行回顾，以便更好地运用。
　　1.健康动物机体的组织器官形态结构及生理代谢、功能活动。
　　2.决定畜禽生产能力和经济价值的因素。

[导入]

　　新城疫是由新城疫病毒引起的禽的一种急性、热性、败血性和高度接触性传染病，具有很高的发病率和病死率。新城疫多发生于 180～350 日龄的蛋鸡。鸡群大多数正常，少数鸡有呼吸道症状，排黄绿色稀粪，病鸡产蛋率下降 20%～40%，蛋壳发白，产薄壳蛋、软壳蛋、砂壳蛋和畸形蛋（如图 0-1，彩图见插页）。

图 0-1　新城疫病鸡产的蛋

　　问题：
　　1.与健康蛋鸡相比，感染新城疫病毒的产蛋鸡的生产能力出现什么样的变化？
　　2.鸡新城疫对蛋鸡生产会造成哪些危害？进一步思考畜禽疾病对养殖业会造成哪些影响？

[相关知识]

　　一、疾病的概念与特征
　　疾病是一种复杂的自然现象。人们对疾病本质的认识，是随着社会发展和科学进步而逐步深化的，并随着医学的发展而不断完善。现代医学认为，疾病是机体与来自内外环境的致病因素相互作用产生的损伤与抗损伤的复杂斗争过程。在疾病过程中，一方面来自内外环境的致病因素会对动物机体造成损伤，使正常的机能、代谢和形态结构发生改变，动物机体的生理平衡被破坏；另一方面动物机体又会通过一系列防御适应和代偿，去维持自身的生理平衡。在抗损伤的过程中，动物机体消耗增加，可导致其生产能力下降，严重损伤会引起动物死亡，甚至造成严重的经济损失。

疾病的概念反映了疾病具有以下特征。

1. 疾病是在一定条件下由病因作用于机体的结果

任何疾病的发生都是由一定的原因引起的，没有原因的疾病是不存在的。因此，在临床上查明疾病的原因是有效防治疾病的先决条件。尽管现在还有一些疾病的原因没研究清楚，但随着科学的进展和人类认识水平的不断提高，这些疾病的病因终归是会被揭露的。

2. 疾病是完整机体的反应

机体与外界环境的统一和体内各器官系统之间的协调活动，是动物健康的标志，疾病的发生意味着这种协调活动的破坏。任何疾病，无论它是局限于局部还是遍及于全身，都是完整机体的一种反应。尽管许多疾病所造成的形态结构和机能、代谢的变化仅表现在某一局部，但它均可通过神经-体液因素影响到全身，并且整体的状况也会通过神经-体液因素影响到局部病变的发展。局部表现是全身反应的集中体现，所以，任何疾病都是完整统一机体的反应。

3. 疾病是一个矛盾斗争的过程

在致病因素的作用下，机体内发生了机能、代谢障碍和形态结构改变等损伤性反应，妨碍了机体的正常生命活动，不利于机体的生存。但是，与此同时，机体内也必然出现抗损伤反应，借以抵抗和消除致病因素及其所造成的损伤。在疾病过程中，以致病因素及其所引起的损伤为一方，以机体的抗病能力为另一方的矛盾斗争过程贯穿于疾病的始终，疾病就是在矛盾斗争中发生、发展和变化的。

4. 生产能力的降低是动物患病的重要特征之一

患病时，由于机体的适应能力降低，机体内部的机能、代谢和形态结构发生障碍或损坏，必然导致动物生产能力（劳役、营养状态、产蛋、产乳、产毛、繁殖力）下降，经济价值降低，这是动物疾病的重要特征。

二、疾病发生的原因

疾病发生都有一定的原因和条件，一般把引起疾病发生的原因称为病因，把促进疾病发生的条件称为诱因。通常诱因是指环境中的温度、湿度等条件，如寒冷的冬季机体受寒，抵抗力下降，容易感染流感病毒，引起感冒。诱因与病因之间并没有明显的界限，有时诱因也可以成为病因引起疾病的发生，如环境温度过低可引起冻伤。现代病因学认为，一切疾病都是由原因和条件综合作用的结果，研究病因和诱因的目的是为了正确理解疾病的本质及其发生的规律性，可以在饲养管理过程中改善诱因、消除病因，制定有效的防治措施。

引起疾病的原因很多，概括起来可以分为两大类，即存在于外界环境中的致病因素（疾病的外因）和机体内部的致病因素（疾病的内因）。

（一）疾病发生的外因

疾病的外因是指存在于外界环境的各种致病因素。按其性质可分为生物性致病因素、化学性致病因素、物理性致病因素、机械性致病因素和营养性致病因素等。

1. 生物性致病因素

生物性致病因素是临床上最为常见的也是最重要的致病因素，它包括各种病原微生物（如病毒、霉形体、立克次体等病原菌）、寄生虫（如原虫、蠕虫等）、某些致病性霉菌及其毒素等。侵入机体的病原微生物，主要通过产生外毒素、内毒素、溶血素、杀白细胞毒素和蛋白分解酶等而造成病理性损伤。寄生虫病可以通过机械性阻塞、破坏组织、掠夺营养等作用危害机体。生物性致病因素的致病作用具有如下特点。

（1）致病作用有一定的选择性　主要表现在感染动物的种属、侵入门户、感染途径和作用部位等。如家畜不患白喉，人类不患牛瘟；破伤风梭菌只通过有创伤的皮肤、黏膜感染引起发病；痘病毒主要侵害皮肤和黏膜。

（2）引起的疾病有一定的特异性　有相对恒定的潜伏期，比较规律的病程，特异性临床症状和病理变化以及特异性免疫反应等。如猪瘟时脾脏出血性梗死、肠道出现纽扣状溃疡等都是特异性病理变化。

（3）有一定的持续性和传染性　生物性致病因素侵入机体后，作用于整个疾病过程，并且其数量和毒力不断发生变化。有些病原微生物还可随渗出物、分泌物和排泄物等排出体外，传染给其他个体。

（4）机体的反应性及抵抗力起着极其重要的作用　致病作用不仅决定于致病因素及其产生的内、外毒素等毒性物质，而且也决定于机体的抵抗力及感受性。当机体抵抗力强时（免疫动物），体内虽存在病原菌也不一定发病；反之，若机体抵抗力弱，体内常在菌也会乘虚而入引起疾病。

2. 化学性致病因素

化学性致病因素是指对动物机体有致病作用的化学物质，主要包括强酸、强碱、重金属盐类、农药、化学毒剂、毒草等。化学性致病因素也可来自体内，如体内各种病理性代谢产物、肠道内腐败分解产生的毒性产物等。在畜牧兽医工作实践中，侵害畜禽的化学性致病因素多来自农药（如有机氯、有机汞、有机磷等）、饲料添加剂（如喹乙醇中毒）以及由于饲料调制、利用不当而造成的中毒（如亚硝酸盐中毒、氯氰酸中毒等）。化学性致病因素对机体作用的特点如下。

（1）蓄积作用　化学性致病因素进入机体后蓄积到一定量时才起致病作用，在疾病发生发展过程中一直起作用，直至被解毒或排出。

（2）选择作用　有些化学物质对机体的毒害有一定的选择性，据此可将化学毒物分为：肝脏毒，如四氯化碳、有机氯等；血液毒，如亚硝酸盐、棉酚等；神经毒，如有机磷、有机氯等；原浆毒，如砷、氢氰酸等。

（3）同一因素作用的结果不同　化学性致病因素的作用不仅取决于化学物质的性质、结构、剂量、溶解性，还取决于作用部位和机体状态。

化学性致病因素能损伤机体，也能被机体中和、解毒和排出，在排泄过程中有时可使排泄器官受损。

3. 物理性致病因素

物理性致病因素包括高温、低温、电流、光能、电离辐射、大气压和噪声等，这些因素达到一定强度或作用时间较长时，都可使机体发生物理性损伤引起疾病。

（1）温度　高温作用于机体局部可引起烧伤，作用于全身则引起热射病和日射病（临床上统称为中暑）。炎热季节，畜禽舍通风不良时常发生的热应激就是由高温所致的。低温作用于机体局部可引起冻伤，作用于全身可使机体受寒，抵抗力降低，易诱发疾病。如动物过冬时，由于未做好防寒工作，或者受到暴风雨的突然袭击，以及劳役出汗而暴露于寒风之中，均可使机体受冷，特别易于引起感冒和肺炎。

（2）电流　电流作用于机体主要引起电击伤，严重时可造成死亡。电流的致病作用如下。

① 电热作用：电能转化为热能，引起局部烧伤（电灼伤）。

② 电解作用：改变细胞外离子浓度，使细胞膜外离子分两极聚积（电极化）。神经末梢发生这种变化时，呈现过度敏感，神经肌肉出现过度痉挛。电解作用还可使体内的氯化钠解离，产生强酸、强碱而损害机体。

③ 电机械作用：即电能转变为机械能，引起机体机械性损伤。

电流对机体损害程度取决于电压、电流强度、电流性质（交流或直流）、作用时间、电流通过机体的途径和机体的机能状态。

（3）光能　阳光为动物生长所必需，一般无致病作用。如果动物体内有光敏感物质，如：卟啉、荧光素、叶绿素等，就会对紫外线产生感受性增高的现象，称为光照病或感光过敏症。例如，家畜吃了荞麦等蓼科或三叶植物，又在阳光下暴晒，就会使体表皮肤无色素部分发生炎症，出现疹块、水肿或坏死，严重者引起神经、消化系统机能紊乱和"光溶血作用"。

（4）电离辐射　电离辐射主要是引起机体放射性损伤，导致染色体畸变，从而诱发畸胎、流产、癌变等，某些基因突变也可引起动物变种。长期或大剂量辐射可致机体出现放射病，放射病是一种严重的全身性疾病，在临床症状明显期表现为软弱、拒食、出血、进行性消瘦和体温升高。电离辐射可直接引起细胞死亡，器官功能障碍，全身出血，以致神经功能紊乱，并易继发感染，最后导致动物死亡。

（5）噪声　环境的噪声对畜禽的不良影响，近年来引起人们的重视。实验证明，音阈超过100～200dB（分贝），持续作用可使动物的生理功能发生明显的改变，特别是使交感神经兴奋，引起血压升高，心跳、呼吸加快，物质代谢增加，消化道分泌及蠕动减弱。动物出现兴奋、惊恐等症状，生产性能下降，严重时可引起动物行为失常，出现顽固性病态，生产性能下降。

4. 机械性致病因素

一定强度的机械力可引起机体损伤，如锐器或钝器的撞击、爆炸的冲击波、从高处坠下、畜禽之间打斗等，都可引起机体的各种损伤和障碍。此外，体内的肿瘤、异物、结石、寄生虫等长期存在也可对正常组织产生压迫作用而造成损伤。由于机械力的性质、强度、作用部位和范围不同，可以发生各种性质不一的损伤，如挫伤、创伤（包括切伤、刺伤、撕裂伤）、扭伤、骨折、脱臼和振荡等。其结果除引起局部的机能障碍及代谢改变外，严重时可引起全身的重大变化。

机械性致病因素对机体的作用特点如下。

① 对组织作用无选择性、无潜伏期及前驱期很短。

② 对疾病只起发动作用，与疾病的进一步发展无关。

③ 机械力的强度、性质、作用部位和范围决定损伤的性质和强度，很少受机体的影响。

④ 转归方式常为病理状态。

5. 营养性致病因素

正常机体所必需的营养物质如糖、脂肪、蛋白质、维生素和微量元素的缺乏、不足或过多，畜禽的营养不能得到合理补充和调剂时，也可引起疾病。如鸡饲料中动物性蛋白质过多，可引起痛风症；雏鸡维生素 B_1 缺乏，可发生多发性神经炎；饲料质量低下时，动物常出现贫血、消瘦、营养不良性水肿；饲料的突然更换，也可以引起疾病。

（二）疾病发生的内因

疾病发生的内因是指机体本身的生理状态，一般可分为两个方面：一方面是机体对外界致病因素的反应性，即感受性；另一方面是指机体对外界致病因素的防御能力，即抵抗力。疾病发生的根本原因就在于机体对致病因素具有感受性和机体抵抗力的降低，而机体对致病因素的易感性和抵抗力又与机体各器官的结构、机能、代谢特点以及机体防御机能状态有关，也与机体的一般反应性有关。例如，鸡和猪同时注射鸡新城疫强毒时，由于鸡对新城疫病毒具有感受性而发病，猪无感受性而不发病。若给已接种猪瘟疫苗的猪在免疫期内注射猪瘟强毒时，由于机体已获得对猪瘟病毒的免疫防御能力，故不发病。

1. 机体的防御能力

动物机体的防御能力是由机体的屏障机构及其相应的功能所形成的，当机体的屏障机构遭到破坏或其功能发生障碍时，即可使机体防御能力下降而发病。机体的防御屏障机构包括外部屏障与内部屏障两个方面。

（1）外部屏障主要由皮肤、黏膜及其附属腺体、皮下组织以及骨骼和肌肉等组成。外部屏障作为机体的第一道防线，可以有效地阻挡外界致病因素的入侵，并能缓解致病因素的致病作用。

① 完整健康的皮肤能阻止病原微生物侵入。家畜皮肤表层和被毛的脱落可以排除其上的病原微生物；皮脂腺和汗腺分泌的酸性物质（脂肪酸、乳酸等）具有一定的杀菌、抑菌功能。皮肤中分布有丰富的感觉神经末梢，借助神经反射能使机体及时避开某些致病因素的损害。因此，当皮肤的完整性遭到破坏或其分泌功能和感觉功能障碍时，均可使机体发生感染和遭受各种有害因子的侵入。

② 黏膜分布于机体的消化道、呼吸道、泌尿生殖道等部位，除对病原微生物有一定的机械性屏障外，还有分泌、排泄及杀菌机能。如眼泪和唾液中含有溶菌酶，有溶解细菌的能力；呼吸道黏膜通过纤毛的摆动，可以阻止异物入侵和排出异物；消化道黏膜的分泌物中还有分泌型抗体（如唾液中含 IgA、小肠中含 IgE、IgM 等），胃液（盐酸）、胆汁（胆汁酸）也具有杀菌作用；同时黏膜分泌液还能冲淡或冲走有毒物质。因此，黏膜损伤常是感染和有毒物质大量吸收的重要窗口。

此外，肌肉、骨骼、皮下结缔组织等在一定程度上有保护体腔脏器，尤其是生命重要器官（如心脏、脑等）的作用。外界致病因素如果突破机体的外部屏障并侵入体内时，还会遇到各种内部屏障的防御作用。

（2）内部屏障包括淋巴结、各种吞噬细胞、特异性免疫细胞、血管屏障、肝脏和肾脏等。

① 病原微生物及其他致病因素一旦穿过皮肤、黏膜，沿着皮下淋巴管进入淋巴结，就被阻挡在淋巴结内，由吞噬细胞将其杀灭。因此，当淋巴结结构和功能发生损害时，常可使侵入淋巴道的病原体随淋巴扩散至全身各组织器官。

② 机体内具有吞噬、杀菌能力的细胞，主要有中性粒细胞和单核巨噬细胞系统。它们不仅具有吞噬、消除体内病原、异物及衰老、伤亡细胞的功能，还能加工和传递抗原，活化

T 淋巴细胞、B 淋巴细胞。巨噬细胞系统在抗体和其他体液因子的协同下，吞噬活动明显增高，在机体防御疾病和免疫功能中起着重要的作用。当吞噬细胞减少或吞噬功能障碍时，容易导致局部感染全身化。

③ 免疫细胞，如 T 淋巴细胞、B 淋巴细胞和 NK 细胞。当此细胞系统受损时，常引起各种病原体的合并感染。如胸腺发育不良的家畜，T 淋巴细胞的分化成熟及其功能受到抑制；鸡感染传染性法氏囊病毒时，B 淋巴细胞功能受损；鸡感染马立克病时，T 淋巴细胞、B 淋巴细胞均受损。因此，动物免疫细胞功能缺陷时，不但出现其特征性病变，而且可伴发各种细菌混合感染。

④ 血管屏障。

a. 血脑屏障：由脑软膜、脉络膜、室管膜及脑血管内皮所组成，其脑内毛细血管内皮细胞边缘互相叠压，没有裂隙；毛细血管有一层连续的基膜，其外还有神经胶质膜。这些特殊结构能阻止某些细菌、毒素及大分子物质进入脑组织，保护中枢神经系统免受伤害，若血脑屏障破坏，则可使中枢神经系统遭受病原体的侵害，出现致命性疾病。

b. 胎盘屏障：包括子宫内膜上皮及基膜，子宫内膜毛细血管内皮及基膜，两层基膜间的结缔组织，胎儿绒毛膜滋养层上皮及基膜，绒毛膜毛细血管内皮及基膜，以及后两层基膜间结缔组织。该屏障可以阻止母体的病原体通过绒毛膜进入胎儿血液循环感染胎儿，从而保护胎儿不受伤害。若胎盘屏障遭到破坏，则可使某些病原体侵袭胎儿，引起胎儿死亡、流产或先天性疾病。

⑤ 肝脏和肾脏。肝脏是机体的主要解毒器官，从肠道吸收各种有毒物质，随血液循环由门静脉到达肝脏，肝细胞通过氧化、还原、甲基化、乙酰化、脱氨基、形成硫酸酯或葡萄糖醛酸内酯等方式，使之转化为无毒物质经肾脏排出体外，同时肝脏还是消除酮体的重要器官。

肾脏是机体最大的排毒器官，它通过滤过及分泌作用排泄有害刺激物，它能以相当大的浓度排出氮残渣、硫酸盐或磷酸盐等，或借助生物化学的解毒过程如脱氨基、结合等，减弱或消除毒物作用。

因此，在肝脏发生硬变、肝炎及中毒性肝营养不良等情况下，或发生肾炎、肾萎缩时，肝脏的解毒机能及肾脏的排毒机能就会发生障碍，使体内有毒物质蓄积出现自体中毒。

2. 机体反应性

机体反应性是指机体对各种刺激物（包括生理性和病理性）的作用发生反应的特性，是动物在种系进化和个体发育过程中形成与发展起来的。随着神经系统的不断发展，动物的反应性也日趋复杂与完善，借以保证机体能更好地适应外界环境。动物机体的反应性取决于动物的种属、个体状况、年龄和性别等。

（1）种属 动物由于种属不同，对外界刺激物的反应也不同。这不仅表现在对传染性刺激物的反应上（种属免疫），也表现在对一般非特异性刺激物的反应上。例如口蹄疫主要侵害偶蹄兽，猪、牛、羊易患口蹄疫，但马属动物一般就不会感染。

（2）品种与品系 不同品种或品系的同类动物，对同一刺激物的反应强度差异甚大。如一些品种与品系的鸡对白血病相当敏感，而另一些品种与品系的鸡则该病的发病率很低。因动物的品种或品系不同发病率差异颇大的现象，提示了通过改变育种途径可能会减少这些疾病的发生。

（3）个体状态 由于动物个体营养状况、抵抗力、免疫状态等的不同，对疾病的感受性也不同。具有免疫力的个体比其他个体的抵抗力强；营养良好的个体比营养不良的个体抵抗力强。

（4）年龄 幼龄动物屏障机构和免疫机能尚未发育完善，其抵抗力较弱，易患消化系统、呼吸系统方面的疾病；成年动物机体随着神经系统与屏障机能的完善，当各种致病因素作用时，能够做出种种的反应，对致病因素的抗损伤反应尤为明显，整个机体的抵抗力一般较强；随着年龄的增加，老龄动物整个机体的代谢功能日益下降，神经系统的反应机能低下，屏障功能减弱，抗体形成减少，吞噬机能不断衰退，易患心血管及代谢方面的疾病。

（5）性别 性别不同，对病原刺激物的反应也有差异，这与神经-激素调节系统的特点有较大的关系。例如畜禽白血病的发病率，雌性高于雄性。

3. 遗传因素

遗传因素在一定程度上直接影响着动物的体质和对各种刺激物的反应性。此外，遗传物质的改变可直接引起遗传性疾病。遗传性疾病是由于基因突变或染色体畸变，导致动物体某些结构或代谢产生缺陷而引起的疾病。如马的某些基因改变可引起血友病，猪的某些基因改变引起肛门闭锁，牛的某些基因突变则可引起牛的短腿、裂唇和斜视等。

（三）疾病内因、外因的辩证关系

在疾病发生上，外因是重要的，没有外因就不可能发生相应的疾病，如只有存在猪瘟病毒才可能发生猪瘟。然而环境中的猪瘟病毒是否能引发猪瘟，还要看猪本身的情况和条件因素，经过猪瘟疫苗免疫的猪只一般不会发生猪瘟，而未经免疫的猪只可能发生猪瘟，在这里猪的内因起着重要的作用。如果有敏感的猪只，也有猪瘟病毒，而病毒无法与猪接触也不可能发生猪瘟（没有发病的条件）。所以，疾病的发生是外因、内因和条件综合作用的结果。但具体到某一疾病来讲，外因与内因哪个起主导作用，不可一概而论。如遗传病的发生，是内因起主导作用；而机械力所致创伤、高温所致烧伤则是外因起决定作用。因此，对于外因与内因在发病中的作用，应视不同的疾病作具体分析。

三、疾病发生发展的基本规律

（一）疾病发生的一般规律

病原刺激物作用于动物机体，一方面可造成机体的病理性损伤，另一方面又可引起机体的一系列抗损伤反应。所有这些现象的出现，主要是通过致病因素对组织的直接作用，或通过神经系统机能的改变，或通过体液因素的作用来实现的。

1. 致病因素对组织的直接作用

致病因素对机体组织器官起直接损伤作用，从而导致疾病的发生、发展。这一过程通常又称为组织机制。如高温、低温、强酸、强碱和强大的机械力等作用于机体时，可引起局部发生形态结构和生理机能的改变，使组织出现变性和坏死等。

2. 致病因素通过体液作用

体液是维持机体正常生命活动的内环境。某些致病因素可通过作用于体液，引起各种体液成分发生质或量的改变，使机体内环境稳态破坏，导致机体发病，该作用称为体液机制。如体液量的多少或者体液酸碱度、氧和二氧化碳分压、各种激素含量及比例变化等。

3. 致病因素通过神经作用

有些致病因素和病理产物作用于神经系统的不同部位，引起神经系统机能的改变，而发生相应的疾病和病理变化，此种作用又称为神经机制。疾病过程中神经系统的作用，可分为致病因素对神经直接作用和神经反射作用。在感染、中毒情况下，致病因素直接作用于神经中枢引起神经机能障碍。如刺激性较强的气体可引起动物流泪，脑炎引起动物的运动失调等。在饲料中毒时，出现的呕吐与腹泻则是通过神经反射起作用。

4．酶、核酸异常的致病作用

（1）酶活性改变的致病作用　动物体内的物质代谢过程都需要酶参与，酶缺乏或酶的活性受到抑制，而引起各种代谢障碍，称为疾病发生的酶机制。如维生素 B_1 缺乏时，使 α-酮酸氧化脱羧酶系统的活性降低，结果使糖代谢中 α-酮戊二酸的脱羧受阻，糖代谢停留于丙酮酸阶段，使机体尤其是脑组织能量供应不足，大脑功能降低。诸如此类因酶缺乏所致的疾病逐渐增多，酶缺乏多数是由于基因突变所致。

（2）核酸结构改变的致病作用　由于核酸遗传信息改变而引起机体疾病过程的机制，称为疾病发生的核酸机制。有机体细胞 DNA 链的碱基序列或结构的改变是许多遗传性疾病发生的重要原因。如血红蛋白的 DNA 链上的腺嘌呤由尿嘧啶取代后，谷氨酸密码就由缬氨酸密码所取代，结果使血红蛋白的合成发生障碍，导致镰状红细胞性贫血。再如 RNA 病毒中广泛存在 DNA 聚合酶，常与宿主 DNA 发生整合而改变其遗传信息从而引起疾病。

现已发现白血病、乳腺癌、淋巴肉瘤等疾病都是通过改变 DNA 遗传信息而引起的。此外，各种电离辐射、化学毒物等都可导致基因突变或染色体畸变而引起疾病。

以上几种作用在疾病过程中不是孤立存在的，相互间往往有着密切的联系。当致病因素对组织直接作用时，也作用于该组织的神经组织，同时致病因素引起组织损伤后，产生的病理代谢产物及崩解产物亦可进入体液。如果是生物性致病因素，如病毒，还可引起有机体核酸结构改变而致病。

（二）致病因素在体内的蔓延途径

如前所述，机体的内外屏障机能对防止致病刺激物的入侵和蔓延有着非常重要的作用，但是这种机能是有限的。当外界致病因素的强度过大或数量过多时，或者机体的抵抗力被削弱时，致病因素就突破机体的内外屏障，并沿以下途径在体内蔓延。

1．组织扩散

组织扩散是指致病刺激物沿着组织或组织间隙进行蔓延，组织扩散的速度比较慢，例如，喉气管炎沿气管、支气管扩散引起支气管炎或支气管肺炎。

2．体液扩散

致病刺激物，特别是病原微生物越过外部屏障后，可以进入血液或淋巴，经血道或淋巴道扩散。血道扩散常引起菌血症、毒血症甚至败血症，而淋巴道扩散则多伴发淋巴管炎和淋巴结炎。在一定情况下，淋巴道扩散可以侵入血流。血道扩散的速度较快，危险性也较大，常使病变全身化。

3．神经扩散

神经扩散可分刺激物扩散和刺激扩散两种形式。刺激物扩散是指刺激物沿着神经干内的淋巴间隙扩散蔓延，如狂犬病病毒和破伤风毒素在体内的扩散即属于刺激物扩散方式；有时刺激物作用于神经引起冲动，并传递至相应的神经中枢，使中枢的机能发生改变，从而引起相应器官的机能改变，此种通过反射途径扩散的方式称为刺激扩散。

必须指出，上述 3 种扩散方式在疾病发生上往往是交互进行或同时进行的。掌握致病因素的扩散途径对于疾病的防治具有重要意义，在兽医临床实践中，应对具体情况进行认真分析，以便及时有效地阻止有害刺激物的扩散和蔓延，并采取措施加强机体的屏障机能，以战胜疾病。

（三）疾病发展中的共同规律

1. 疾病过程中损伤与抗损伤的相互关系

致病因素作用于机体，引起机体各种损伤性变化的同时，也激发起机体一系列抗损伤性防御和修复反应。这种损伤与抗损伤的斗争推动着疾病的发展，贯穿于疾病的始终。

双方力量的对比，决定着疾病的发展方向和结局。当损伤占优势时，疾病则向恶化方向发展，甚至导致死亡；反之，抗损伤占优势，疾病则缓解、康复。

疾病过程中的损伤与抗损伤这对矛盾在一定条件下也可以相互转化。如急性肠炎时出现的腹泻，它有利于排出肠内的细菌和毒物，是抗损伤性反应。但是剧烈的腹泻又可导致机体脱水和酸中毒等，从而转化为损伤性反应。所以，在临床实践中，必须善于区别疾病过程中的损伤与抗损伤的反应，并观察它们相互转化的情况采取正确的诊疗措施。

2. 疾病过程中因果交替规律与主导环节

因果交替规律的实质是矛盾对立统一规律的一种表现形式，是疾病过程中的基本规律之一。疾病的发生、发展、恶化、好转过程一环扣一环，就是指原始病因作用于机体后引起一定的病理变化，而这一结果又成为新的病因，又可引起新的病理变化。例如，细菌性腹泻，细菌感染作为病因，可引起胃肠黏膜损伤，出现腹泻的"果"，而腹泻作为"因"又可以引起动物机体脱水的"果"，脱水作为"因"可引起循环血量减少的"果"，进而引起休克；从另一个角度考虑，胃肠黏膜损伤也可引起营养物质消化吸收发生障碍的"果"，营养物质消化吸收障碍作为"因"可导致机体营养不良的"果"，营养不良又导致机体防御力下降的"果"，加重整个疾病过程。由此可见，疾病过程就是由许多个"因"和"果"构成，这些"因"和"果"又决定了疾病的发生与发展。在临床上，了解疾病的因果转化，掌握疾病发展规律，可以抓住疾病主导环节，采取有效治疗措施，阻断疾病恶化，促使机体康复。

3. 疾病过程中局部与整体的关系

在疾病过程中，局部病变可影响全身，全身机能状态又影响着局部病变，两者是互相影响、互相联系的。例如，体表急性炎症时，局部表现为红、肿、热、痛和机能障碍，同时全身可出现体温升高、白细胞增多等反应。因此，在实践中，要正确处理疾病过程中全身与局部之间的辩证关系。这种局部与整体的辩证观，对兽医临床起着重要的指导作用。

四、疾病的经过和转归

1. 疾病的经过

疾病从发生到结束，称为疾病过程或疾病经过。在疾病过程中，由于损伤与抗损伤矛盾双方力量对比不断变化，使疾病呈现不同的阶段性。以微生物引起的疾病为例，一般可把病程分为相互联系但又界限明显的4个阶段。

（1）潜伏期　又称隐蔽期。指从病因作用于机体时起，到疾病的第一批症状出现时为止的时期。潜伏期的长短根据病因的特点和机体本身状况表现不一致。病原微生物侵入机体内数量越多，毒力越强，或者机体抵抗力弱时，则潜伏期较短，否则较长。例如，狂犬病的潜伏期最长可达1年以上，而炭疽病多为1～3天。普通疾病中的电击或刀伤基本没有潜伏期。在潜伏期，机体要动员全部的抗损伤力量与致病因素的损伤力量进行顽强斗争。如果机体防御力量战胜了致病因素的损伤作用，则疾病不发展；否则，出现疾病的早期症状，并进入第二阶段。

（2）前驱期　从疾病出现早期症状到主要症状开始暴露的时期，称前驱期或先兆期。在这一阶段，机体的功能活动和反应性均有所改变，一般只出现某些非特异性症状，称为前驱症状。如精神沉郁、食欲减退、心脏活动及呼吸机能发生改变、体温升高和劳役或生产力降低等。此期通常为几个小时到一两天。机体进一步动用一切防御力量与致病因素作斗争，若机体抗损伤的力量战胜病因的损伤力量，再加以适当的治疗，疾病就会开始好转而康复，否则疾病继续发展，进入下一阶段。

（3）临床明显期 是指疾病的主要或典型症状充分表现出来的时期。由于疾病不同，所表现症状的特征和持续的时间也有所不同。患畜体内的防御适应能力得到了应有的发展，同时，致病因素的损伤作用也更加显著，损伤与抗损伤的矛盾激化，从而使疾病的特征性症状显现出来，对疾病的诊断和治疗有重要意义。

（4）结局期又称转归期 是指疾病的结束阶段。在此阶段中，有时疾病结束得很快，症状在几小时到一昼夜之内迅速消失，称为"骤退"；有时则在较长的时间内逐渐消失，称为"缓退"。

在疾病经过中，有时可因抵抗力下降使症状和机能障碍加剧，称此为疾病的"恶化"；若疾病症状在一定时间内暂时减弱或消失，称为"减轻"；若在某一些疾病过程中又伴发有另一种疾病，称为"并发症"，例如幼畜副伤寒时可以并发肺炎。此外，有些疾病在恢复后，经过一段时间又重新发生同样的疾病，称为"再发"或"复发"。

2. 疾病的转归

疾病的转归可依机体的状况、病因的性质和诊断，以及是否及时正确地治疗而表现各异，据此可分为完全痊愈、不完全痊愈和死亡 3 种形式。

（1）完全痊愈 当致病因素作用停止或消失后，机体受损器官的机能恢复正常，损伤的组织得到完全修复，疾病症状全部消除，病理性调节为生理性调节所取代，机体各器官系统之间以及机体与外界环境之间的协调关系得到完全恢复，畜禽的生产能力和经济价值也恢复正常，称为"完全痊愈"。

（2）不完全痊愈 患病动物的主要症状虽然消除，但受损器官的机能和形态结构未完全恢复，甚至遗留有疾病的某些残迹或持久性的变化，称为"不完全痊愈"。例如，家畜关节炎转为慢性而形成关节周围结缔组织增生，关节肿大、粘连、变形并成为永久性病变，称为"病理状态"。对此，机体往往通过代偿作用来维持正常活动。

（3）死亡 死亡指生命的终结。在疾病过程中，由于损伤作用过强，机体的调节机能不足，不能适应生存条件的要求，其抵抗能力已告耗竭，引起呼吸和心跳等生命活动的终止，动物不能继续生存，便可发生死亡。

死亡的时间可以瞬间发生，也可逐渐发生。凡没有任何症状或先兆的突然死亡称"骤死"。这种死亡常见于中枢神经系统、心脏、肾脏、肺脏、肝脏等生命活动的重要器官遭受严重损害时，如屠宰家畜的急性放血或电击死亡等。一般常见疾病的死亡是逐渐发生的，称为"渐死"。通常分为如下 3 期。

① 濒死期：持续时间不等，一般可由数小时到 2～3 天，其特征是机体各系统的机能发生严重障碍和失调，脑干以上的中枢神经处于高度抑制状态，动物表现为反射迟钝，感觉消失，心跳微弱，呼吸时断时续或出现病理性呼吸，肛门括约肌松弛致使粪尿失禁、体温下降等。

② 临床死亡期：此期主要标志是呼吸与心跳完全停止，反射活动消失以及中枢神经系统高度抑制，但各种组织内仍然进行着微弱的代谢过程。

濒死期和临床死亡期内，由于重要器官的代谢过程尚未停止，有些急性死亡动物（如失血、窒息、触电致死），在极短暂时间内，脑组织尚未遭受不可逆的破坏时，采取行之有效的急救措施（如向心肌方向注入血液和营养液，按摩心脏，进行人工呼吸，心内注射肾上腺素等），有重新复活的可能。因此，又称为死亡的可逆时期。但如脑组织发生不可逆变化，机体就进入生物学死亡阶段。

③ 生物学死亡期：这是死亡的最后阶段或不可逆阶段。此时从大脑皮层开始，到整个神经系统以及各重要的器官新陈代谢相继停止，并出现不可逆的变化，整个机体已不能再复活。随后出现尸冷、尸僵、血液凝固及尸体腐败等死后变化。

［分组病例分析］

猪流行性感冒是由流感病毒引起的一种急性、传染性呼吸器官疾病。秋冬季节是高发期，有一头猪发病即迅速爆发于整个猪群。病猪突然发热，精神不振，食欲减退或废绝，常横卧在一起，不愿活动，呼吸困难，咳嗽剧烈，眼和鼻有黏性液体流出，眼结膜充血。传染性很高但通常不会引发死亡。但如果在发病期治疗不及时，则易并发支气管炎、肺炎和胸膜炎等，会增加死亡率。

问题：

1. 分析猪流行性感冒的病因和诱因。
2. 分析猪流行性感冒过程中的因果转化。
3. 将猪流行性感冒过程按照疾病的经过与转归进行阶段划分。

［相关练习］

1. 将下列病因进行分类

大肠杆菌	有机磷中毒	紫外线	牛没有羊对肝片吸虫敏感	皮炎
高温	长期营养不良	铅中毒	肿瘤压迫	缺钙	变态反应
血友病	仔猪白痢	蛔虫	误食铁钉	工业废水	肝片吸虫
维生素缺乏	流感病毒	青冈叶中毒	肝硬化	雷电	奶牛乳房炎

2. 请举例说明疾病过程中损伤与抗损伤的斗争过程是如何进行的。

项目一　常见病变的识别与分析

▶ [**项目任务描述**]
1. 掌握各种常见病变的眼观变化。
2. 能够分析各种病理变化发生的原因及机理。
3. 掌握疾病发生发展规律，为临床疾病的诊断与治疗提供理论依据。

▶ [**技能目标描述**]
1. 能够正确识别常见病变的眼观变化。
2. 根据疾病发生的原因和机理初步制定治疗方案。

▶ [**项目内容**]

项目一 常见病变的识别与分析	任务1　水肿的识别与分析
	任务2　脱水的识别与分析
	任务3　酸碱平衡紊乱的辨别与分析
	任务4　局部血液循环障碍的识别与分析
	任务5　贫血的识别与分析
	任务6　组织和细胞损伤的识别与分析
	任务7　抗损伤变化的识别与分析
	任务8　肿瘤的识别与分析

任务1　水肿的识别与分析

[**任务目标**]

掌握水肿的眼观变化，熟悉水肿的发生机理和类型，能够初步分析各种类型水肿的发生机理。培养识别水肿眼观病理变化并进行描述的能力，分析问题的能力和利用已知的知识解决问题的能力。

[**基础链接**]

在学习以下内容之前，建议将以下在基础课当中学过的知识点进行回顾，以便更好地运用。
1. 体液的组成（根据分布位置）。
2. 毛细血管有效滤过压公式，正常情况下组织液的生成与回流。
3. 泌尿生理，影响尿液生成的因素。
4. 门脉循环的相关知识。

[任务导入]

图 1-1

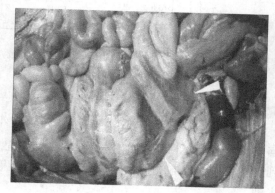

图 1-2

问题:

1. 图 1-1 和图 1-2（彩图见插页）是哪些地方发生病变（发生异常）?

2. 请描述发生什么样的异常?

[相关知识]

水是构成动物体组织细胞的重要成分之一,它在动物体内构成体液,约占体重的 70%。体液可分为两大部分,即细胞内液（约占体重的 50%）和细胞外液（约占体重的 20%）。细胞外液又包括组织间液（简称组织液,约占体重的 15%）和血浆液体（约占体重的 5%）。

水不仅直接参与组织的构成,且具有运输营养物质和代谢产物,维持体液内环境稳定性,促进和参与体内物质代谢,以及调节体温、润滑组织等重要生理机能,当水代谢障碍时,这些生理机能也必然受到影响。

正常情况下,动物体可通过神经系统和内分泌激素的调节作用,使机体对水分的摄入和排出保持着动态平衡,以维持体内水分的正常含量,这就是水的代谢平衡。但在某些病理情况下,由于某些致病因素的作用,使机体的水分摄入或排出的任一环节发生紊乱时,就会使水代谢平衡被破坏,从而引起水代谢障碍的发生。机体对水的摄入过多或排出减少,而致体内水分过多蓄积就会引起水肿。

一、基本知识

水肿:组织液在组织间隙过多蓄积的病理过程。

积水:组织液在体腔内过多蓄积。

浮肿:组织液在皮下组织蓄积所引起的皮下水肿。包括凹陷性水肿（指压留痕）及非凹陷性水肿。

二、水肿发生的原因与机理

（一）组织液的生成大于回流

正常情况时血管内外液体交换是平衡的（图 1-3）,在某些病理情况下,由于受到各种致病因素的作用,组织液生成与回流的动态平衡被破坏,就会导致组织液的生成增多或回流减少,致使组织液在组织间隙中过多蓄积,引起水肿。引起水肿的主要因素如下。

1. 毛细血管流体静压升高

当毛细血管流体静压升高时,其动脉端有效滤过压升高,组织液生成增多,若超过淋巴

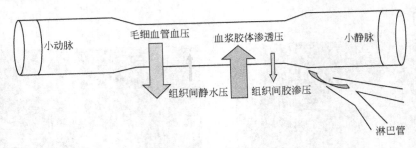

图 1-3　血管内外液体交换示意图

回流的代偿限度时即可发生水肿。如局部炎症时的动脉充血、静脉被血栓阻塞、静脉管壁受到肿瘤或异物压迫或者全身性的心功能不全等，都可以导致毛细血管流体静压升高，发生水肿。

2. 血浆胶体渗透压降低

血浆胶体渗透压主要由血浆蛋白（白蛋白）浓度决定，白蛋白含量显著减少，可使血浆胶体渗透压降低，导致毛细血管有效滤过压升高，组织液回流减少，而在细胞间潴留。引起血浆胶体渗透压降低的主要因素是血浆蛋白合成不足，如机体发生严重营养不良或肝功能不全时可致血浆白蛋白合成障碍；蛋白质丢失过多，肾功能不全时大量白蛋白可随尿丢失；蛋白质大量分解消耗，如慢性感染和恶性肿瘤时蛋白质被大量分解消耗。以上因素都会引起血浆胶体渗透压降低而发生水肿。

3. 毛细血管和微静脉通透性增强

当毛细血管和微静脉受到损伤使其通透性增强时，血浆蛋白可从管壁滤出，引起血浆胶体渗透压降低、组织液胶体渗透压升高而导致水肿。细菌毒素、创伤、烧伤、冻伤、化学性损伤、缺氧、酸中毒等因素，可直接损伤毛细血管和微静脉管壁；变态反应和炎症过程中产生的组织胺、缓激肽等多种生理活性物质，可引起血管内皮细胞收缩，细胞间隙扩大使管壁通透性增强。

4. 组织液渗透压增高

组织液渗透压增高可促进组织液的生成而引起水肿。引起组织液渗透压增高的因素有：血管壁通透性增高，使组织液胶体渗透压增高；局部炎症时组织细胞变性、坏死，组织分解加剧，使大分子物质分解为小分子物质，引起局部渗透压增高。

5. 淋巴回流受阻

组织液的一小部分（约 1/10）正常时经毛细淋巴管回流入血，从毛细血管动脉端滤出的少量蛋白质也主要随淋巴循环返回血液。若淋巴回流受阻，即可引起组织液积聚及胶体渗透压升高。引起淋巴回流障碍的因素主要有：淋巴管痉挛；淋巴管炎或淋巴管受到肿瘤等压迫时导致淋巴管管腔狭窄，淋巴回流受阻；严重心功能不全引起静脉淤血和静脉压升高时，也可导致淋巴回流受阻。

（二）球-管平衡破坏，导致钠、水潴留

动物不断地从饲料和饮水中摄取水和钠盐，并通过呼吸、出汗和粪、尿将其排出。在生理情况下摄入量与排出量始终保持着动态平衡，这种平衡的维持是通过神经体液调节得以实现的。其中肾脏的作用尤为重要，正常情况下肾小球滤出的水、钠总量中只有 0.5%～1% 被排出，绝大部分被肾小管重吸收，其中 60%～70% 的水、钠由近曲小管重吸收，余者由远曲小管和集合管重吸收。肾小球滤出量与肾小管重吸收量之间的相对平衡称为球-管平衡。

这种平衡关系被破坏就会引起球-管失平衡，常见的有肾小球滤过率降低和肾小管对钠、水重吸收增加，导致钠、水潴留引起水肿（图 1-4）。

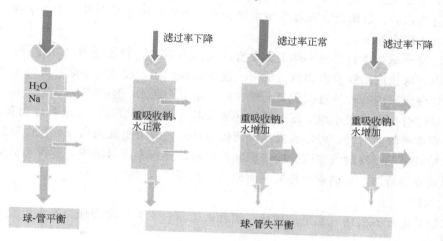

图 1-4　球-管失平衡基本形式示意图

1. 肾小球滤过率降低

肾小球病变，例如急性肾小球肾炎时，由于肾小球毛细血管内皮细胞增生、肿胀，有时伴发基底膜增厚，可引起原发性肾小球滤过率降低。心功能不全、休克、肝硬化大量腹水形成时，由于有效循环血量和肾灌流量明显减少，可引起继发性肾小球滤过率降低。

2. 肾小管对水、钠重吸收增加

当有效循环血量减少时，如心功能不全搏出血量不足，可通过主动脉弓和颈动脉窦压力感受器反射性地引起交感神经兴奋，导致肾内血管收缩，由于出球小动脉收缩比入球小动脉更明显，可使肾小球毛细血管中非蛋白物质滤出增多，致使流经近曲小管周围毛细血管中的血浆蛋白质浓度相对升高，而流体静压明显下降，故能促进近曲小管重吸收水、钠增多。

任何能使血浆中抗利尿激素分泌增多、醛固酮分泌增多、心钠素分泌减少的因素，都可引起远曲小管和集合管重吸收水、钠增多。肝功能严重损伤影响对抗利尿激素和醛固酮两种激素的灭活，也可促进或加重水肿。

三、常见水肿及其发生机理

1. 心性水肿

由于心功能不全而引起的全身性或局部性水肿，称心性水肿。右心衰引起全身水肿，表现为下垂部位皮肤水肿，可出现指压留痕；左心衰引起肺水肿，表现为极度呼吸困难，端坐呼吸，阵发性咳嗽伴大量白色或粉红色泡沫痰。心性水肿发生机理如下。

（1）水、钠潴留　心功能不全时心输出量减少，而致肾血流量减少，可引起肾小球滤过率降低；有效循环血量减少，又可导致抗利尿激素、醛固酮分泌增多而心钠素分泌减少，肾远曲小管和集合管对水、钠的重吸收增多。球-管失平衡造成水、钠在体内潴留。

（2）毛细血管流体静压升高　心输出量降低导致静脉回流障碍，进而引起毛细血管流体静压升高。左心功能不全导致肺静脉回流受阻，易发生肺水肿；右心功能不全时前后腔静脉回流受阻，可引起全身性水肿，尤其在机体的低垂部位，如四肢、胸腹下部、肉垂、阴囊等处。

2. 肾性水肿

由肾功能不全（急、慢性肾小球肾炎和肾病综合征等）引起的水肿，称为肾性水肿。肾性水肿属全身性水肿，以眼睑、面部发生水肿为主，严重的可累及全身。皮肤水肿多为凹陷性水肿。其发生机理如下。

（1）急性肾小球肾炎时，肾小球毛细血管内皮细胞增生、肿胀导致肾小球滤过率降低，但肾小管仍以正常速度重吸收水和钠，故可引起少尿或无尿。慢性肾小球肾炎时，当大量肾单位遭到破坏使肾脏的有效滤过面积显著减少时，也可引起水、钠潴留。

（2）肾病综合征时，肾小球毛细血管基底膜受损，通透性增高，大量血浆白蛋白滤出，当超过肾小管重吸收能力时，可形成蛋白尿而排出体外，故可引起蛋白尿，使血浆胶体渗透压下降。这样可引起血液的液体成分向细胞间隙转移而导致血容量减少，后者又引起抗利尿激素、醛固酮分泌增加，心钠素分泌减少而使水、钠重吸收增多。

3. 肝性水肿

肝性水肿是由肝脏疾病（主见肝硬化）引起的全身性水肿，常表现为腹水生成增多。其发生机理如下。

（1）肝静脉回流受阻　肝硬化时，肝组织的广泛性破坏和大量结缔组织增生，可压迫肝静脉的分支，造成肝静脉回流受阻。窦状隙内压明显上升引起过多液体渗出，当超过肝内淋巴回流的代偿能力时，可经肝被膜滴入腹腔内而形成腹水。同时肝静脉回流受阻又可导致门静脉高压，肠系膜毛细血管流体静压随之升高，血浆液体大量渗出到腹腔内，引起腹水。

（2）血浆胶体渗透压降低　首先严重的肝功能不全，可使蛋白质的消化吸收及其合成都受到损害，因而引起血浆胶体渗透压下降；其次肝淋巴含较多的蛋白质，腹水的形成使大量白蛋白潴留于腹腔内；再次，钠、水的潴留对血浆蛋白有稀释作用，使血浆胶体渗透压下降，在一定程度上可促进水肿的发生。

（3）水、钠潴留　肝功能不全时，对抗利尿激素、醛固酮等激素的灭活功能降低，使远曲小管和集合管对水、钠重吸收增多。腹水一旦形成，血容量下降，又可抑制心钠素分泌，促使抗利尿激素和醛固酮分泌增多，结果进一步导致水、钠潴留，加剧肝性水肿。

4. 肺水肿

在肺泡腔及肺泡间隔内蓄积多量体液时，称为肺水肿。其发生机理如下。

（1）肺泡壁毛细血管内皮和肺泡上皮损伤　由各种化学性（如硝酸银、毒气）、生物性（某些细菌、病毒感染）因素引起的中毒性肺水肿，有害物质损伤肺泡壁毛细血管内皮和肺泡上皮，使其通透性升高，导致血液的液体成分甚至蛋白质渗入肺泡间隔和肺泡内。

（2）肺毛细血管流体静压升高　左心功能不全、二尖瓣口狭窄可引起肺静脉回流受阻，肺毛细血管流体静压升高。若伴有淋巴回流障碍，或生成的水肿液超过淋巴回流的代偿限度时，易发生肺水肿。

5. 炎性水肿

炎性水肿是指炎症过程中，由于致炎因素、炎症介质、组织坏死崩解产物等诸多因素的综合作用，引起炎区毛细血管充血、淤血，导致流体静压升高、毛细血管通透性升高、局部组织液胶体渗透压升高、淋巴回流障碍而引起水肿。

6. 恶病质性水肿

又称为营养不良性水肿，见于慢性饥饿、慢性传染病、大量蠕虫寄生等慢性消耗性疾病。由于蛋白质消耗过多，血浆蛋白质含量明显减少，引起血浆胶体渗透压降低而发生水肿。有毒代谢产物蓄积损伤毛细血管壁，在水肿发生上也起一定作用。

四、常见水肿的眼观病理变化

1. 皮肤水肿

皮肤肿胀，色泽变浅，失去弹性，触之质如面团，指压遗留压痕。切开皮肤有大量浅黄色液体流出，皮下组织呈淡黄色胶冻状。

2. 肺水肿

肺脏体积增大，质量增加，质地变实，肺胸膜紧张而有光泽，肺表面因高度淤血而呈暗红色。肺间质增宽，尤其是猪、牛的肺脏更为明显。切开肺脏可从支气管和细支气管内流出大量白色泡沫状液体。

3. 脑水肿

可见软脑膜充血，脑回变宽而扁平，脑沟变浅。脉络丛血管常呈淤血状态，脑室扩张，脑脊液增多。

4. 实质器官水肿

心、肝、肾等实质器官因其结构致密，发生水肿时器官肿胀，被膜紧张，切面外翻。有时肿胀轻微，只有在显微镜下容易发现。心脏水肿时，水肿液出现于心肌纤维之间，心肌纤维彼此分离，受到挤压的心肌纤维可继发变性；肝脏水肿时，水肿液主要蓄积在狄氏间隙内，使肝细胞索与肝窦发生分离；肾脏水肿时，水肿液蓄积在肾小管之间，使间隙扩大，有时导致肾小管上皮细胞变性并与基底膜分离。

5. 浆膜腔积水

当浆膜腔发生积水时，水肿液一般为淡黄色透明液体，蓄积在浆膜腔内。浆膜血管充血，浆膜面湿润有光泽。如属于炎性积水，水肿液混浊，内含较多蛋白质，并混有渗出的炎性细胞、纤维蛋白和脱落的间皮。此时浆膜肿胀、充血或出血，表面常被覆薄层或厚层灰白色呈网状的纤维蛋白。

五、水肿的结局和对机体的影响

水肿是一种可逆的病理过程。病因去除后，在心血管系统机能改善的条件下，水肿液可被吸收，水肿组织的形态学改变和机能障碍也可恢复正常。但长期水肿的部位（如慢性肺水肿），可因组织缺氧缺血、继发结缔组织增生而发生纤维化或硬化，此时即使除去病因也难以完全消除病变。

水肿对机体的影响取决于水肿的程度和发生部位。

轻度水肿，因其水肿液较少，病因清除后，水肿液迅速吸收，水肿很快消退，对机体影响不大。有时轻度水肿对机体会产生有利影响，如轻度的炎性水肿其水肿液对侵入炎区的毒素或有害物质有稀释作用，可减轻对组织的毒害作用。

严重水肿，由于水肿液过多，压迫周围组织，妨碍周围组织的机能活动，影响细胞的物质代谢，对机体的影响较大。

发生在重要器官的水肿，即使水肿的程度轻微，也会对机体造成严重影响。例如肺水肿时，肺通气障碍，重者可导致动物窒息死亡；脑水肿时，其颅内压升高，脑组织受压，中枢机能障碍，甚至导致动物昏迷死亡；心包积液时，心脏活动受到限制，则可导致全身血液循环障碍，甚至引起心力衰竭而造成死亡。

[分组病例分析]

　　仔猪水肿病又名猪胃肠水肿，是由病原性大肠杆菌的毒素引起断奶仔猪的一种急性散发性疾病。由致病性大肠杆菌产生的毒素引起。以头部水肿、运动失调、惊厥、麻痹及剖检时胃壁、肠系膜等水肿为特征。

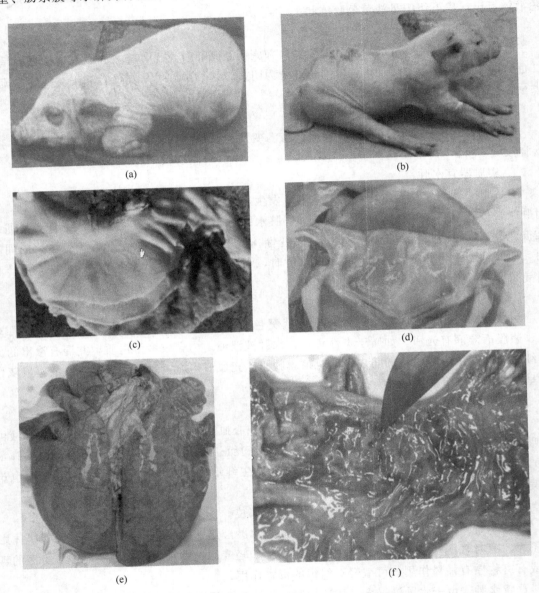

图 1-5　仔猪水肿病的内脏器官的病理变化

图 1-5（彩图见插页）为仔猪水肿病时内脏器官的病理变化，根据以上资料回答问题。

问题：

1. 看病理图片描述各组织器官发生什么样的病理变化？

2. 分析讨论该病引起各组织器官水肿的机理？

[相关练习]

1. 猪正常心率为 60～80 次/min，现在有一病猪心率为 40 次/min，并伴随眼睑肿、四肢肿等现象，请分析该现象发生可能存在的原因，并分析其发生的机理。

2. 某患病动物出现腹水，请分析该现象发生可能存在的原因，并分析其发生的机理。

任务 2　脱水的识别与分析

[任务目标]

掌握脱水的眼观变化，熟悉脱水的类型和发生机理，能够初步分析各种类型脱水的发生机理，掌握各型脱水的补液方法。培养识别脱水眼观病理变化并进行描述的能力，分析问题的能力和利用已知的知识解决问题的能力。

[基础链接]

在学习以下内容之前，建议将以下在基础课当中学过的知识点进行回顾，以便更好地运用。

1. 体液的渗透压为等渗液，进行补液时常用的溶液都有哪些？

2. 健康动物体液占体重的比例是多少？

3. 泌尿生理，醛固酮和抗利尿激素如何影响尿液的生成？

[任务导入]

有一病猪由于腹泻出现明显口渴、频饮、无尿、口腔黏膜发干、眼球下陷、皮肤弹性减退、体重减轻、精神沉郁等临床症状。

1. 请分析由于腹泻导致该病猪出现什么病理现象？

2. 如果需要对该病猪进行补液，可以选择以下哪些溶液？（多选）

A. 5%葡萄糖溶液　　　　B. 50%葡萄糖溶液　　　　C. 0.5%葡萄糖溶液

D. 0.1% NaCl 溶液　　　E. 0.9% NaCl 溶液　　　　F. 30% NaCl 溶液

[相关知识]

动物机体因水分的摄入不足或丧失过多，而使体内水分缺乏（体液异常减少）的病理过程，称为脱水。构成体液的主要成分是水和盐，在脱水时，随着水分的丧失，也必然伴有不同程度盐类的丧失。临床上常根据脱水时，水、盐丧失的比例不同，而将脱水分为缺水性脱水、缺盐性脱水和混合性脱水 3 种类型。

一、脱水的类型

（一）缺水性脱水（高渗性脱水）

以水分的丧失为主，而盐类丧失较少的一种脱水称缺水性脱水。此型脱水的特点是：血浆钠浓度和血浆渗透压升高，血液浓稠，细胞因脱水而皱缩，患畜口渴、尿少、尿比重增高。其中血液渗透压升高为此型脱水的主导环节，故又称为高渗性脱水。

1. 发生原因

（1）饮水不足　动物患咽炎、食管阻塞、破伤风等疾病不能饮水；或长期在沙漠奔波与放牧，水源严重缺乏时，饮水不足又消耗过多，均可引起缺水性脱水。

（2）失水过多　呕吐、腹泻、胃扩张、肠梗阻等疾病可引起大量低渗性消化液丧失；服用过多速尿、甘露醇、高渗葡萄糖等可排出大量低渗尿；高热病畜通过皮肤出汗和呼吸蒸发也丧失多量低渗性体液。另外，丘脑受肿瘤等的压迫而使抗利尿激素合成、分泌障碍，或由于肾小管上皮代谢障碍而使对抗利尿激素反应性降低，因而经肾排出大量低渗尿，使大量水分排出，均可引起缺水性脱水。

2. 代偿过程

脱水过程是一个渐进的发展过程，动物机体具有较强的抗脱水能力，在缺水性脱水的初期，由于体内水分大量丧失，而致血浆中水分显著减少，血浆钠浓度相对增高，致使血浆渗透压升高，机体可通过一系列保水、排钠的抗脱水作用来维持血浆渗透压的平衡，这就构成了一对脱水与抗脱水的矛盾斗争过程，能否引起脱水，取决于双方力量的对比。病理过程如图 2-1。

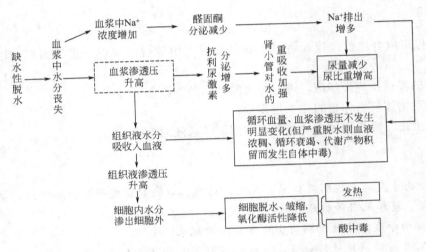

图 2-1　缺水性脱水的病理过程图解

（1）保水作用——有口渴感，尿量减少　血浆渗透压升高，刺激丘脑下部渗透压感受器，一方面可反射性地引起垂体后叶抗利尿激素的分泌增加，使肾小管对水的重吸收加强，尿的排出减少，以达保水作用。另一方面还可反射性地引起患畜口渴，以增加水分的摄入，补充水分的缺乏。

（2）排钠作用——尿比重增加　血浆钠浓度升高，反射性地抑制了醛固酮的分泌，使肾小管对钠的重吸收减少，钠的排出增多，以达排钠作用，患畜尿比重增高。

（3）细胞脱水　由于血浆渗透压升高，细胞内水分外移，组织液中水分回流增多，以维持血浆钠浓度和血浆渗透压，以及循环血量的正常。

3. 缺水性脱水对机体的影响与结局

如脱水不太严重，机体可通过上述保水、排钠和组织液水分回流增多等抗脱水过程，以维持循环血量和血浆渗透压的正常。随着病因的及时消除，脱水就会终止发展，对机体不会产生太大的不利影响。但如病因不能及时消除，脱水过程继续加重，超出了机体的代偿限度时，就会使机体陷于失偿状态，对机体产生较大的不利影响。

（1）如果脱水持续下去，则因组织间液的渗透压继续升高，细胞内水分不断地被外移，造成细胞内脱水，引起细胞皱缩，细胞内氧化酶的活性降低，分解代谢增强，酸性代谢产物堆积，非蛋白氮含量增多，再加之尿液生成减少，故易导致酸中毒和氮质血症。

（2）**脱水热**　脱水持续进行，从皮肤和呼吸器官蒸发的水分相应地减少，散热出现障碍，因而使患病动物体温升高。严重脱水时，由于细胞外液的渗透压极度增高，故可导致细胞脱水。此时，脑组织体积缩小，内压降低，引起大脑皮层和皮层下各级中枢的功能相继紊乱，所以患病动物呈现出运动障碍和昏迷等神经症状，甚至可导致死亡。

（二）缺盐性脱水（低渗性脱水）

以盐类丧失为主，水分丧失较少的一种脱水，称缺盐性脱水。其特点是：血浆渗透压降低，血容量和组织液显著减少，血液浓稠，细胞水肿，患畜不感口渴，尿量较多（但后期急剧减少），尿比重降低，其中血浆渗透压降低为此型脱水的主导环节，故又称低渗性脱水。

1. 发生原因

（1）**补液不合理**　低渗性脱水大多发生于体液大量丧失之后，即单纯补充过量水分所引起。例如，大量出汗、呕吐、腹泻或大面积烧伤之后，只补充水分或输入葡萄糖溶液，未注意补充盐（氯化钠），即可引起低渗性脱水。

（2）**大量钠离子丢失**　肾上腺皮质机能低下时醛固酮分泌减少，抑制肾小管对钠离子的重吸收，造成大量钠离子随尿排出体外。长期使用排钠性利尿剂如速尿、利尿酸、氯噻嗪类，亦导致钠离子大量丢失。

2. 代偿过程

缺盐性脱水初期由于盐类的大量丧失，而致血浆钠浓度和血浆渗透压降低，机体可通过一系列排水、保钠的抗脱水作用来维持血浆渗透压的平衡，这就构成了一对脱水与抗脱水的矛盾斗争过程，能否引起脱水，取决于双方力量的对比。病理过程如图 2-2。

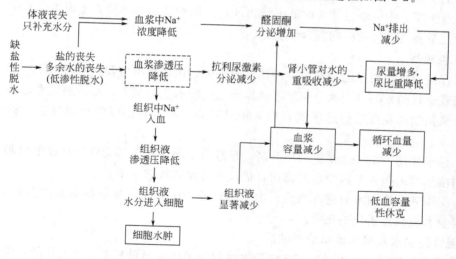

图 2-2　缺盐性脱水的病理过程图解

（1）**排水作用——无口渴感，初期尿量增加**　由于血浆渗透压降低，抑制了丘脑下部渗透压感受器，并反射性地抑制了垂体后叶抗利尿激素的分泌，使肾小管对水分的重吸收减少，大量水分排出，以达排水作用，故患畜尿量增多。

（2）**保钠作用——尿比重降低**　由于血浆钠浓度降低，反射性地引起醛固酮分泌增加，使肾小管对钠的重吸收增加，减少钠的排出，以达保钠作用，患畜尿比重降低。

（3）细胞水肿　血浆渗透压降低，细胞外液低渗，水分进入细胞内，维持血浆渗透压的平衡。组织钠盐进入血液，由于血浆钠浓度降低，组织液中的钠盐部分进入血液，以补充血浆钠的不足。

3. 缺盐性脱水对机体的影响与结局

如脱水不太严重，机体通过上述排水、保钠作用，以及组织液水分进入细胞内等抗脱水过程，使血浆钠的浓度和血浆渗透压维持正常。随着病因的及时消除，脱水就会终止发展，对机体不会产生太大的不利影响。但如病因不能及时消除，脱水过程继续加重，超出了机体的代偿限度时，就会使机体陷于失偿状态，并对机体产生较大的不利影响。

（1）进一步细胞水肿、细胞代谢障碍　由于血浆钠浓度降低，组织液钠盐大量进入血液，致使组织液渗透压下降，大量水分进入细胞，从而引起细胞水肿、细胞代谢障碍。

（2）低血容量性休克　由于血浆钠浓度降低，无法维持循环血量，加之水分大量通过尿液排出以及进入细胞内，细胞外液容量更加减少，从而使有效循环血量减少，动脉压下降，重要器官微循环灌流不足，极易引起低血容量性休克。

（3）自体中毒　血容量的不断减少和循环障碍的不断加重，必然导致肾血流量的显著减少，滤过率显著降低，尿量急剧减少，有毒代谢产物蓄积体内，而引起自体中毒。

（三）混合性脱水（等渗性脱水）

由水分和盐类同等丧失所引起的脱水，称混合性脱水。因混合性脱水丧失的是等渗性体液，脱水初期血浆渗透压基本不变而保持等渗状态，故又称等渗性脱水。因此型脱水使机体水和盐均大量丧失，故有缺水性脱水和缺盐性脱水的综合特征。

1. 发生原因

多发生于急性胃肠炎、剧烈腹痛、中暑或过劳、大面积烧伤等情况下。急性胃肠炎严重腹泻；剧烈腹痛、中暑或过劳等时的大量出汗；大面积烧伤时体液大量流失，均可导致等渗性体液的大量丧失，故可引起混合性脱水。

2. 代偿过程

在混合性脱水初期，因大量等渗性体液的丧失，血浆钠浓度及血浆渗透压一般不发生改变。但随着病程的发展，因水分仍然不断地通过呼吸和皮肤蒸发，水的丧失总是略多于盐的丧失，血浆钠浓度及血浆渗透压则表现为相对升高，而引起相应的代偿反应。病理过程如图2-3。

（1）保水作用　由于血浆渗透压升高，丘脑内下部渗透压感受器反射性地引起口渴、尿少，从而增加水的摄入和减少水的排出，借以维持血浆渗透压不变。

（2）组织和细胞内水分进入血液　由于血浆渗透压升高，组织和细胞内水分进入血液，维持血容量和血浆渗透压的正常。

3. 混合性脱水对机体的影响与结局

如脱水不太严重，机体通过上述抗脱水过程来维持血容量和血浆渗透压的正常，实现机体对脱水的代偿。但如脱水继续发展，超过了机体所能代偿的限度时，就会引起不良影响。

（1）细胞脱水与代谢障碍　由于组织液和细胞内液大量进入血液，而致细胞脱水，发生代谢障碍。

（2）低血容量性休克　由于盐类的大量丧失，而致血浆钠过度减少，无法维持循环血量，通过上述抗脱水作用补充入血液的水不能保留在血液中而排出体外，最终导致血液浓

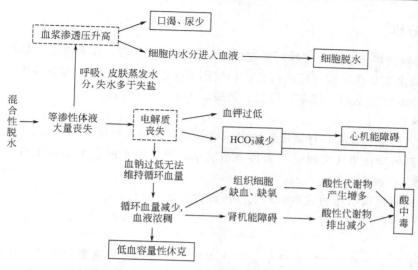

图 2-3　混合性脱水的病理过程图解

稠，循环血量减少，而引起低血容量性休克。

（3）自体中毒　由于循环血量减少，血液浓稠，而致血液循环障碍。一方面因组织细胞缺血、缺氧，加之细胞脱水，而致细胞代谢障碍，酸性代谢物产生增多；另一方面因肾血流量减少，排泄机能障碍，有毒代谢产物蓄积体内，而引起自体中毒。

二、脱水的临床症状及补液原则

脱水是一种常见的病理过程，可发生于多种疾病过程中，对患畜的健康妨碍极大，重者可因脱水而直接造成动物的死亡。在控制原发性疾病的基础上，可通过补液来纠正、治疗。

补液的基本原则：查明脱水的原因、性质和类型以及脱水的程度，然后根据脱水的性质和类型不同确定补液的成分，根据脱水的程度不同确定补液量。

1. 不同脱水类型的补液方法

（1）高渗性脱水时，血钠浓度虽高，但仍有钠的丢失，故除须补充足量的水分（等渗葡萄糖溶液及适量碳酸氢钠）外，还要补充一定量的钠溶液，以防因补充大量水分而使机体的细胞外液处于低渗状态。临床上常用 2 份 5％葡萄糖溶液加 1 份生理盐水治疗。

（2）低渗性脱水时，一般给予足量的等渗性电解质溶液就可治愈。仅补充葡萄糖溶液，而不补钠，则会加重病情，使之恶化，甚至导致严重的水中毒。临床上常用 1 份 5％葡萄糖溶液加 2 份生理盐水治疗。对缺钠明显者应首先补充高渗盐水，以迅速提高细胞外液的渗透压，以后再补充一定量的等渗电解质溶液，使机体完全恢复水、钠平衡。

（3）等渗性脱水时，因其缺水较缺钠更甚，所以补液时应输入低渗的溶液，临床上常用 1 份 5％葡萄糖溶液加 1 份生理盐水来治疗。

2. 脱水程度的判定

（1）轻度脱水　临床症状不明显，患畜仅表现为口渴喜饮，此时失水量约为总体液量的 2％。

（2）中度脱水　临床症状明显，患畜明显口渴、频饮，尿量减少，口腔黏膜发干，眼球下陷，皮肤弹性减退，精神沉郁，此时失水量约为总体液量的 4％。

（3）重度脱水　临床症状严重，患畜口干舌燥，少尿甚至无尿，眼球深陷，皮肤缺乏弹性，精神委靡不振，四肢无力，运动失调，此时失水量约为总体液量的 8％。

[分组病例分析]

2月，某养猪场出现猪传染性胃肠炎疫情。仔猪突然发病，首先呕吐，接着出现急剧的水样腹泻，粪水呈黄色、淡绿色或白色。病猪迅速脱水，体重下降，精神委靡，被毛粗乱无光。吃奶减少或停止吃奶、战栗、口渴、消瘦，于2~5日内死亡。

问题：

1. 猪传染性胃肠炎时，仔猪出现脱水，请分析引起脱水的原因。

2. 分析猪传染性胃肠炎时引起哪种类型脱水，该型脱水的常见临床表现、主要特征以及机体是如何进行调节的。

3. 讨论针对该病引起的脱水临床上如何进行补液。

[相关练习]

一般家畜体液含量约占体重的65%，现有体重为140kg的病畜，出现明显口渴、频饮、尿量减少、口腔黏膜发干、眼球下陷、皮肤弹性减退、精神沉郁等临床症状，请针对该病畜脱水的情况，制定补液方案。

任务3　酸碱平衡紊乱的辨别与分析

[任务目标]

掌握酸碱平衡紊乱的发生原因、机理及对机体的影响，掌握酸碱平衡紊乱时动物的临床特点。能够辨别动物酸碱平衡紊乱的临床特点，并实施相应的救治措施。

[基础链接]

在学习以下内容之前，建议将以下在基础课当中学过的知识点进行回顾，以便更好地运用。

1. 尿的生成。

2. 血液的生理。

3. 消化的生理。

[内容导入]

一头肉牛偷着采食大量青贮玉米。患牛临床表现症状是：胃部膨胀，伴有反刍和嗳气停止；精神沉郁；鼻镜干燥，鼻孔有黏性分泌物；磨牙，口腔黏液多并有难闻的酸臭味；心跳、呼吸加快，但体温正常；尿量少且呈深黄色，不排粪便。听诊瘤胃蠕动音明显减弱，次数减少，持续时间短。有时瘤胃出现间歇性臌气，叩诊瘤胃有鼓音。触诊病牛瘤胃部，感觉胃内充满了内容物，较坚硬，右侧腹部向下突出，可摸到坚硬的皱胃。直肠检查发现肠道空虚无粪。诊断该牛患有急性碳水化合物过食症，多数表现急性瘤胃酸中毒综合征。

问题：

1. 分析为什么肉牛采食大量青贮玉米会出现瘤胃酸中毒的现象？

2. 急性瘤胃酸中毒有哪些病理临床表现？

[相关知识]

一、酸碱平衡的调节

动物体液环境必须具有适宜的酸碱度，才能维持组织细胞的正常代谢和机能活动。动物组织细胞在代谢过程中不断产生酸性物质和碱性物质，还有一定数量的酸性物质和碱性物质随食物摄入体内。机体可通过一系列的调节作用，最后将多余的酸性物质或碱性物质排出体外，达到酸碱平衡。在正常情况下，动物体液环境的酸碱度通常保持在 7.35～7.45，这种体液酸碱度的稳定性，称酸碱平衡。机体之所以能维持体液环境的酸碱平衡，是因为机体具有强大的酸碱调节机构，主要包括以下 4 个方面。

1. 血液缓冲系统的调节

由弱酸及弱酸盐组成的缓冲对分布于血浆和红细胞内，这些缓冲对共同构成血液的缓冲系统。

血浆缓冲对有：碳酸氢盐缓冲对（$NaHCO_3/H_2CO_3$）、磷酸盐缓冲对（Na_2HPO_4/NaH_2PO_4）、血浆蛋白缓冲对（$Na\text{-}Pr/H\text{-}Pr$，Pr 为血浆蛋白）。

红细胞内缓冲对有：碳酸氢盐缓冲对（$KHCO_3/H_2CO_3$）、磷酸盐缓冲对（K_2HPO_4/KH_2PO_4）、血红蛋白缓冲对（$K\text{-}Hb/H\text{-}Hb$，Hb 为血红蛋白）、氧合血红蛋白缓冲对（$K\text{-}HbO_2/H\text{-}HbO_2$，$HbO_2$ 为氧合血红蛋白）。

在这些缓冲对中，以碳酸氢盐缓冲对的量最大，缓冲能力最强。HCO_3^-/H_2CO_3 的比值决定着 pH 值。正常为 20：1，此时 pH 值为 7.4。由于〔HCO_3^-〕小或大引起的 pH 值的改变属于代谢性酸、碱中毒；由于〔H_2CO_3〕大或小引起的 pH 值的改变属于呼吸性酸、碱中毒。

2. 肺脏的调节

肺脏可通过改变呼吸运动频率和幅度来调整血浆中 H_2CO_3 的浓度。当动脉血 CO_2 分压升高、氧分压降低、血浆 pH 值下降时，可刺激延脑的中枢化学感受器和主动脉弓、颈动脉体的外周化学感受器，反射性地引起呼吸中枢兴奋，呼吸加深加快，排出 CO_2 增多，使血浆 H_2CO_3 浓度降低；但动脉血 CO_2 分压过高则引起呼吸中枢抑制。而当动脉血 CO_2 分压降低或血浆 pH 升高时，呼吸变浅变慢，CO_2 排出减少，使血浆中 H_2CO_3 浓度升高。通过调节，可以维持血浆 $NaHCO_3/H_2CO_3$ 的正常。

3. 肾脏的调节

肾脏可通过肾上皮细胞分泌 H^+、分泌 NH_3 和回收 Na^+ 等排酸保碱作用来调节酸碱平衡。在肾上皮细胞内含有碳酸酐酶（CA），可催化 CO_2 和 H_2O 生成 H_2CO_3，H_2CO_3 在肾上皮细胞内又可迅速解离为 H^+ 和 HCO_3^-，其中 H^+ 可由肾上皮细胞分泌到肾小管液中，与肾小管液中的 Na^+ 进行交换后，H^+ 随尿排出，Na^+ 回收，并与保留在肾上皮内的 HCO_3^- 结合成 $NaHCO_3$，输送入血浆中，以补充上述缓冲过程中所消耗的 $NaHCO_3$。当血液中酸度升高时，上述反应加强，以排出过多的酸，回收一定量的 $NaHCO_3$，从而维持体液酸碱度的恒定。

4. 组织细胞的调节

组织细胞对酸碱平衡的调节作用，主要是通过细胞的内外离子交换实现的，红细胞、肌细胞等都能参与调节过程。例如，组织液 H^+ 浓度升高时，H^+ 弥散入细胞内，而细胞内等量的 K^+ 移至细胞外，以维持细胞内外电荷平衡，进入细胞的 H^+ 可被细胞内缓冲系统所处理；当组织液 H^+ 浓度降低时，细胞内的 H^+ 弥散到细胞外，而细胞外等量的 K^+ 移至细胞内。

二、酸碱平衡障碍的类型

尽管机体具有上述强大的酸碱调节机能，但在某些疾病过程中，致使体内产生过多的酸或过多的碱时，就会导致体内酸碱平衡的失调，使体液酸碱度（pH 值）超出正常范围，发生酸碱平衡障碍。酸碱平衡障碍可根据其发生原因不同分为以下 4 种类型。

（一）代谢性酸中毒

代谢性酸中毒是由于体内固定酸生成增多，或碱性物质散失过多而引起的以原发性 $NaHCO_3$ 减少为特征的病理过程，是最常见的一种酸碱平衡障碍。

1. 发生原因

（1）体内固定酸增多

① 酸性物质生成过多：在许多内科病和传染病过程中，由于缺氧、发热、血液循环障碍、病原微生物作用或饥饿引起物质代谢紊乱，导致糖、脂肪、蛋白质分解代谢加强，使体内乳酸、丙酮酸、酮体、氨基酸等酸性物质产生增多。

② 酸性物质摄入过多：动物服用大量氯化铵、稀盐酸、水杨酸等药物，或当反刍动物前胃阻塞、胃内容物异常发酵生成大量短链脂肪酸时，因胃壁细胞损伤可通过胃壁血管弥散进入血液。这些因素均可引起酸性物质摄入过多。

③ 酸性物质排出障碍：急性或慢性肾小球性肾炎时，肾小球滤过率降低，导致硫酸、磷酸等固定酸滤出减少。当肾小管上皮细胞发生病变引起细胞内碳酸酐酶活性降低时，CO_2 和 H_2O 不能生成 H_2CO_3 而致分泌 H^+ 障碍，或任何原因引起的肾小管上皮细胞产 NH_3、排 NH_4^+ 受限，均可导致酸性物质不能及时排出而在体内蓄积。

（2）碱性物质丧失过多

① 碱性肠液丢失：剧烈腹泻、肠扭转、肠梗阻等疾病时，大量碱性肠液排出体外或蓄积在肠腔内，造成血浆内碱性物质丧失过多，酸性物质相对增加。

② HCO_3^- 随尿丢失：近曲小管上皮细胞刷状缘上的碳酸酐酶活性受到抑制时（其抑制剂为乙酰唑胺），可使肾小管内 $HCO_3^- + H^+ \longrightarrow H_2CO_3 \longrightarrow CO_2 + H_2O$ 反应受阻，引起 HCO_3^- 随尿排出增多。

③ HCO_3^- 随血浆丢失：血浆内大量 $NaHCO_3$ 由烧伤创面渗出流失。

2. 机体的代偿反应

（1）血液的缓冲作用　发生代谢性酸中毒时，细胞外液增多的 H^+ 可迅速被血浆缓冲体系中的 HCO_3^- 中和。

$$HCO_3^- + H^+ \longrightarrow H_2CO_3 \longrightarrow H_2O + CO_2$$

反应中生成的 CO_2 随即由肺排出。血液缓冲系统调节的结果是某些酸性较强的酸转变为弱酸（H_2CO_3），弱酸分解后很快排出体外，以维持体液 pH 值的稳定。

（2）肺脏的代偿作用　代谢性酸中毒时，血浆 H^+ 浓度升高，可刺激主动脉弓、颈动脉体的外周化学感受器和延脑的中枢化学感受器，引起呼吸中枢兴奋，呼吸加深加快，肺泡通气量增大，CO_2 呼出增多，动脉血 CO_2 分压和血浆 H_2CO_3 含量随之降低。从而调整或维持血浆中 $NaHCO_3/H_2CO_3$ 的正常。

（3）肾脏的代偿作用　除因肾脏排酸保碱障碍引起的代谢性酸中毒以外，其他原因导致的代谢性酸中毒，肾脏均发挥了重要的代偿调节作用。代谢性酸中毒时，肾小管上皮细胞内碳酸酐酶和谷氨酰胺酶的活性均升高，使肾小管上皮细胞分泌 H^+ 和 NH_4^+ 增多，相应地引起 $NaHCO_3$ 重吸收入血量也增多，以此来补充碱储。此外，由于肾小管上皮细胞排 H^+ 增多，而使 K^+ 排出减少，故可能引起高血钾。

（4）组织细胞的代偿作用　代谢性酸中毒时，细胞外液中过多的 H^+ 可通过细胞膜进入细胞内，其中主要是红细胞。H^+ 被细胞内缓冲体系中的磷酸盐、血红蛋白等中和。约有 60% 的 H^+ 在细胞内被缓冲。在 H^+ 进入细胞内时导致 K^+ 从细胞内外移，引起血钾浓度升高。

$$H^+ + H_2PO_4^- \longrightarrow H_3PO_4$$

$$H^+ + Hb \longrightarrow H\text{-}Hb$$

经过上述代偿作用，可使血浆 $NaHCO_3$ 含量上升，或 H_2CO_3 含量下降，如果能使 $NaHCO_3/H_2CO_3$ 恢复至 20：1，血浆 pH 值维持在正常范围内，称为代偿性代谢性酸中毒。但如体内固定酸不断增加，碱储被不断消耗，经过代偿后 $NaHCO_3/H_2CO_3$ 仍小于 20：1，pH 低于正常值，称为失代偿性代谢性酸中毒。

3. 对机体的影响

代谢性酸中毒时，由于血液中 H^+ 浓度增高，对各个系统都会产生相应影响，特别是对循环系统的影响较大。H^+ 浓度增高一方面可竞争性地抑制 Ca^{2+} 和肌钙蛋白结合，抑制心肌兴奋-收缩偶联过程，使心肌收缩力减弱，心输出量减少；另一方面部分 H^+ 可进入心肌细胞，引起心肌细胞内 K^+ 外逸，而使血钾升高，使心脏传导阻滞，引起心室颤动，心律失常，发生急性心功能不全。同时，H^+ 浓度增高还可降低外周血管对儿茶酚胺的反应性，使外周血管扩张，血压下降，回心血量显著减少，严重时可发生休克。

严重酸中毒时，血浆 pH 值降低，可使细胞内氧化酶活性降低，引起氧化磷酸化过程受阻，ATP 生成不足，脑组织能量供应减少，使中枢神经系统发生高度抑制，患畜表现为精神沉郁、感觉迟钝，甚至昏迷。最后多因呼吸中枢和血管运动中枢麻痹而死亡。

（二）呼吸性酸中毒

呼吸性酸中毒是由于 CO_2 排出障碍或 CO_2 吸入过多而引起的以血浆原发性 H_2CO_3 浓度升高为特征的病理过程。呼吸性酸中毒在兽医临床上也比较多见。

1. 发生原因

（1）二氧化碳排出障碍

① 呼吸中枢抑制：颅脑损伤、脑炎、脑膜脑炎等疾病，均可损伤或抑制呼吸中枢。全身麻醉用药量过大或使用呼吸中枢抑制性药物（如巴比妥类）也可抑制呼吸中枢，造成通气不足或呼吸停止，使 CO_2 在体内潴留，引起呼吸性酸中毒。

② 呼吸肌麻痹：有机磷农药中毒、脊髓高位损伤、脑脊髓炎等疾病可引起呼吸肌随意运动的减弱或丧失，导致 CO_2 排出困难。

③ 呼吸道堵塞：喉头黏膜水肿、异物堵塞气管或食管严重阻塞部位压迫气管时，引起通气障碍，CO_2 排出受阻。

④ 胸廓和肺部疾病：胸部创伤造成气胸时，胸腔负压消失，肺扩张与回缩发生障碍；肺炎、肺水肿、肺肉变时，肺脏呼吸面积减少，换气过程发生障碍，均可导致 CO_2 在体内蓄积。

⑤ 血液循环障碍：心功能不全时，由于全身性淤血，CO_2 的运输和排出受阻，使血中 H_2CO_3 浓度升高。

（2）CO_2 吸入过多　当厩舍过小、通风不良、畜禽饲养密度过大时，因吸入空气中 CO_2 过多而使血浆 H_2CO_3 含量升高。

2. 机体的代偿作用

由于呼吸性酸中毒多因呼吸功能障碍引起，故呼吸系统代偿作用减弱或失去代偿作用，而肾脏的代偿调节作用与代谢性酸中毒时相同。因此，发生呼吸性酸中毒时，机体的代偿作用在血液和组织细胞有所不同。

（1）血液的缓冲作用　呼吸性酸中毒时血浆中 H_2CO_3 含量增高，其解离产生的 H^+ 主要由血浆蛋白缓冲对和磷酸盐缓冲对进行中和。

$$H^+ + Na\text{-}Pr \longrightarrow H\text{-}Pr + Na^+$$

$$H^+ + Na_2HPO_4 \longrightarrow NaH_2PO_4 + Na^+$$

上述反应中生成的 Na^+ 与血浆内 HCO_3^- 形成 $NaHCO_3$，补充碱储，调整 $NaHCO_3/H_2CO_3$ 的比值。但因血浆中 Na-Pr 和 Na_2HPO_4 含量较低，故其对 H_2CO_3 的缓冲能力也较低。

（2）组织细胞的代偿作用　细胞外液 H^+ 浓度升高，故向细胞内渗透，而 K^+ 移至细胞外，以保持细胞膜两侧电荷平衡。同时 CO_2 弥散入红细胞内增多，在红细胞内碳酸酐酶的作用下与 H_2O 生成 H_2CO_3，H_2CO_3 解离形成 HCO_3^- 和 H^+，H^+ 被红细胞内缓冲物质中和。当细胞内 HCO_3^- 浓度超过其血浆浓度时，HCO_3^- 即由红细胞内弥散到细胞外，血浆内等量 Cl^- 进入红细胞，结果血浆 Cl^- 降低，而 HCO_3^- 得到补充（图 3-1）。

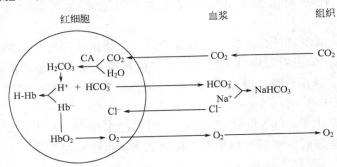

图 3-1　呼吸性酸中毒时细胞内外的离子交换

通过上述代偿反应，血浆 $NaHCO_3$ 含量升高，如果 $NaHCO_3/H_2CO_3$ 恢复至 20：1，pH 值则保持在正常范围内，称为代偿性呼吸性酸中毒。如果 CO_2 在体内大量潴留，超过了机体的代偿能力，则导致 $NaHCO_3/H_2CO_3$ 比值小于 20：1，pH 值低于正常值，称为失代偿性呼吸性酸中毒。

3. 对机体的影响

呼吸性酸中毒对机体的影响与代谢性酸中毒基本相同，不同的是有高碳酸血症和 CO_2 浓度升高。高浓度 CO_2 能直接引起脑血管扩张，颅内压升高，导致病畜精神沉郁和疲乏无力。同时，由于高浓度 CO_2 使脑血管进一步扩张，可引起脑水肿，使病畜陷入昏迷状态。另外，由于 H^+ 浓度增高，H^+ 进入细胞内使细胞内 K^+ 外逸，而使血钾升高，引起心室颤动，心律失常，导致病畜急性死亡。

（三）代谢性碱中毒

代谢性碱中毒是指由于体内碱性物质摄入过多或酸性物质散失过多而引起的以血浆原发性 $NaHCO_3$ 浓度升高为特征的病理过程，临床上较少见。

1. 发生原因

（1）碱性物质摄入过多　经口或静脉注射碱性药物（如 $NaHCO_3$）过多时，易导致血浆内 $NaHCO_3$ 浓度升高。肾脏具有较强的排泄 $NaHCO_3$ 的能力，但若肾功能不全或患畜摄入碱性物质过多，超过了肾脏的代偿限度时，就会引起代谢性碱中毒。

（2）酸性物质丧失过多

① 酸性物质随胃液丢失：猪、犬等动物因患胃炎引起严重呕吐，可导致胃液中的盐酸大量丢失。肠液中 $NaHCO_3$ 不能被来自胃液中的 H^+ 中和而被吸收入血，从而使血浆 $NaHCO_3$ 含量升高。

② 酸性物质随尿丢失：任何原因引起醛固酮分泌过多时（例如肾上腺皮质肿瘤），均可导致代谢性碱中毒。因醛固酮促进肾远曲小管上皮细胞排 H^+、K^+，保 Na^+，引起 H^+ 随尿流失增多，相应地发生 $NaHCO_3$ 回收增多，而导致代谢性碱中毒。

低血钾时，远曲小管上皮细胞分泌 K^+ 减少，分泌 H^+ 增多，引起 $NaHCO_3$ 的生成和回收增多，也可导致代谢性碱中毒。

（3）低氯性碱中毒　Cl^- 是唯一能和 Na^+ 在肾小管内被相继重吸收的负离子。如机体缺氯，则肾小管液内 Cl^- 浓度降低，Na^+ 不能充分地与 Cl^- 以 $NaCl$ 的形式被吸收，因而肾小管上皮细胞则以加强分泌 H^+、K^+ 的方式与肾小管液内的 Na^+ 进行交换。Na^+ 被吸收后即与肾小管上皮细胞生成的 HCO_3^- 结合成 $NaHCO_3$，后者重吸收增加并进入血液，可引起代谢性碱中毒。

2. 机体的代偿作用

（1）血液的缓冲作用　当体内碱性物质增多时，血浆缓冲系统与之反应。

$$NaHCO_3 + H\text{-}Pr \longrightarrow Na\text{-}Pr + H_2CO_3$$

$$NaHCO_3 + NaH_2PO_4 \longrightarrow Na_2HPO_4 + H_2CO_3$$

这样可在一定限度内调整 $NaHCO_3/H_2CO_3$ 的比值。因血液缓冲系统的组成成分中酸性成分远低于碱性成分（如 $NaHCO_3/H_2CO_3$ 大于 20:1），故血液缓冲体系对碱性物质的处理能力有限。

（2）肺脏的代偿作用　由于血浆 $NaHCO_3$ 含量原发性升高 H_2CO_3 含量相对不足，血浆 pH 值升高，对呼吸中枢产生抑制作用。于是呼吸运动变浅变慢，肺泡通气量降低，CO_2 排出减少，使血浆 H_2CO_3 含量代偿性升高，以调整和维持 $NaHCO_3/H_2CO_3$ 的比值。但呼吸变浅变慢又导致缺氧，故这种代偿作用也是很有限的。

（3）肾脏的代偿作用　代谢性碱中毒时，血浆中 $NaHCO_3$ 浓度升高，肾小球滤液中 HCO_3^- 含量增多。同时，血浆 pH 值升高，肾小管上皮细胞的碳酸酐酶和谷氨酰胺酶活性降低，肾小管上皮细胞分泌 H^+、NH_3 减少，导致 HCO_3^- 吸收入血减少，随尿排出增多。这是肾脏排碱保酸作用的主要表现形式。

（4）组织细胞的代偿作用　细胞外液 H^+ 浓度降低，引起细胞内的 H^+ 与细胞外的 K^+ 进行跨膜交换，结果导致细胞外液 H^+ 浓度有所升高，但往往伴发低血钾。

通过上述代偿反应，如果 $NaHCO_3/H_2CO_3$ 值恢复至 20:1，血浆 pH 值则保持在正常范围内，称为代偿性代谢性碱中毒。但如通过代偿仍然不能维持 $NaHCO_3/H_2CO_3$ 至 20:1，使 pH 值高于正常值，则称为失代偿性代谢性碱中毒。

3. 对机体的影响

代谢性碱中毒时，由于红细胞内 H^+ 浓度代偿性下降，而致血红蛋白与 O_2 的亲和力增高，氧的解离与释放量减少，对组织的供氧能力降低。加之血浆 CO_2 分压降低，可引起脑血管收缩和脑血流量减少，引起脑组织缺氧，患畜可由兴奋转化为抑制，甚至发生昏迷。同时，肾上皮细胞代偿性排 H^+ 减少（保酸），相应地排 K^+ 增多，加之细胞外液 K^+ 进入细胞内交换 H^+，使血钾浓度降低，导致心肌亢进，传导紊乱，严重时引起心律失常而致死亡。

（四）呼吸性碱中毒

呼吸性碱中毒是指由于 CO_2 排出过多而引起的以血浆原发性 H_2CO_3 浓度降低为特征的病理过程。在高原地区可发生低血氧性呼吸性碱中毒。在疾病过程中，呼吸性碱中毒也可因通气过度而出现，但一般比较少见。

1. 发生原因

（1）某些中枢神经系统疾病 脑炎、脑膜炎等疾病的初期，可引起呼吸中枢兴奋性升高，呼吸加深加快，导致肺泡通气量过大，呼出大量 CO_2，使血浆 H_2CO_3 含量明显降低。

（2）某些药物中毒 某些药物如水杨酸钠中毒时，也可兴奋呼吸中枢，导致 CO_2 排出过多。

（3）机体缺氧 动物初到高山、高原地区，因大气氧分压降低，机体缺氧，导致呼吸加深加快，排出 CO_2 过多。

（4）机体代谢亢进 外环境温度过高或机体发热，由于物质代谢亢进，产酸增多，加之高温血的直接作用，可引起呼吸中枢的兴奋性升高。

2. 机体的代偿作用

（1）血液的缓冲作用 呼吸性碱中毒时血浆 H_2CO_3 含量下降，$NaHCO_3$ 浓度相对升高，通过以下反应可使血浆 H_2CO_3 含量有所回升。H^+ 由红细胞内 H-Hb、H-HbO$_2$ 和血浆 H-Pr 解离释放。

$$NaHCO_3 \longrightarrow Na^+ + HCO_3^-$$

$$HCO_3^- + H^+ \longrightarrow H_2CO_3$$

（2）肺脏的代偿作用 呼吸性碱中毒时，由于 CO_2 排出过多，血浆 CO_2 压降低，抑制呼吸中枢，使呼吸变浅变慢，从而减少 CO_2 排出，使血浆 H_2CO_3 含量有所回升。在呼吸性碱中毒时，肺脏的这种代偿性反应是很微弱的。

（3）肾脏的代偿作用 急速发生的呼吸性碱中毒，肾脏来不及进行代偿。慢性呼吸性碱中毒时，肾小管上皮细胞碳酸酐酶活性降低，H^+ 的形成和排泄减少，肾小管液 HCO_3^- 重吸收也随之减少，即 $NaHCO_3$ 随尿排出增多。

（4）组织细胞的代偿作用 呼吸性碱中毒时，血浆 H_2CO_3 迅速减少，HCO_3^- 相对升高。此时血浆 HCO_3^- 转移进入红细胞，而红细胞内等量 Cl^- 移至细胞外。此外细胞内 H^+ 逸出至细胞外，细胞外液中 K^+ 进入细胞内。结果在血浆 HCO_3^- 下降的同时导致血氯升高，血钾降低。

经上述代偿反应，血浆 H_2CO_3 含量升高，如果 $NaHCO_3/H_2CO_3$ 值恢复至 20：1，pH 值保持在正常范围内，称为代偿性呼吸性碱中毒。如果血中 H_2CO_3 急剧减少而 $NaHCO_3$ 相对增多，超过了机体的代偿能力，则导致 $NaHCO_3/H_2CO_3$ 值大于 20：1，血浆 pH 值高于正常值，则称为失代偿性呼吸性碱中毒。

　　3. 对机体的影响

　　呼吸性碱中毒时，由于血浆 H_2CO_3 浓度降低，pH 值升高，引起脑组织中 γ-氨基丁酸转氨酶的活性增高，γ-氨基丁酸分解代谢加强，脑内含量减少，故对中枢神经系统的抑制性作用减弱，患畜出现躁动、兴奋不安等症状。同时，由于血浆 pH 值升高，血浆内结合钙增多，而游离钙减少，使神经肌肉组织的应激性增强，患畜肢体肌肉抽搐，反射活动亢进，甚至发生痉挛。严重时病畜常因中枢神经系统机能紊乱，而导致死亡。

［分组病例分析］

　　冬季，某养猪场出现猪流行性腹泻疫情，主要的临床症状为水样腹泻或者在腹泻之间有呕吐。呕吐多发生于吃食或吃奶后。症状的轻重随年龄的大小而有差异，年龄越小，症状越重。一周龄内新生仔猪发生腹泻后 3～4 天，呈现严重脱水而死亡，病猪体温正常或稍高，精神沉郁，食欲减退或废绝。断奶猪、母猪常呈精神委顿、厌食和持续性腹泻大约一周，并逐渐恢复正常。

　　问题：

　　1. 新生仔猪由于腹泻会出现哪种酸碱平衡紊乱？如长期发作对机体有何影响？

　　2. 分析猪流行性腹泻时引起酸碱平衡紊乱如何进行治疗。

［相关练习］

　　酸碱平衡紊乱包括哪几种类型？请说明哪些情况会引起酸中毒和碱中毒，各举两例。

任务 4　局部血液循环障碍的识别与分析

［任务目标］

　　掌握充血、淤血、出血、梗死的眼观变化，熟悉常见局部血液循环障碍的类型和发生机理，掌握充血、淤血、出血、血栓形成、栓塞对机体的影响及发展经过、结局。培养识别并描述各种常见局部血液循环障碍的眼观病理变化的能力。

［基础链接］

　　在学习以下内容之前，建议将以下在基础课当中学过的知识点进行回顾，以便更好地运用。

　　1. 血液的组成、血液的主要机能、血液凝固的过程及影响血液凝固的因素。

　　2. 血管生理的相关内容（动静脉血管的分布特点及结构特点）。

　　3. 体循环和肺循环途径。

［任务导入］

　　1. 猪丹毒是猪丹毒杆菌引起的一种急性热性传染病，皮肤病变特点是出现红斑、红疹块，俗称"打火印"，指压褪色。如图 4-1（彩图见插页）。请分析为什么猪丹毒时皮肤会出现红斑？该红斑是哪种病理变化？

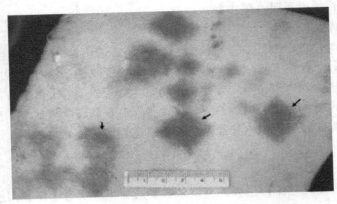

图 4-1　猪丹毒时的皮肤表现

2. 看图 4-2（彩图见插页），描述该病猪的耳朵发生什么样颜色的异常？属于什么病理变化？

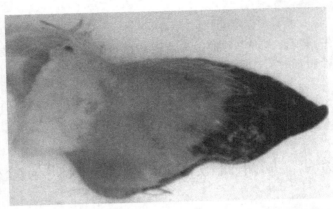

图 4-2　病猪的耳朵

[相关知识]

　　血液循环是指血液在心脏、血管内不断流动的过程。血液循环的正常进行有赖于心脏、血管的形态和机能，血液含量与血液性质的正常。如这些条件发生改变，就会导致血液循环异常，并引起一系列的病理变化过程，称为血液循环障碍。

　　血液循环障碍有全身性和局部性两种，全身性血液循环障碍是由于心脏和大血管的疾病，或全身性血量及血液性质的改变所引起的波及全身各部位的血液循环障碍；局部血液循环障碍则是由于局部组织或器官的血管结构或血量及血液性质的改变所引起的仅限于局部的血液循环障碍。

　　局部血液循环障碍的表现形式多种多样，有的表现为血量和血流速度的改变，如充血、淤血等；有的表现为血液性质的改变，如血栓形成，栓塞、梗死等；还有的表现为血管壁完整性的破坏，如出血等。

一、充血

　　局部组织或器官的血管内血液含量增多，称为充血。它主要是局部微循环血管扩张、充满血液的结果。按其发生原因及机制的不同，可分为动脉性充血及静脉性充血两大类（图 4-3）。

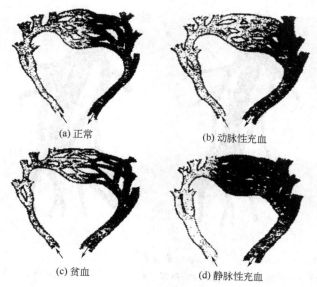

(a) 正常　　　　　　　　(b) 动脉性充血

(c) 贫血　　　　　　　　(d) 静脉性充血

图 4-3　血流状态模式

（一）动脉性充血

动脉性充血是指在某些致病因素的作用下，局部组织或器官的小动脉及毛细血管扩张，输入过多的动脉性血液的现象，简称充血。

1. 原因与类型

动脉性充血可分为生理性充血和病理性充血两类。

（1）生理性充血　　在生理情况下，当某器官、组织机能活动增强，血液循环加快，血流量增多时，就会引起相应组织器官出现生理性充血。例如，采食后胃肠道黏膜的充血，运动时肌肉的充血，妊娠时的子宫充血，都属于生理性充血。

（2）病理性充血　　各种致病因素作用于局部组织或器官所引起的充血，称为病理性充血。根据其发生原因不同，可将其分为以下几种。

① 神经性充血：由于各种致病因素作用于局部神经感受器，通过神经反射引起的一种充血。即致病因素作用于局部神经感受器，反射性引起舒血管神经兴奋性升高，缩血管神经兴奋性减弱，使小动脉和毛细血管扩张，引起充血。如炎症初期或炎区周围的炎性充血即属于神经性充血。

② 侧支性充血：某一动脉由于血栓形成、栓塞或肿瘤压迫等原因，使动脉管腔狭窄或阻塞，周围动脉吻合支（侧支）为了恢复血液供应，发生反射性地扩张充血，借以建立侧支循环，使缺血组织得到血液供应，称为侧支性充血（图 4-4）。

③ 减压后充血：动物机体某部因血管长期受压引起局部组织缺血，当压力突然解除后，原受压组织内的小动脉和毛细血管反射性地扩张充血，称为减压后充血或贫血后充血。如牛瘤胃臌气或腹水时，瘤胃胀满气体或腹腔大量积水，压迫腹腔内脏器官造成缺血，在施行瘤胃放气和腹腔穿刺放水时如放气、放水过快，腹腔内压力迅速降低，腹腔脏器由缺血转为充血。此时大量血液积聚在腹腔脏器血管内，造成腹腔以外器官的有效循环血量急剧减少，血压下降，严重时引起脑缺血，甚至导致动物死亡。故施行瘤胃放气或排除腹水时应特别注意防止过快。

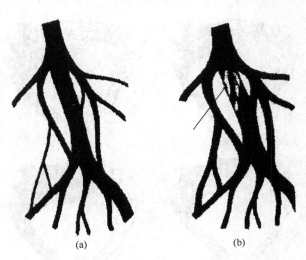

(a)　　　　　　　　　　　　(b)

图 4-4　侧支性充血模式

（a）正常动脉血管及侧支；（b）动脉血管阻塞，阻塞上方及周围侧支动脉扩张充血局部性淤血

2. 病理变化

（1）眼观　充血的组织、器官由于局部动脉血液流入增多，血液供氧丰富，组织代谢旺盛，故局部会出现温度升高，颜色鲜红，体积轻度增大，机能增强（如黏膜腺体分泌增多）等现象。

（2）镜检　小动脉和毛细血管扩张，充满红细胞，平时处于闭锁状态的毛细血管开放，毛细血管数增多。由于充血多半是炎性充血，故常见有炎性渗出、出血、实质细胞变性或坏死，以及炎性细胞浸润等病理变化。

3. 结局

充血是机体对致病性损伤进行的防御性、适应性反应之一。充血时由于血流量增加和血流速度加快，给局部组织带来大量氧气、营养物质、白细胞和抗体，具有抗损伤作用。同时又可将局部的病理产物和致病因素及时排除，对消除病因和修复组织损伤均有积极作用。临床上常采用红外线照射、热敷和涂擦刺激药剂等人为造成充血的方法来治疗某些疾病。充血一般是暂时的，病因消除后即可恢复。若病因作用较强或持续时间较长而引起持续性充血时，可造成血管壁的紧张度下降或丧失，血流逐渐缓慢，进而发生淤血、水肿和出血等变化。充血有时也会造成严重后果，如发生日射病时，脑部严重充血，甚至因脑血管破裂而致死。

（二）静脉性充血

因静脉血液回流受阻，血液在小静脉及毛细血管内淤积，局部组织、器官静脉血量增多的现象，称为静脉性充血，简称淤血。这是一种常见的病理变化，可分为全身性和局部性两种形式。

1. 原因与类型

（1）全身性淤血多见于心脏、胸膜及肺脏的疾病，使静脉血液回流受阻而发生全身性淤血。

（2）局部性淤血见于以下情况。

① 静脉受压：静脉受到压迫使静脉管腔狭窄或闭塞，血液回流受阻，导致相应部位的

器官和组织发生静脉性淤血。例如，肿瘤、肿大的淋巴结、寄生虫包囊对局部静脉的压迫，妊娠子宫对髂静脉的压迫，绷带包扎过紧对肢体静脉的压迫，肠扭转和肠套叠对肠系膜静脉的压迫，以及肝硬化时门静脉受增生结缔组织的压迫等，均可引起相应器官、组织淤血。

② 静脉管腔阻塞：静脉内血栓形成、栓塞或因静脉内膜炎使血管壁增厚等，均可造成静脉的管腔狭窄或阻塞，引起相应器官、组织淤血。但由于静脉分支多，只有当静脉管腔阻塞而血流又不能充分地通过侧支回流时，才会发生淤血。

2. 病理变化

（1）眼观 局部淤血的组织、器官，因静脉血液回流受阻，血量增多而表现为局部肿胀。同时因血流缓慢，血液中氧合血红蛋白减少，还原血红蛋白增多，使局部组织呈暗红色或蓝紫色（在动物的可视黏膜与被毛较少或缺乏色素的皮肤上特别明显，这种症状称为发绀），淤血局部组织由于动脉血灌流量减少，导致组织缺氧、代谢降低、产热减少，尤其是在容易散热的体表淤血区温度下降。淤血若持续发展，静脉压力升高与局部代谢产物蓄积，血管壁的通透性也随之升高，血浆渗出增多而继发水肿与出血（淤血性水肿与出血）；器官因淤血、缺氧而发生坏死后，可继发结缔组织增生并最终导致器官硬化，称为淤血性硬化。

（2）镜检 淤血组织的小静脉及毛细血管扩张充满红细胞，小血管周围的间隙及结缔组织内积聚水肿液，淤血时间较长的组织有时可见出血。如果淤血持续时间过长，淤血组织、器官的实质细胞萎缩、变性，甚至坏死；间质结缔组织可发生增生。

3. 常见器官的淤血特征

机体各器官的淤血，既有上述共有的表现，又有各自的特点。现以肺、肝淤血的病理变化为例说明如下。

（1）肺淤血主要由于左心功能不全，血液淤积在左心房，阻碍肺静脉血液回流左心房，从而引起肺淤血。

① 眼观：急性肺淤血时，肺胸膜呈蓝紫色，体积膨大，质地稍变韧，质量增加，被膜紧张而光滑，取小块淤血肺组织置于水中，呈半沉半浮状态。肺切面上流出大量混有泡沫的血样液体。

② 镜检：肺内小静脉及肺泡壁毛细血管扩张，充满大量红细胞。当含铁血黄素形成较多时，肺组织呈棕色。淤血肺组织因缺氧长期营养不良，时间较久，肺间质结缔组织增生及网状纤维胶原化，肺质地变硬，称为肺的"褐色硬化"。

（2）肝淤血常见于右心功能不全，以及由肝静脉与后腔静脉回流障碍所引发的肝淤血。

① 眼观：肝体积肿大，被膜紧张，边缘钝圆，质量增加，呈紫红色，质地较实。切面流出多量暗红色凝固不良的血液。淤血较久时，由于淤血的肝组织伴发脂肪变性，肝切面上形成暗红色淤血区和土黄色脂变区相间的花纹，故有"槟榔肝"之称。

② 镜检：肝小叶中心部的窦状隙及中央静脉扩张，充满红细胞。病程稍久，肝小叶中心部肝细胞因受压迫而发生萎缩或消失，肝小叶周边肝细胞因缺氧而发生脂肪变性。如肝淤血较久，肝细胞萎缩消失后，发生网状纤维胶原化，间质结缔组织增生。

4. 结局

短暂的淤血在病因消除后可迅速恢复正常的血液循环。如果淤血持续时间过长，侧支循环又不能很好建立时，淤血局部除水肿与出血外，还发生血栓形成，局部组织得不到足够的氧和营养物质供应，代谢中间产物蓄积，淤血组织或器官的代谢及机能下降，实质细胞萎缩、变性、坏死，间质结缔组织增生，组织或器官硬化等。

二、出血

血液（红细胞）渗出血液循环系统（心脏、血管）之外，称为出血。

内出血：指渗出的血液进入器官、组织或体腔。可发生于机体的任何部位，出血灶大小不一，若出血较多，局部形成肿块称血肿。发生于皮肤、黏膜和浆膜小而广泛的出血点称淤点，较大的出血斑称为淤斑。若血液积聚于体腔内称为体腔积血。

外出血：血液流出体外称为外出血。

（一）出血的原因与类型

按照血管损伤的程度不同，可将出血分为破裂性出血和渗出性出血两种。

1. 破裂性出血

破裂性出血通常发生于心脏和较大的血管，一般出血量较多。破裂性出血可由心脏和血管本身病变引起，如心肌梗死、动脉瘤、血管瘤和静脉曲张等。也可由局部组织病变如溃疡、结核性空洞和肿瘤等侵蚀破坏血管壁而引起。此外血管创伤亦是出血的常见原因。

2. 渗出性出血

因毛细血管和微静脉、微动脉通透性增强，血液经扩大的内皮细胞间隙和受损的基底膜渗出到血管外，称为渗出性出血。常发生于以下情况。

（1）血管损害　发生于缺氧、中毒、败血症、变态反应、维生素 C 缺乏以及静脉压升高等情况下，这些因素均可造成对毛细血管的损害，使毛细血管壁的通透性增强，引起渗出性出血。

（2）血小板减少或血小板功能障碍　当血小板减少到一定数量时会发生渗出性出血。这种出血多发生于再生障碍性贫血、白血病等血小板生成减少或原发性血小板减少，药物或细菌毒素的作用和弥散性血管内凝血等血小板破坏或消耗过多的情况。血小板先天性功能障碍，血小板黏附和黏集能力缺陷，也是造成渗出性出血的原因。

（3）凝血因子缺乏　可为先天性的，如凝血因子Ⅷ、凝血因子Ⅸ缺乏，或因肝脏病变合成的凝血酶原、纤维蛋白原等减少，均可造成凝血障碍和出血倾向。

（二）出血的病理变化

出血的病理变化决定于出血的种类和部位。

动脉破裂性出血时，流出的血液呈鲜红色，血液流出的速度快，呈喷射状。

静脉破裂性出血时，流出的血液呈暗红色，血液流出的速度较慢，呈线状或滴状流出。

毛细血管破裂性出血和渗出性出血时，其出血量少，可在出血组织或器官内形成出血点或出血斑。

此外，皮下出血时，可出现血肿；泌尿器官出血时，可出现尿血；胃肠出血时，可出现便血；呼吸器官出血时，可出现咯血；体腔出血时，可出现体腔积血；有全身性出血倾向时，称为出血性素质。

新鲜的出血呈红色，以后随红细胞降解形成含铁血黄素而带棕黄色。镜检组织的血管外见有红细胞和巨噬细胞，巨噬细胞胞浆内吞噬的有红细胞或含铁血黄素，组织中亦见游离的含铁血黄素。较大的血肿吸收不全可发生机化或包裹。

（三）出血对机体的影响

出血对机体的影响取决于出血的类型、出血量、出血速度和出血部位。破裂性出血若出血过程迅速，在短时间内丧失循环血量 20%～25% 时，可发生出血性休克。渗出性出血若出血广泛时，如肝硬化因门静脉高压发生的广泛性胃肠道黏膜出血，亦可导致出血性休克。

出血量虽然不多，但如果发生在重要器官，亦可引起严重的后果，如心脏破裂引起心包内积血，由于心包填塞，可导致急性心功能不全。脑出血尤其是脑干出血，因重要的神经中枢受压可致死亡。局部组织或器官出血，可导致相应的功能障碍，慢性出血可引起贫血。

三、血栓形成

在活体的心脏和血管内血液成分形成固体质块的过程称为血栓形成。在此过程中所形成的固体质块称为血栓。与血凝块不同，血栓形成包括血液成分的凝集和血液凝固两个环节，是在血液流动状态下形成的。

血液中存在着一套相互拮抗的凝血系统和抗凝血系统（即纤溶系统）。在正常情况下，通过复杂而精细的调节，既维持血液在血管内呈液体流动状态，又在一旦出现血管破裂的情况下迅速地在局部凝固形成止血塞，防止出血。若凝血和抗凝血过程中出现调节障碍或凝血系统在心血管内被不适当地激活，就会引起血栓形成。血栓形成涉及心血管内膜、血流状态和血液性质三方面的改变。

（一）血栓形成的条件和机制

1. 心血管内膜的损伤

在正常情况下，心脏和血管内膜是平整光滑的。光滑的内膜可保证血流通畅，阻止血小板在管壁上黏集，并且完整的血管内皮可产生一些抗凝作用的酶，而具有抗凝作用。所以，健康动物的心脏或血管内不会有血栓形成。但在某些病理情况下，例如在心脏和血管的内膜发炎时，由于其内膜受炎症的侵蚀而发生损伤，此时，一方面血管内膜粗糙不平，阻止血小板黏集的作用消失；另一方面因血管内皮变性，坏死脱落，抗凝作用消失，并可激活各种凝血因子。这时，血液成分血小板就会不断析出，并在损伤的内膜上黏集，导致血栓的形成。

2. 血流状态的改变

血流状态的改变主要是指血流缓慢和血流不规则。在生理情况下，血液流动时血小板和其他血细胞都位于血流的中轴（轴流），而血浆则位于血流的边缘（边流），血小板与血管内膜之间隔着一层血浆带，血小板不易与内膜接触和黏集。当血流速度变慢时，一方面在重力的作用下血小板容易与血管壁接触；另一方面由于血流速度变慢，局部血管壁内皮细胞供氧不足，易发生损伤，激发局部凝血过程的发生，导致血流状态发生改变，如漩涡状流动。以上情况共同作用可使血小板由轴流转入边流，并逐渐析出而黏集在损伤的内膜上，形成血栓。

3. 血液性质的改变

血液性质的改变主要是指血液凝固性增强或纤溶系统活动减弱。因血栓形成过程包括血液凝固过程，所以，血液凝固性增强，可促进血栓形成。如在各种外伤时，体内血液的凝固性增强（因外伤时，外周血液中血小板数量和血浆中凝血酶原等凝血因子的含量增多），而纤溶系统又无法及时将凝固的纤维蛋白分解液化时，易于引起血栓形成。

上述 3 种因素共同作用时即可导致血栓形成。有时以上因素又可互相影响，如血液凝固性增高，纤溶系统活性减弱时可导致血流速度变慢，血流速度变慢导致血管内皮细胞缺氧发生损伤，它们共同作用可促进血栓的形成。

（二）血栓形成过程与血栓类型

1. 血栓形成过程

血栓形成主要包括血小板析出、黏集过程和纤维蛋白析出的血液凝固过程。其中内膜损伤、血小板析出黏集为血栓形成的起始点。见图 4-5。

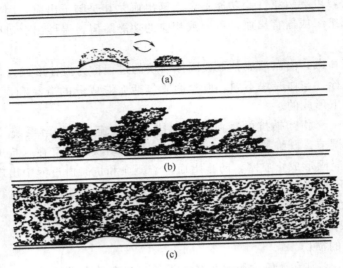

图 4-5 血栓形成过程示意图
（a）血小板析出，沉着并黏集在损伤的血管壁上；（b）血小板黏集形成小梁，
并有白细胞黏集；（c）小梁间形成网状的纤维蛋白，血液凝固

（1）白色血栓头 在血栓形成初期，由于血管内膜的损伤和血流状态的改变，血小板不断由轴流转入边流，并逐渐析出黏集在损伤的内膜上形成血小板黏集堆。同时，还有少量的白细胞和纤维蛋白也析出黏集，这种以血小板为主要成分的黏集堆称为血小板血栓。因其呈灰白色常称为白色血栓，又因其为整个血栓形成的起始部，故又称为血栓头部，它较牢固地粘连在血管壁上。

（2）混合血栓体 由于上述血栓头部突出于血管内腔，使血流产生漩涡，更可促使血小板的析出和黏集，而形成新的血小板黏集堆，如此反复出现血小板黏集堆，并不断增大、增多，而形成许多分枝状或珊瑚状血小板嵴，称血小板小梁。同时，小梁间的血流逐渐变慢，又由于血小板的不断崩解，释放出血小板凝血因子，而使血浆中可溶性纤维蛋白原转变成不溶性纤维蛋白，并在小梁间形成网状结构而网罗血细胞，即发生血液凝固过程，于是形成一种红白相间的混合血栓，又称血栓体部。

（3）红色血栓尾 随着血栓体部的不断增大，而使局部血管阻塞，导致该部的血流停止，于是局部血液发生凝固而形成条索状红色血栓，又称血栓尾部。

2. 血栓类型

无论心脏还是动、静脉内的血栓都是从内膜表面的血小板黏集堆开始，随后的形成过程及其组成、形态和大小决定于局部血流的速度和血栓发生的部位。血栓可分为以下几种类型。

（1）白色血栓 在血流较快的情况下形成，主要发生在心瓣膜上，多见于急性风湿性或亚急性感染性心内膜炎和慢性猪丹毒时。白色血栓主要由血小板组成，随血小板不断黏着而逐渐增大。血栓呈灰白色，疣状或菜花状，质地硬实，与瓣膜或血管壁粘连。

（2）混合血栓 多发生于血流缓慢的静脉，往往以瓣膜囊（静脉瓣近心端）或内膜损伤处为起始点，血流经过该处时在其下游形成涡流，引起血小板黏集，构成静脉血栓的头部

（白色血栓头）。血流经过该突出的头部时，其下游发生涡流，又使血小板析出和黏集，上述过程沿血流方向重复出现，逐渐形成分支性血小板小梁，其表面黏附很多的白细胞。在血小板小梁间血流几乎停滞或发生凝固，可见红细胞被裹于网状纤维蛋白中。混合血栓呈灰白与红褐色相间的条纹状结构，质地粗糙，呈圆柱状，与血管壁粘连。

（3）红色血栓　主要见于静脉，随混合血栓逐渐增大最终阻塞管腔，局部血流停止，血液发生凝固，构成静脉血栓的尾部。红色血栓呈红褐色，新鲜的红色血栓较湿润，并有一定的弹性，与血凝块无异。经一定时间后，由于水分被吸收而失去弹性，变得干燥易碎，并容易脱落而造成血栓栓塞。

（4）透明血栓　多见于弥散性血管内凝血，血栓发生于全身微循环小血管内，只能在镜下见到，故又称微血栓，主要由纤维蛋白构成。

按血栓形成的部位以及血管有无完全闭塞，又有附壁血栓和闭塞性血栓之分。前者发生在心腔和动脉瘤内或指黏附在血管上尚未将血管完全堵塞的血栓；后者血管完全被血栓闭塞。

（三）血栓对机体的影响与结局

1. 血栓对机体的影响

血栓形成能对破裂血管起堵塞和止血作用。如胃、十二指肠溃疡和结核性空洞内的血管，有时在被病变侵袭破坏之前管腔内已有血栓形成，避免了大量出血，这是对机体有利的一面。然而，在多数情况下血栓会对机体造成不利的影响。

（1）阻塞　血管动、静脉血栓会阻塞血管，其后果取决于器官和组织内有无充分的侧支循环。在缺乏或不能建立有效侧支循环的情况下，动脉血栓形成会引起相应器官的动脉阻塞和所属组织的缺血性坏死（梗死）。如心、脑、肾、脾和下肢大动脉粥样硬化等的血栓形成常导致梗死。静脉系统血栓形成可引起相应器官、组织的淤血、水肿。如门静脉血栓形成，可导致脾淤血性肿大和胃肠道淤血。

（2）栓塞　血栓部分脱落成为栓子，随血流运行引起栓塞。

（3）心瓣膜变形　心内膜炎时，心瓣膜上较大的赘生物和因赘生物机化可引起瓣膜纤维化和变形，从而造成瓣口狭窄或关闭不全。

（4）出血　见于 DIC（弥散性血管内凝血），微循环内广泛的血栓形成消耗大量的凝血因子和血小板，从而造成血液的低凝状态，导致全身广泛出血。

2. 血栓形成的结局

（1）溶解、吸收　激活的凝血因子在启动凝血过程促使血栓形成的同时，也激活了纤维蛋白溶酶系统（或称溶纤系统），具有降解纤维蛋白和溶解血栓的作用。若纤维蛋白溶酶系统活性较强，刚形成不久的新鲜血栓能很快被溶解、吸收。血栓内中性粒细胞释放的溶蛋白酶亦参与血栓的溶解。DIC 时形成的微血栓很小易被溶解，常在很短时间内从微循环中消失。

（2）机化与再通　若纤维蛋白溶酶系统活性不足，血栓存在较久时则发生机化。由血管壁向血栓内长入新生的肉芽组织，逐渐取代血栓成分，通常较大的血栓完全机化需 2～4 周。在机化过程中，因血栓逐渐干燥收缩，其内部或与血管壁间出现裂隙，新生的内皮细胞长入并被覆其表面，使血栓内形成与原血管相通的一个或数个小血管，从而使部分血流得以恢复，这种现象称为再通。

（3）钙化　长久的血栓未能充分机化，可发生钙盐沉积。发生在静脉内有大量钙盐沉积的血栓称为静脉石。

四、栓塞

循环血液中出现异常的不溶物质，随血流运行并阻塞血管的病理过程，称为栓塞，引起栓塞的异常不溶物，称为栓子。其中最为多见的是血栓性栓子引起的栓塞，其次是脂肪滴、气体、组织团块（包括肿瘤组织）等栓子引起的栓塞。

（一）栓子的运行途径

栓子运行的途径与血流方向一致（图 4-6）。左心和体循环动脉内的栓子，最终栓塞于与栓子直径相当的动脉分支；体循环静脉和右心内的栓子，栓塞肺动脉主干或其分支；肠系膜静脉或脾静脉的栓子引起肝内门静脉分支的栓塞。有房间隔或室间隔缺损者，心腔内的栓子偶尔可由压力高的一侧通过缺损进入另一侧心腔，再随动脉血流栓塞相应的分支，这种栓塞称为交叉性栓塞。在罕见的情况下会发生逆行性栓塞，如后腔静脉内的栓子，在剧烈咳嗽、呕吐等胸、腹腔内压力骤增时，可能逆血流方向运行，栓塞后腔静脉所属分支。

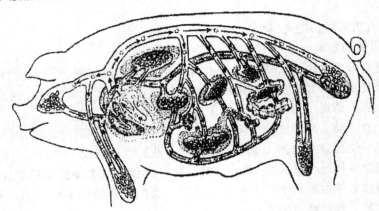

图 4-6　栓子运行示意图

白管腔代表动脉；黑点管腔代表静脉；箭头代表栓子运行方向

（二）栓塞的类型

1. 血栓性栓塞

由血栓引起的栓塞称为血栓性栓塞，是栓塞中最为常见的一种。

（1）肺动脉栓塞　血栓栓子 90％以上来自后肢深静脉，少数来自盆腔静脉，偶尔来自于右心。肺动脉栓塞的后果取决于栓子的大小、数量和心肺功能的状况。肺具有肺动脉和支气管动脉双重血液供应，一般情况下肺动脉小分支的栓塞不会引起明显的后果。若栓塞前已有左心衰竭和肺淤血，此时肺静脉压明显升高，单一支气管动脉不能克服其阻力而供血，因此造成局部肺组织缺血而发生出血性梗死。若栓子巨大，栓塞在肺动脉主干或其大分支内，或肺动脉分支有广泛的多数性栓塞时，则会造成严重后果，患畜会出现突发性呼吸困难、发绀、休克等表现，大多因呼吸、循环衰竭而死亡。肺动脉机械性阻塞，血栓刺激动脉内膜引起的神经反射和血栓释出的血栓素 A2（TXA2）和 5-羟色胺（5-HT），导致肺动脉、支气管动脉和冠状动脉广泛痉挛和支气管痉挛，造成急性肺动脉高压和右心衰竭，同时肺缺血、缺氧和左心输出量下降，这些都是其致死原因。

（2）体循环动脉栓塞　栓子大多来自左心，常见有亚急性感染性心内膜炎时左心瓣膜上的赘生物，以及二尖瓣狭窄的左心房和心肌梗死时合并的附壁血栓。动脉栓塞的后果视栓塞部位动脉供血状况而定，在肾、脾、脑（大脑中、前动脉区域），因由终末动脉供血，缺乏侧支循环，动脉栓塞多造成局部梗死。肝脏有肝动脉和门静脉双重供血，故很少发生梗死。

2. 空气体栓塞

空气体栓塞是一种由多量空气迅速进入血循环或溶解于血液内的气体迅速游离形成气泡，阻塞血管所引起的栓塞。前者为空气体栓塞，后者是在高气压环境急速转到低气压环境的减压过程中发生的气体栓塞，故又称为减压病。

空气体栓塞多发生于静脉破裂后空气的进入，尤其在静脉内呈负压的部位，如头颈、胸壁和肺的创伤或手术时容易发生。分娩时，子宫的强烈收缩亦有可能将空气挤入破裂的静脉窦内。少量空气随血流进入肺组织后会溶解，不会引起严重后果，偶尔部分气泡经肺循环进入动脉而造成脑栓塞，引起抽搐和昏迷。若迅速进入静脉的气量超过100mL，此时空气在右心聚集，因心脏跳动、空气和血液经搅拌，形成可压缩的泡沫血，阻塞右心和肺动脉出口，会导致循环中断而猝死。

3. 组织性栓塞

组织性栓塞是由组织碎片或细胞团块进入血流所引起的一种栓塞。如在组织外伤、组织坏死或肿瘤时，一些破碎的组织碎片可通过损伤组织中破裂的血管进入血流引起栓塞。肿瘤组织在引起栓塞的同时，还可以引起肿瘤的转移。

4. 脂肪性栓塞

长骨骨折、严重脂肪组织挫伤或脂肪肝挤压伤时，脂肪细胞破裂，游离出的脂滴经破裂的小静脉进入血流而引起脂肪栓塞。

脂肪栓塞的后果取决于脂滴的大小和量的多少，以及全身受累的程度。脂肪栓塞主要影响肺和神经系统。若进入肺内脂滴量多，广泛阻塞肺微血管，会引起肺功能不全。肺小血管内的许多脂滴可用冷冻切片脂肪染色显示出来，严重者伴有肺水肿、出血或肺不张。直径小于20mm的脂滴可通过肺进入左心，到达全身各器官，引起栓塞和梗死。尤其在脑，引起点状出血和梗死，或引起脑水肿，出现烦躁不安甚至昏迷等表现。

5. 其他栓塞

肿瘤细胞侵入血管造成远处器官肿瘤细胞的栓塞，可能形成转移瘤。寄生虫及其虫卵，如寄生于门静脉的血吸虫，它本身及其排出的虫卵可栓塞肝内门静脉分支。

五、梗死

器官或组织的血液供应减少或中断称为缺血。由血管阻塞引起的局部组织缺血性坏死称为梗死。由动脉阻塞引起的梗死较为多见，静脉回流中断或静脉和动脉先后受阻亦可引起梗死。

（一）梗死的原因与形成条件

任何引起血管阻塞、导致局部血液循环中止和缺血的原因均可引起梗死。

1. 原因

（1）血栓形成　血栓形成是梗死最常见的原因。主要发生在冠状动脉、脑、肾、脾和后肢大动脉的血栓形成时。伴有血栓形成的动脉炎如血栓闭塞性脉管炎，可引起后肢梗死。静脉内血栓形成一般只引起淤血、水肿，梗死偶见于肠系膜静脉主干血栓形成而无有效的侧支循环时。

（2）动脉栓塞　动脉栓塞是梗死常见的原因，大多为血栓栓塞，亦见于气体、脂肪栓塞等。在肾、脾和肺的梗死中，由血栓栓塞引起者远比血栓形成者多见。

（3）动脉痉挛　如在冠状动脉粥样硬化的基础上，冠状动脉可发生强烈和持续的痉挛而引起心肌梗死。

（4）血管受压闭塞　多见于静脉，肠疝、肠套叠、肠扭转时先有肠系膜静脉受压、血液回流受阻、静脉压升高，进一步地肠系膜动脉亦会不同程度受压而使输入血量减少和阻断，静脉和动脉先后受压造成梗死。动脉受肿瘤或其他机械性压迫而致管腔闭塞时亦可引起相应器官或组织梗死。

2. 梗死形成的条件

血管的阻塞是否会造成梗死，主要取决于以下因素。

（1）供血血管的类型　有双重血液供应的器官，其中一条动脉阻塞，另一条动脉可以维持供血，通常不易发生梗死。如肺有肺动脉和支气管动脉供血，肺动脉小分支的血栓栓塞不会引起梗死。肝梗死也很少见，因有肝动脉和门静脉双重供血，肝内门静脉阻塞一般不会发生肝梗死，肝动脉分支阻塞，如动脉血栓形成或血栓栓塞，偶尔会造成梗死。前肢有两条平行的桡和尺动脉供血，且有丰富的吻合支，因此前肢极少发生梗死。肾和脾是由终末动脉供血的器官，心脏和脑虽有一些侧支循环，但吻合支管腔狭小，一旦动脉血流被迅速阻断就很易造成梗死。

（2）血流阻断发生的速度　缓慢发生的血流阻断，可为吻合支血管逐步扩张，建立侧支循环提供时间。例如，左右冠状动脉远端的细动脉分支间有很细小的吻合支互相连接，当某一主干因动脉粥样硬化管腔慢慢变窄阻塞时，这些细小的吻合支有可能扩张、变粗，形成有效的侧支循环供血，可足以防止梗死。若病变发展较快或急速发生血流阻断（如血栓栓塞），侧支循环不能及时建立或建立不充分时则发生梗死。

（3）组织对缺血缺氧的耐受性　大脑神经元耐受性最低，3～4min血流中断即引起梗死；心肌纤维对缺氧亦敏感，缺血20～30min会死亡；骨骼肌，尤其是纤维结缔组织耐受性最强。

（4）血的含氧量　在严重贫血、失血、心力衰竭时血含氧量低，或休克时血压明显降低的情况下，血管管腔部分阻塞造成的动脉供血不足，对缺氧耐受性低的心、脑组织也会造成梗死。

（二）梗死的类型与病理变化

梗死是局限性的组织坏死，梗死灶的部位、大小和形态，与受阻动脉的供血范围一致。肺、肾、脾等器官的动脉呈锥形分支，因此梗死灶也呈锥体形，其尖端位于血管阻塞处，底部为该器官的表面，在切面上呈三角形。心冠状动脉分支不规则，梗死灶呈地图状。肠系膜动脉呈辐射状供血，故肠梗死呈节段性。心、肺、脾和肠等器官的梗死波及浆膜，其表面被覆有渗出的纤维素。梗死灶的质地决定于其坏死的类型，梗死灶为凝固性坏死者（肾、脾、心肌），新鲜时由于组织崩解，局部胶体渗透压升高而吸收水分，使局部肿胀，略向器官表面隆起；陈旧性梗死灶由于发生机化比较干燥、质硬，表面凹陷。脑梗死为液化性坏死，新鲜时质地软、疏松，时间稍长液化成囊状。梗死灶的颜色，根据血液含量的多少，分为贫血性梗死（白色梗死）和出血性梗死（红色梗死）。

1. 贫血性梗死

发生于动脉阻塞，常见于心、肾、脾等组织结构比较致密和侧支血管细而少的器官。当梗死灶形成时，从邻近侧支血管进入坏死组织的出血很少，故称贫血性梗死。肾贫血性梗死的梗死灶呈灰白色，因而又称白色梗死（图4-7）。脑梗死多半为贫血性梗死，脑组织结构虽较疏松，但梗死主要发生在终末支之间仅有少许吻合支的大脑中动脉和大脑前动脉供血区，梗死时不造成明显出血。梗死灶的各种形态改变，随动脉阻塞后时间的延续才逐渐显露出来。心肌梗死在血流中断后 6h 以上才能辨认，在以后的 24h 内梗死区域才渐渐变得清晰。因坏死组织引起的炎症反应，周围有中性粒细胞浸润，形成白细胞浸润带。3～4 天后，其边缘出现充血、出血带。梗死 12～18h 后才出现镜下凝固性坏死的改变，早期梗死灶内尚可见核浓缩、核碎裂和核溶解、细胞浆红染等坏死的特征，组织结构轮廓保存，仍可辨认。后期，细胞崩解呈红染的均质性结构，边缘有肉芽组织和瘢痕组织形成。

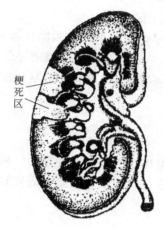

图 4-7　肾贫血性梗死

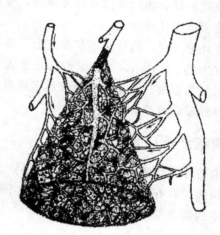

图 4-8　出血性梗死

2. 出血性梗死

主要见于肺和肠等有双重血液供应或血管吻合支丰富和组织结构疏松的器官，并往往在淤血的基础上发生。梗死处有明显的出血，故称出血性梗死（图 4-8）。梗死灶呈暗红色，所以又称红色梗死。

肺有双重血液供应，一般情况下肺动脉分支的血栓栓塞不引起梗死。左心衰竭时，在肺静脉压力增高和肺淤血的情况下结果不同。此时，单以支气管动脉的压力不足以克服肺静脉压力增高的阻力，以致血流中断而发生梗死。因肺组织疏松，淤积在局部的血液和来自支气管动脉的血液从缺血损伤的毛细血管内大量漏出，进入肺泡腔内，造成出血性梗死。

肠梗死总是出血性的，无论是动脉或静脉的阻塞还是静脉和动脉先后受压。肠梗死常见于肠套叠、肠扭转和肠疝，初期受累肠段因肠系膜静脉受压而淤血，以后受压加剧，同时伴有动脉受压而使血流减少或中断，肠段缺血坏死，淤积于丰富血管网中的红细胞大量漏出，造成出血性梗死。肠梗死还可见于肠系膜前动脉主干的血栓栓塞，不过肠系膜前、后动脉远端有许多弓形吻合支，一条分支的阻塞不会引起梗死。主干阻塞时，虽有吻合支供血，但很有限，尤其是在肠系膜动脉血栓栓塞时，栓子多来自心脏，此时常伴有心功能不全和内脏淤血，肠段于是发生梗死，此时来自吻合支的血液进入梗死区造成出血。单纯由静脉血栓形成引起的肠梗死很少见，往往是由于肠管炎症波及肠系膜静脉，引起血栓性静脉炎。若蔓延至较大的肠系膜静脉时，则可造成淤血，进一步发生出血性梗死。

脑亦可能发生出血性梗死，一般在脑血栓栓塞和梗死以后有血液再灌注的情况下发生。如血栓栓子碎裂，被血流推向前端，血液可经原栓塞处下游受损的血管壁外溢，进入结构疏松的梗死脑组织造成出血性梗死。

（三）梗死对机体的影响与结局

梗死对机体的影响决定于梗死的器官和梗死灶的大小和部位。肾、脾的梗死一般影响较小，肾梗死通常出现腰部疼痛和血尿，不影响肾功能；肺梗死有胸痛和咯血；肠梗死常出现剧烈腹痛、血便和腹膜炎的症状；心肌梗死影响心脏功能，严重者可导致心力衰竭甚至猝死；脑梗死出现其相应部位的功能障碍，梗死灶大者可致死。四肢、肺、肠梗死等会继发腐败菌感染而造成坏疽。

梗死灶形成时，病灶周围扩张充血，并有白细胞和巨噬细胞渗出，继而出现肉芽组织，在梗死发生后 24～48h，肉芽组织已开始从周围长入梗死灶内，梗死灶逐渐被肉芽组织所取代，日后变为瘢痕。细小的脑梗死灶形成胶质瘢痕，较大的梗死灶，病灶中心液化成囊，周围包绕神经胶质纤维。

[分组病例分析]

猪瘟俗称"烂肠瘟"，是由黄病毒科猪瘟病毒属的猪瘟病毒引起的一种急性、发热、接触性传染病。具有高度传染性和致死性。图 4-9（彩图见插页）为发生猪瘟时病死猪各组织器官发生的病理变化。

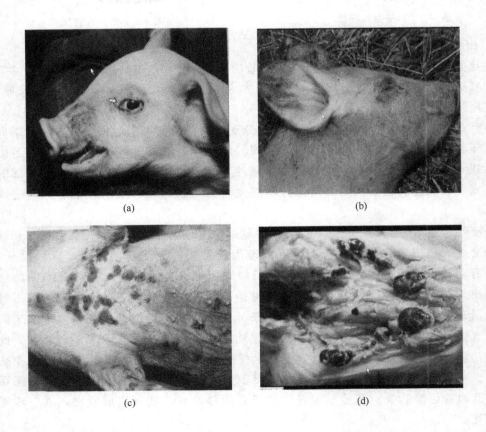

(a)

(b)

(c)

(d)

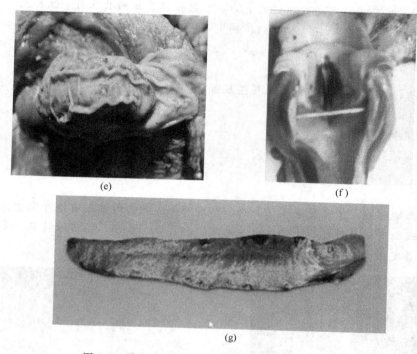

(e)　　　　　　　　　　　　　　(f)

(g)

图 4-9　猪瘟病死猪各组织器官发生的病理变化

问题：

1. 看图 4-9，分别是哪些组织器官发生病变？
2. 看图片描述各组织器官发生什么样的病理变化。
3. 初步分析为什么猪瘟时会出现以上病理变化。

[相关练习]

1. 以下哪些因素会促进血栓的发生？

A. 血管内膜光滑　　　　　　　B. 血流速度变慢

C. 血液中血小板增多　　　　　D. 纤溶系统活动增强

2. 讨论并分析血栓形成后机体如何对血栓进行处理。

3. 看书后填写下表

类型	发生部位	发生部位血液循环特点	局部表现（病理变化）
贫血性梗死			
出血性梗死			

任务 5　贫血的认识与分析

[任务目标]

了解引起贫血的原因及类型，掌握各型贫血的发生机理及各型贫血的临床表现特点。培养识别贫血时的病理变化并进行描述的能力；能够根据贫血的共性与个性特点，判断贫血的发生原因及类型；依据贫血发生机理初步制定不同类型贫血的治疗措施。

[基础链接]

在学习以下内容之前，建议将以下在基础课当中学过的知识点进行回顾，以便更好地运用。

1. 正常血液的组成。
2. 正常血液各种细胞的生理指标。

[任务导入]

猪附红细胞体病，又称黄疸性贫血病、红皮病等。是由附红细胞体寄生于家畜血液中的红细胞表面或血浆中而引起的一种溶血性疾病。以贫血、黄疸、高热为特征。多呈隐性，并且常与猪的多发病、常见病混合感染。

图 5-1

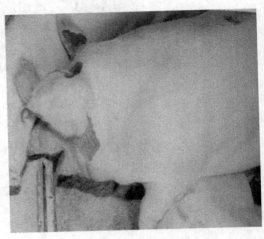

图 5-2

问题：

1. 图 5-1 和图 5-2（彩图见插页）是哪些地方发生病变（发生异常）？
2. 请描述发生什么样的异常？

[相关知识]

贫血是指循环血液总量减少或单位容积外周血液中血红蛋白量、红细胞总数低于正常值，并且有红细胞形态改变和运氧障碍的病理现象。动物的原发性贫血很少，多数是某些疾病的继发反应。因此兽医临床上必须研究贫血真正的原因、分类以及贫血和其他疾病的关系，否则往往治疗无效。贫血仅是一个症状，不是独立的疾病，它往往是许多疾病的主导环节。长期贫血可以出现疲倦无力、动物生长发育迟缓、消瘦、毛发干枯、抵抗力下降等。

一、病因和类型

贫血不是一种独立的疾病，而是许多疾病过程中所呈现的一种病症。引起贫血的原因很多，根据其发生原因不同可将贫血分为以下 4 种类型。

1. 失血性贫血

失血性贫血是由于出血过多所引起的一种贫血，又称出血性贫血。根据其出血速度可将其分为急性和慢性两种。

（1）急性失血性贫血　多见于大血管、肝、脾破裂等情况。急性失血性贫血时，如血液大量丧失，机体来不及代偿，可导致低血容量性休克甚至死亡。

（2）慢性失血性贫血　多见于长期反复多次的小出血等情况，如某些慢性消耗性疾病、结核病、血矛线虫病、胃肠溃疡、长期反复多次采血等均可引起慢性失血性贫血。长期反复失血，因铁丧失过多，可导致缺铁性贫血。血象特点为小红细胞低色素性贫血。红细胞大小不均，并呈异形性（椭圆形、梨形、哑铃形等）。严重时，骨髓造血功能衰竭，肝、脾内可出现髓外造血灶。

2. 溶血性贫血

溶血性贫血是由于红细胞在体内被大量破坏（溶解）所引起的一种贫血。引起溶血性贫血的因素很多，主要包括化学性因素和生物性因素。

（1）化学性因素　苯、氯酸钾可使血红蛋白变性，蛇毒可破坏红细胞膜上的磷脂，胆酸盐可溶解红细胞膜上的胆固醇，这些均可导致红细胞大量溶解，引起贫血。

（2）生物性因素　如溶血性链球菌和葡萄球菌、血液寄生虫（焦虫）等。前两者可产生溶血性物质（溶血素）而致红细胞大量溶解并可产生大量有毒物质，使血红蛋白变性；焦虫可导致红细胞大量溶解，从而引起溶血性贫血。

3. 营养不良性贫血

营养不良性贫血是由于红细胞生成原料缺乏所引起的一种贫血。多在长期采食营养缺乏的饲料，或因家畜消化不良，吸收障碍，或需要、丧失过多等原因所致。红细胞生成原料主要有蛋白质、铁、铜、钴和维生素等。

（1）蛋白质缺乏　蛋白质是合成亚铁血红素和血红蛋白的重要成分，缺乏时血红蛋白合成不足，故可引起贫血。

（2）铁缺乏　铁是合成亚铁血红素和血红蛋白的重要成分，缺乏时血红蛋白合成不足，故可引起贫血。

（3）维生素 B_{12} 和叶酸缺乏　维生素 B_{12} 和叶酸是红细胞成熟因子，它们可促进红细胞的分裂增殖和成熟。缺乏时红细胞生成障碍，故可引起贫血。

（4）铜、钴缺乏　铜可促进血红蛋白的合成和红细胞成熟，钴是维生素 B_{12} 的组成成分，缺乏时可引起贫血。

4. 再生障碍性贫血

再生障碍性贫血是由于骨髓造血机能破坏，红细胞再生障碍所引起的一种贫血。

（1）慢性中毒　如重金属盐、氯霉素和磺胺类药物中毒等。它们可损伤骨髓内多能干细胞，而使红细胞再生障碍引起贫血。

（2）某些传染病　如马鼻疽、结核病、马传染性贫血等的病原微生物在体内所产生的有毒物质会抑制骨髓的造血机能。

（3）放射性损伤　某些放射性物质，如放射性镭、放射性锶等可长期蓄积在骨髓中，造成骨髓的损伤，导致红细胞再生障碍引起贫血。

（4）造血组织受到机械性干扰　指造血组织被某些非造血组织所占据或取代，以致造血机能和红细胞再生障碍引起贫血。如骨髓纤维化、各种类型的白血病、多发性或转移性骨髓瘤等均可引起此型贫血。

二、病理变化

1. 血液形态学变化

贫血时外用血液中除红细胞数和血红蛋白减少外，还可出现各种病理形态的红细胞，主要有以下两类。

（1）退化型（衰老型）红细胞 此型红细胞形态各异（椭圆形、梨形、半圆形、哑铃形、多角形），大小不等，染色浓淡不均。此型红细胞多出现于再生障碍性贫血的病理过程。

（2）再生型（幼稚型）红细胞 此型红细胞有多染性红细胞、网织红细胞、有核或留有核残迹的红细胞。此型红细胞多见于失血性贫血和溶血性贫血时。

2. 组织器官的病理变化

（1）共同变化 各种贫血都可表现为血液稀薄，血液凝固不良，皮肤和黏膜苍白，内脏器官色泽变淡，实质器官变性。

（2）特殊变化

① 急性失血性贫血时，病畜可视黏膜突然苍白，体温、血压突然下降，心跳、脉搏加快而减弱。

② 溶血性贫血时，可出现血红蛋白血症、血红蛋白尿和溶血性黄疸，全身各组织，尤其皮肤黏膜发生黄染。

③ 营养不良性贫血时，病畜表现为极度消瘦，血液稀薄，血红蛋白显著减少，外围血液中出现淡染性红细胞和小红细胞。

④ 再生障碍性贫血时，血液中除红细胞数减少外，白细胞和血小板也减少，外围血液中出现退化型红细胞，骨髓明显退化和萎缩。

三、对机体的影响

贫血时，动物体内会发生一系列病理变化，有些是贫血造成组织缺氧的直接结果，有些则是对缺氧的生理性代偿反应。

（1）组织缺氧 红细胞是携氧和运氧的工具，它的主要功能是将氧从肺输送到全身组织，并将组织中的二氧化碳输送到肺，由肺排出。贫血时，毛细血管内的氧扩散压力过低，以致对距离较远的组织供氧不足。此外，血液总的携氧能力降低，输送至组织的氧因而减少，结果造成组织缺氧、酸中毒，各器官、组织随之出现细胞萎缩、变性、坏死。

（2）生理性代偿反应 即使在组织缺氧的情况下，血红蛋白中的氧实际上并未完全被释放和利用。身体能通过增加血红蛋白中氧的释放、增加心脏输出量和加速血液循环、血液总量的维持、器官和组织中血流的重新分布、红细胞增多等，发挥多种代偿机制以便充分利用血红蛋白中的氧，使组织尽量获得更多的氧气。

附：贫血防治原则

1. 首先重视防治可导致贫血的各种原发疾病，如钩虫病、溃疡病等。尽可能去除病因，不再与有害物质接触。

2. 加强饲养管理，如圈舍采光要充足，通风好且保暖，室内定期消毒。

3. 对仔畜常发的缺铁性贫血，可直接从饲料中补铁，并加用维生素C、胃蛋白酶合剂等以促进铁的吸收。慢性型再障性贫血最有效的药物为雄性激素，并辅以中药治疗。

[分组病例分析]

鸡传染性贫血是由鸡传染性贫血病毒引起的，以雏鸡再生障碍性贫血、全身淋巴组织萎缩、皮下和肌肉出血及高死亡率为特征的传染病。主要临床特征是贫血。病鸡皮肤苍白，发育迟缓，精神沉郁，消瘦，喙、肉髯和可视黏膜苍白，翅膀皮炎或蓝翅，全身点状出血。感染鸡群可引起免疫机能障碍，造成免疫抑制。

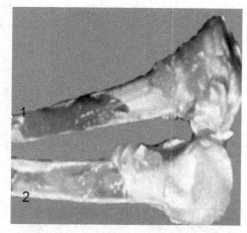

图 5-3　鸡传染性贫血患鸡股骨（一）

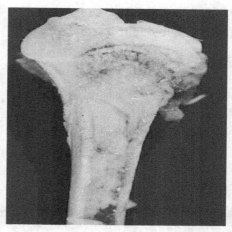

图 5-4　鸡传染性贫血患鸡股骨（二）

图 5-5　鸡传染性贫血患鸡肌肉（一）

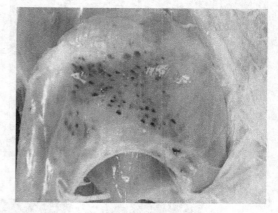

图 5-6　鸡传染性贫血患鸡肌肉（二）

问题：

1. 图 5-3（彩图见插页）中 1 为健康鸡骨髓，2 为患病鸡骨髓。比较 1、2 两股骨有何区别，并分析为什么鸡传染性贫血时骨髓会出现这样的病理变化。

2. 图 5-4（彩图见插页）中股骨骨髓发生什么样的病理变化，请分析原因。

3. 描述并识别图 5-5（彩图见插页）和图 5-6（彩图见插页）中肌肉发生哪些病理变化。

4. 结合病理资料和病理图片，分析鸡传染性贫血时引起贫血的原因和类型，并分析为什么感染鸡群可引起免疫机能障碍，造成免疫抑制。

[相关练习]

不同类型贫血的病变及临床症状有哪些？

任务 6　组织和细胞损伤的识别与分析

[任务目标]

掌握萎缩、变性、坏死的眼观变化，熟悉变性和坏死的类型及发生机理，掌握萎缩、变性和坏死的发生发展过程，以及机体对坏死组织细胞的处理原则。培养识别萎缩、变性、坏死眼观病理变化并进行描述的能力。

[基础链接]

在学习以下内容之前，建议将以下在基础课当中学过的知识点进行回顾，以便更好地运用。

1. 细胞的结构及组成。
2. 蛋白质分解、合成过程。

[任务导入]

 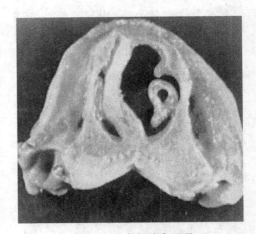

图 6-1　正常的猪鼻甲骨　　　　　　　　图 6-2　异常的猪鼻甲骨

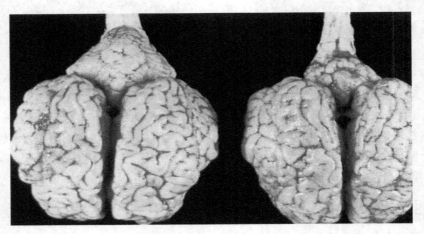

图 6-3　牛脑

问题：

1. 图 6-1（彩图见插页）是正常猪的鼻甲骨图片，与图 6-1 相比，图 6-2（彩图见插页）出现哪些异常？

2. 图 6-3（彩图见插页）中左侧的图为健康牛脑的形态，右侧图为病变时的形态。病态牛脑与健康牛脑比有何异常？

3. 请分析鼻甲骨和脑发生病变的原因。

[相关知识]

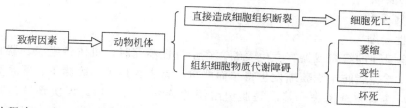

在疾病过程中，由于受到各种致病因素的作用，必然会导致组织与细胞发生损伤。在不同的疾病过程中，由于各种致病因素的损伤作用不同，所引起的组织损伤程度也就不同，根据其损伤程度不同，可将组织损伤分为萎缩、变性和坏死。

一、萎缩

已经发育正常的器官或组织，在各种病因的作用下发生体积缩小和功能减退的病理过程，称为萎缩。萎缩时组织或器官的体积缩小通常是构成该组织、器官的实质细胞体积缩小或数量减少所致。实质细胞数量减少会导致组织器官功能下降；实质细胞的体积缩小，其细胞内的细胞器数量会减少，也会导致组织器官功能下降。

（一）原因和类型

1. 生理性萎缩

生理性萎缩是指在生理情况下，随着动物年龄的增长，动物体内的某些组织、器官由于其生理机能的自然减退而发生萎缩。如成年动物胸腺的萎缩，已达性成熟的家禽法氏囊的萎缩，老龄动物性腺、乳腺的萎缩等均属生理性萎缩。

2. 病理性萎缩

病理性萎缩是指在病理情况下，由于受到某些致病因素的作用所引起的萎缩。病理性萎缩根据其发生原因和波及范围不同而分为以下两种。

（1）全身性萎缩　是指在某些致病因素的作用下，引起全身性物质代谢发生障碍，以致全身各组织、器官普遍发生萎缩。多见于长期营养不良、慢性消化道疾病、严重的消耗性疾病（如恶性肿瘤、结核、寄生虫病）等情况下。

（2）局部性萎缩　是指在某些局部性因素影响下发生的局部组织或器官的萎缩。根据其原因不同可分为以下 5 种。

① 废用性萎缩：功能减退的情况下，相应器官的神经感受器得不到应有的刺激，向心冲动减少或中止，离心性营养性冲动也随之减弱，而致局部血液供应和物质代谢降低，尤其是合成代谢降低而引起萎缩。

② 压缩性萎缩：多因器官或组织受到缓慢而长期的机械性压迫而引起。其发生机理一方面是由于受压迫器官或组织的血管受压，血液循环和血液供应障碍，氧和营养物质供应不足，代谢障碍的结果所致；另一方面是组织细胞受到压迫，细胞膜通透性发生改变，导致细

胞自身代谢发生障碍。组织受肿瘤、结石或寄生虫包囊等的压迫而发生的萎缩。

③ 神经性萎缩：多因中枢或外周神经发生损伤或炎症时，由于其神经功能障碍，所支配的肌肉因失去神经的支配而发生萎缩。如颜面神经麻痹可引起颜面肌肉萎缩，坐骨神经因注射受到针刺而发生损伤，可引起相应肢体萎缩。

④ 缺血性萎缩：多因某一动脉不全阻塞，血液供应不足，使该动脉所支配的组织发生萎缩。

⑤ 激素性萎缩：由内分泌功能失调引起的萎缩，如去势动物前列腺因得不到雄性激素刺激所发生的萎缩。

（二）病理变化

1. 全身性萎缩

表现为全身性的组织或器官发生萎缩。在全身性萎缩时，机体各组织、器官的萎缩程度不完全相同。首先脂肪组织萎缩发生得早而严重，首先为皮下、腹膜下、肠系膜、网膜脂肪的大量消耗，甚至完全消失；其次是肌肉组织的萎缩（图 6-4）；再次是肝、肾、脾等实质器官的萎缩；心、脑等重要生命器官发生萎缩较晚且比较轻微。

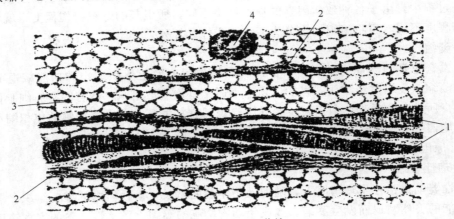

图 6-4　骨骼肌萎缩

1—正常肌纤维；2—萎缩肌纤维；3—脂肪组织；4—小动脉

2. 局部性萎缩

表现仅限于某一局部组织或器官发生萎缩。有的局部性萎缩在其出现局部萎缩病变的同时，还可见到引起萎缩的相关病因和相应组织或器官的代偿性肥大。发生萎缩的组织器官体积缩小、质量减轻、被膜皱缩、边缘变锐、质地变实。胃、肠等腔管状器官的管壁变薄。脂肪组织萎缩时，其脂肪萎缩的空缺被渗出的浆液填充，形成黄白色半透明的胶冻样。大脑萎缩时，脑回变窄，脑沟变深，皮质变薄。心、肝、肾等器官萎缩时，其颜色加深呈红褐色，称为褐色或棕色萎缩。

萎缩是一种可复性病理过程，病因消除后，萎缩的组织、器官可恢复其形态和功能。但持续性萎缩的细胞最终可发展为变性和坏死。

二、变性

在细胞内或细胞间质中出现异常物质或生理性物质异常增多的形态改变称为变性。根据细胞内或间质中出现的异常物质的不同，变性可分为以下几种类型。

1. 颗粒变性

颗粒变性常发生于实质器官的实质细胞（心肌细胞、肝细胞、肾小管内皮细胞），是以变性的细胞体积肿大，胞浆内出现许多微细的蛋白颗粒为特征的一种变性。由于变性细胞的胞浆内出现大量的蛋白颗粒，变性的细胞体积肿大，而致整个变性的器官体积肿胀，色泽混浊而失去原有光泽，故又称为混浊肿胀，简称"浊肿"。

（1）发生原因与机理　常见于一些急性病理过程，如急性感染、发热、缺氧、中毒、过敏等。在上述病理过程中，可直接损伤细胞膜的结构，也可破坏线粒体的氧化酶系统，使三羧酸循环和氧化磷酸化发生障碍，ATP 生成减少，细胞膜上的钠泵障碍，导致细胞内钠离子、氯离子增多，致使细胞嗜水性增强，于是水分进入细胞增多，使细胞器（尤其是线粒体）吸水肿大。以及胞浆蛋白由溶胶状态转化为凝胶状态，蛋白质颗粒沉积在胞浆内和细胞器内，形成光镜下红染的蛋白颗粒。

（2）病理变化

① 眼观：颗粒变性常见于心、肝、肾、骨骼肌等器官、组织。器官体积肿大，质量增加，边缘钝圆，被膜紧张，切面隆突边缘外翻，质脆易碎，颜色变淡，灰白色或黄白色，器官、组织混浊无光泽，像沸水烫过一样。

② 镜检：细胞体积肿大，胞浆模糊，胞浆内出现大量微细的淡红色颗粒，胞核有时染色变淡，隐约不明。细胞线粒体和内质网变得肿胀，光镜下细胞质内出现红染细颗粒状物。若水、钠进一步积聚，则细胞肿大明显，胞质基质高度疏松，细胞核也可肿胀，胞质膜表面出囊泡，严重时核肿胀，染色变淡，染色质肿大或溶解，核膜破裂或崩解消失。

2. 水疱变性

水疱变性常发生于皮肤、黏膜和浆膜，指变性细胞的胞浆或胞核内出现大小不等的水疱，使整个细胞呈蜂窝状结构。

（1）发生原因与机理　多发生于烧伤、冻伤、口蹄疫、痘疹、猪传染性水疱病及中毒等急性病理过程中，其发生机理与颗粒变性基本相同。水疱变性与颗粒变性常同时出现或出现于同一病理过程的不同发展阶段，所以有人将颗粒变性和水疱变性合称为"细胞肿胀"。

（2）病理变化

① 眼观：多见于皮肤和黏膜部位，最初仅见病变部位肿胀，随后形成肉眼可见水疱。严重时水疱破溃，形成烂斑或结痂。

② 镜检：变性细胞的体积肿大，胞浆内含有大小不等、形态不规则的水疱，小水疱可融合成较大的水疱，使细胞呈气球样肿胀，故又称气球样变。严重时细胞破裂，水分集聚于表皮的角质层下，向表面隆起，形成肉眼可见的水疱。

3. 脂肪变性

脂肪是细胞的一种重要成分，多数情况下，它们以极细的小滴散布于细胞内，或与蛋白质结合为脂蛋白，因此在细胞结构正常时是不易看到的。脂肪变性是指细胞胞浆内出现脂肪滴或脂肪滴增多，简称脂变。

（1）发生原因与机理　脂肪变性也是一种常见于急性病理过程的细胞变性。常见于急性感染、中毒、缺氧、饥饿或某些营养物质缺乏等。脂肪变性的发生机理是很复杂的，至少有以下几方面的因素。

① 结构脂肪被破坏：缺氧、中毒等疾病过程中，与蛋白质结合成脂蛋白的结构脂肪与蛋白分解，于是细胞内就显现出成形的脂肪滴。

② 中性脂肪合成过多：当动物饥饿持续时间较长时，体内糖原耗尽、能量下降，机体动用体内储存的脂肪供能。此时储脂分解形成大量脂肪酸并进入肝脏，使肝细胞内合成的甘油三酯剧增，超过了肝细胞将其氧化利用和合成脂蛋白的能力，以致脂肪沉积于肝细胞内形成脂肪滴。

③ 脂蛋白合成障碍：缺氧、中毒导致肝损伤或者营养不良时，肝细胞对脂蛋白、磷脂、蛋白质的合成发生障碍。此时肝脏不能及时将甘油三酯合成脂蛋白运输出去，使脂肪输出受阻而堆积于细胞内。

④ 脂肪酸的氧化利用发生障碍：如中毒、缺氧均能影响肝细胞内脂肪酸的氧化过程，因氧化障碍使脂肪酸利用下降，造成脂肪在细胞内蓄积。

（2）病理变化

① 眼观：轻度脂肪变性，器官可无明显变化，仅见器官的色泽稍显黄色。随着病变的加重，脂肪变性器官体积增大，表面光滑，边缘圆钝，质地松软，呈黄褐色或土黄色。切面隆突，结构模糊，触之有油腻感。

a. 槟榔肝：肝脏脂肪变性的同时伴有淤血时，肝脏切面由暗红色的淤血部分和黄褐色脂肪变性的部分相互交织，形成类似于槟榔切面的花纹，称为"槟榔肝"。

b. 虎斑心：心脏发生脂肪变性时，变性心肌呈灰黄色条纹或斑点状，与正常心肌的暗红色相间，形成黄红相间的虎皮样斑纹，称为"虎斑心"。

② 镜检：变性细胞肿胀，胞质中见有大小不等圆球状脂肪滴。随着病变的发展，小脂肪滴相互融合成较大的脂肪滴，胞浆和胞核被挤于一侧。在石蜡切片、HE染色的切片中，脂肪滴中脂肪被溶剂溶解而呈空泡状。

4. 淀粉样变性

淀粉样变性是指变性组织内出现淀粉样沉着物的病理过程，常沉着于一些器官的网状纤维、小血管壁和细胞之间。其沉着物属于糖蛋白，具有淀粉样遇碘后的呈色反应（加碘溶液呈红褐色，再滴加稀硫酸便呈蓝色），故称淀粉样沉着物。

（1）发生原因与机理　淀粉样变性的发生原因与机理目前还不十分清楚，但在兽医临床实践中发现，淀粉样变性多发生于长期伴有组织损伤的慢性消耗性疾病和慢性抗原刺激的病理过程中，如慢性化脓性炎症、结核病灶等。与大量抗原-抗体复合物产生，并在一定部位沉着有关。

（2）病理变化　淀粉样变性常见于脾、肝、肾和淋巴结等器官，眼观无明显变化，镜检为淡红色均质状物。

① 脾脏。眼观：脾脏体积肿大，质地变实，切面干燥。如淀粉样物质沉着在淋巴滤泡部位时，呈半透明灰白色颗粒状，外观似煮熟的西米，俗称"西米脾"；如淀粉样物质沉着在红髓部时，则呈不规则的灰白色，与非沉着部的暗红色脾髓交织成红白相间的火腿样花纹，俗称"火腿脾"。镜检：淀粉样物质呈云朵状，淡红色，沉着部的淋巴细胞减少或消失。

② 肾脏。眼观：肾脏体积肿大，色泽变黄，表面光滑，被膜易剥离，质地脆弱。镜检：淀粉样物质主要沉着在肾小球毛细血管基底膜上，在肾小球内出现粉红色的团块状物质，严重时肾小球完全被淀粉样物质所取代。有时肾小管基膜上也有沉着。

③ 肝脏。眼观：肝脏体积肿大，呈棕黄色，质地脆弱，切面结构模糊似橡皮样。镜检：淀粉样物质主要沉着在肝细胞索与窦状隙间的网状纤维上，严重时肝细胞受压萎缩消失，甚至整个肝小叶全部被淀粉样物质取代。

5. 透明变性

透明变性是指间质或细胞内出现一种均质红染、无结构、半透明的玻璃样物质，又称玻璃样变。主要发生于血管壁、结缔组织和肾小管等部位。

（1）血管壁的透明变性常见于肾、脑、脾等的小动脉。发生原因是由于血管壁通透性增高，血浆蛋白渗入内膜，在内皮下凝固，形成半透明、均匀红染的玻璃样物。眼观：变性的血管壁增厚、质地变硬，管腔狭窄甚至闭塞，管壁弹性减弱、脆性增加，易继发扩张、破裂和出血。镜检：可见内皮细胞红染、均质无结构。

（2）结缔组织的透明变性常见于增生的纤维结缔组织，如瘢痕组织等，为胶原纤维老化的表现。眼观：病变组织呈灰白半透明状，质地坚韧，缺乏弹性。镜检：呈片状均质红染的半透明状结构。

（3）肾小管透明变性多发生于肾小球性肾炎时，其发生机理是肾小球毛细血管通透性增强，血浆蛋白渗出，以致肾上皮吞饮蛋白质形成玻璃样物质。眼观：病变不明显。镜检：可见变性细胞内出现均质红染的玻璃样圆滴。

三、坏死

活体内局部组织或细胞的病理性死亡称为坏死。坏死多由萎缩、变性发展而来，发生坏死的组织物质代谢过程完全终止，其机能也完全丧失，所以，坏死属于一种不可复性变化。

1. 发生原因与机理

引起坏死的原因很多，各种致病因素只要达到一定程度或持续到一定时间均可引起坏死。常见的原因有局部缺血（血管阻塞）、物理因素（高、低温）、化学因素（强碱、强酸）、生物性因素（细菌、病毒）。但不同因素引起坏死的机理各有不同，如局部缺血可导致组织营养物质和氧的供应不足，高温引起组织蛋白凝固，低温可使细胞内水分冻结，强酸、强碱可使细胞内蛋白质变性等。但最终都是引起组织细胞物质代谢障碍，进而引起坏死。

2. 病理变化

（1）眼观　组织坏死的初期无明显眼观变化，时间较久者可见坏死组织形成大小不等的斑点状坏死灶，坏死灶呈灰白色，混浊，失去原有光泽，弹性降低，坏死灶周围有分界性炎性反应带。

（2）镜检

① 细胞核的变化：这是判断细胞坏死的主要形态学标志（图 6-5）。

a. 核浓缩：细胞核染色质浓聚、皱缩，使核体积缩小，嗜碱性增强，染色加深。

b. 核碎裂：细胞核由于核染色质崩解和核膜破裂而发生碎裂。

c. 核溶解：核染色质淡染，进而仅见核的轮廓或残存的核影，最后完全消失。

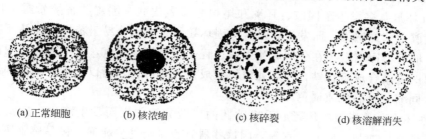

(a) 正常细胞　　　(b) 核浓缩　　　(c) 核碎裂　　　(d) 核溶解消失

图 6-5　细胞坏死时核的变化模式

② 细胞浆的变化：胞浆内的微细结构破坏，胞浆呈颗粒状；胞浆染色更红；胞浆溶解

液化；胞核浓缩后消失。

③ 间质的变化：间质结缔组织基质解聚，胶原纤维肿胀、崩解或断裂，相互融合，失去原有的纤维性结构，被伊红染成红色，胶原纤维结构消失，成为一片均质、无结构的纤维素样物质，为纤维素样变，即纤维素样坏死。

当组织发生严重坏死时，实质细胞和间质成分同时发生坏死变化，一定时间后，无结构的坏死细胞和纤维样变的间质融合在一起，形成一片颗粒状或均质无结构的纤维样物质。

3. 坏死的类型

（1）凝固性坏死　常发生于含蛋白质多，含水和蛋白水解酶少的组织。组织坏死后，其组织蛋白由于受到凝固酶的作用而发生凝固，使坏死组织干燥、固缩，称凝固性坏死。如肾脏的贫血性梗死，肌肉的蜡样坏死和结核病灶的干酪样坏死均属于凝固性坏死。

① 眼观：特点是坏死组织干燥、质地坚实，呈灰白色或灰黄色，混浊，无光泽。坏死灶的大小根据其坏死的范围不同可有针尖大、粟粒大或呈大面积的坏死灶。

动物结核病时器官发生的干酪样坏死是一种特殊类型的凝固性坏死，其特征是坏死组织中除凝固的蛋白质外，还含有多量脂类物质。眼观：坏死灶呈灰白色或黄白色，质较松软易碎，外观像干酪或豆腐渣，故称为干酪样坏死。

肌肉组织发生的蜡样坏死也是一种凝固性坏死。眼观：坏死的肌肉组织混浊无光泽，干燥而坚实，呈灰黄色或灰白色，肌纤维纹理消失而呈均质状态，如同石蜡一样（见于白肌病）。

② 镜检：特点是坏死的组织细胞结构消失，胞核发生浓缩、碎裂，溶解消失。胞浆浓缩，均质化严重时整个坏死组织的胞核、胞浆和间质融合在一起，形成一片均质无结构的红染物质。

（2）液化性坏死　常发生于含磷脂和蛋白水解酶多，含蛋白质少的组织。组织坏死后，其组织蛋白由于受到蛋白溶解酶的作用溶解液化，而致坏死组织变成液体状态，称液化性坏死。主要发生于胃肠道或脑，由化脓菌或某些真菌感染所引起的化脓性炎症属于典型的液化性坏死。因缺血、缺氧引起的脑软化也属于液化性坏死。脑组织蛋白含量少，坏死后不易凝固，并且富含水分和磷脂，对凝固酶有抑制作用，容易分解液化，使脑组织发生软化（故常将脑组织的坏死称为脑软化）。化脓性炎症时的组织化脓，其化脓炎灶中有大量中性粒细胞浸润，它们坏死崩解后，释放出蛋白分解酶，将坏死组织溶解液化成为脓液，也属于液化性坏死。

（3）坏疽　组织坏死后，由于受到外界环境因素的影响或继发腐败菌的感染而发生腐败分解，称为坏疽。坏疽分为干性、湿性和气性3种类型。

① 干性坏疽：多发生于四肢、耳廓和尾根等体表皮肤。因皮肤直接暴露于体表，坏死后易于继发腐败菌的感染，而发生坏疽。又因坏死组织中水分易于蒸发，使坏死组织发生干燥、固缩。同时，因腐败菌在分解坏死组织过程中可产生硫化氢，并与坏死组织内崩解的红细胞释放出的铁结合成硫化铁，使坏死组织变成黑色或褐色。所以，干性坏疽的组织病变特点为干燥，固缩，呈黑色或褐色。

② 湿性坏疽：是指组织坏死后受腐败菌的腐败分解作用而发生液化。多发生于与外界相通的内脏器官，如肺、肠及子宫等。因这些器官直接与外界相通，极易感染腐败菌，并且含水量多，有利于腐败菌的生长繁殖。所以，这些器官坏死后极易感染腐败菌，造成坏死组织的腐败分解，形成湿性坏疽。湿性坏疽的外观特点：呈污灰色，湿润，组织柔软、易碎，

结构完全破坏，并可流出腐败恶臭的液体，严重者可导致自体中毒。

③ 气性坏疽：多发生于深部组织创伤又继发感染了厌氧菌（产气荚膜杆菌、恶性水肿杆菌、牛气肿疽梭菌等）所引起的一种坏疽。这些厌氧菌在腐败分解坏死组织的过程中可产生大量气体（氢、二氧化碳、氮等），结果使坏死组织显著肿胀，呈棕黑色蜂窝样，触摸有捻发音。气性坏疽多发生于牛气肿疽、猪恶性水肿等传染病过程中。

4. 对机体的影响与结局

（1）对机体的影响　　坏死对机体的影响主要取决于坏死的范围大小和发生部位。发生在一般部位小范围的坏死对机体影响不大，若范围较大可导致坏死组织或器官的功能障碍，坏死组织崩解产物的吸收可引起自体中毒，对机体影响较大。发生在脑、心等重要生命器官，即使范围较小也可导致严重后果。

（2）结局

① 溶解吸收：坏死细胞及周围中性粒细胞释放水解酶使组织溶解液化，由淋巴管或血管吸收，不能吸收的碎片则由巨噬细胞吞噬清除。坏死液化范围较大可形成囊腔。

② 分离排出：坏死灶较大不易被完全溶解吸收时，发生在皮肤黏膜的坏死物可被分离，形成组织缺损，浅者称为糜烂，深者称为溃疡。组织坏死后形成的开口于皮肤黏膜表面的深在性盲管称为窦道，两端开口的通道样缺损称为瘘管。肺、肾等内脏坏死物液化后，经支气管、输尿管等自然管道排出，所残留的空腔称为空洞。

③ 机化、包囊形成和钙化：新生肉芽组织长入并取代坏死组织、血栓、脓液、异物等的过程，称为机化。如坏死组织太大，难以完全长入或吸收，则由周围增生的肉芽组织将其包围，称为包裹形成（图6-6）。机化和包裹的肉芽组织最终形成纤维瘢痕。坏死细胞和细胞碎片若不能及时清除，则容易发生钙盐沉积，引起钙化。

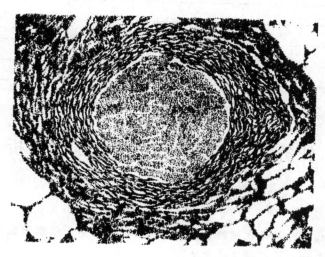

图 6-6　肺坏死灶包裹形成

[分组病例分析]

某病牛剖检，肝部病变如图 6-7 所示，在肝部血管内发现血栓。

问题：

1. 识别并描述图 6-7（彩图见插页）中肝脏发生什么病理变化。

图 6-7 病牛的肝脏

2. 分析肝脏发生该病变的原因及机理。

[相关练习]

1. 看书后填写下表。

类　型	发生部位	发生部位特点（出现哪些异常物质）	局部表现（病理变化）
颗粒变性			
水疱变性			
脂肪变性			
凝固性坏死			
液化性坏死			
干性坏疽			
湿性坏疽			
气性坏疽			

2. 讨论并分析萎缩、变性和坏死的结局及对机体的影响。

任务 7 抗损伤变化的识别与分析

[任务目标]

掌握组织细胞损伤时机体代偿的形式、适应的过程及不同组织细胞损伤时机体修复的过程。掌握机体通过各种形式抗损伤的意义。

[基础链接]

在学习以下内容之前，建议将以下在基础课当中学过的知识点进行回顾，以便更好地运用。

1. 组织的分类与组成。

2. 机体重要器官的功能。

［内容导入］

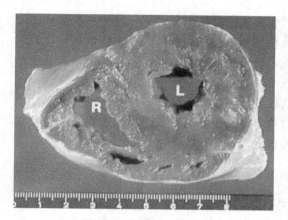

图 7-1　正常心脏横切面

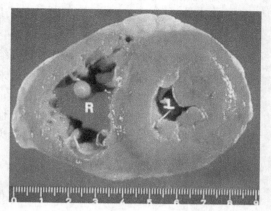

图 7-2　异常心脏横切面

问题：

1. 图 7-1（彩图见插页）为正常心脏横切面，与图 7-1 相比，图 7-2（彩图见插页）有何异常？

2. 病猪主动脉瓣口狭窄，剖检心脏体积增大，心肌纤维呈并联性增生，肌纤维变粗，心室壁增厚（图 7-2）。请分析为什么主动脉瓣口狭窄，心肌会出现以上变化。有什么意义？

［相关知识］

代偿、适应与修复是动物机体的一种抗损伤性反应，也是机体对损伤的一种保护适应性反应。在疾病过程中，动物机体由于受到各种致病因素的损伤作用，必然会造成不同程度的损伤，包括组织器官的萎缩、变性、坏死等。机体为了维持正常的生命活动，就会通过代偿、适应与修复来维持机体形态结构和机能代谢的正常，保证生命活动的正常进行。

一、代偿

在致病因素作用下，体内出现代谢、功能障碍或组织结构破坏时，机体通过相应器官的代谢改变、功能加强或形态结构变化来进行补偿的过程，称为代偿。这种代偿过程主要是通过神经体液系统的调节来实现的，是机体的一种适应性反应。代偿有以下 3 种表现形式。

1. 代谢性代偿

代谢性代偿是指在疾病过程中，机体通过物质代谢改变来进行代偿的一种形式。如慢性饥饿时，机体动用体内储脂供给能量；又如机体在缺氧时，有氧氧化过程受阻，能量供应不足，此时机体通过加强无氧酵解，供给部分能量等。

2. 功能性代偿

功能性代偿是指机体通过组织或器官的机能增强来消除或代偿某器官机能障碍的一种代偿形式。如一侧肾脏发生损伤功能障碍时，另一侧健康肾脏的功能呈代偿性增强，借以补偿病侧肾脏的功能。

3. 结构性代偿

结构性代偿是指机体通过形态结构的变化对组织、器官结构性破坏所实现的一种代偿过程，也是为了适应相应功能的增强而出现的一种代偿形式。如主动脉瓣口狭窄时引起左心的肥大，就属于一种结构性代偿。

上述代谢、功能和结构性代偿多同时存在，并且相互影响。以物质代谢的加强为基础，先出现功能的增强，进而在功能增强的组织或器官发生形态结构的改变，这种形态结构的改变又进一步为功能的增强提供了物质基础，彼此相辅相成。例如机体在缺血或缺氧时，首先通过心肌纤维的代谢加强，以增强心肌收缩功能，长期的代谢与功能增强，又会导致心肌纤维的增粗，心脏肥大，肥大的心脏又反过来增强心脏的功能。

机体的组织器官有较强大的代偿能力，但其代偿也不是无止境的，当其病因长期不能消除，病情继续发展，其结构性损伤和功能性障碍进一步加重，超过了机体组织器官的代偿限度时，就会出现代偿的失调，这个过程称为失代偿。

二、适应

（一）肥大

肥大是机体的一种代偿性反应，是机体在受到某些因素的作用后，通过神经-体液的调节，使局部组织的血液供应增加，物质代谢和合成过程加强，以致细胞内营养储存增加，细胞体积增大（容积性肥大）。同时，肥大的组织往往同时伴有细胞数量的增多（数量性肥大）。其共同的特点是肥大器官的体积增大，质量增加。组织、器官因其细胞体积增大或细胞数量增多，而使整个组织、器官体积增大，称为肥大。肥大有生理性肥大和病理性肥大之分。

1. 生理性肥大

生理性肥大是指在生理情况下，随着器官生理功能的增强，其器官体积发生肥大。如妊娠子宫、泌乳期乳腺、赛马的心脏、经常运动的肌肉等的肥大，均属于生理性肥大。

2. 病理性肥大

在疾病过程中，由于受到各种病因的作用所引起的肥大，称为病理性肥大。有真性肥大和假性肥大两种。

（1）真性肥大 是指组织、器官的实质细胞体积增大（或伴有数量增多）而引起的肥大。如一侧肾脏因病切除或萎缩，另一侧肾脏发生肥大。真性肥大时血液的供应、代谢及功能增强，对相应器官的功能具有代偿性，故又称为代偿性肥大。

（2）假性肥大 是指由组织、器官的间质成分增多（如脂肪储存增加）所引起的一种肥大，这种肥大仅表现为肥大器官的体积增大，而因其间质成分增加，实质部分受压而发生萎缩，肥大器官的功能不仅不增强，反而减退。如心脏因脂肪的积蓄而发生假性肥大。

（二）改建

器官、组织的功能负担发生改变后，为适应新的功能需要，其形态结构发生相应变化，称为改建。组织改建的种类一般有以下 3 种。

1. 血管的改建

动脉内压长期增高，使小动脉壁弹性纤维和平滑肌增生，管壁增厚，毛细血管可转变成小动脉、小静脉；反之，当血管由于器官的功能减退时，其原有的一部分血管将发生闭塞，如胎儿的脐动脉在它出生后由于血流停止而转变为膀胱圆韧带。

2. 骨组织的改建

患关节性疾病或骨折愈合后，由于骨的负重方向发生改变，骨组织结构形式就会发生相应的改变。此时骨小梁将按力学负荷所赋予的新要求而改变其结构与排列，即形成新的骨小梁系统来取代旧的骨小梁系统。在此过程中，不符合重力负重需要的骨小梁逐渐萎缩，而符合于重力负荷需要的则逐渐肥大，经一定时间之后，骨组织内形成适应新的机能要求的新结构。

3. 结缔组织的改建

创伤愈合过程中，肉芽组织内胶原纤维的排列也能适应皮肤张力增加的需要而变得与表皮方向平行。

（三）化生

一种已分化成熟的组织在环境条件改变的情况下，在形态和功能上完全转变为另一种组织的过程，称为化生。这常常是由于组织适应生活环境的改变，或者某些理化刺激引起的。根据化生发生的过程不同，化生可分为鳞状上皮化生与结缔组织化生两类。

1. 鳞状上皮化生

多见于气管和支气管。此处黏膜长时间受到刺激性气体刺激或慢性炎症的损伤，黏膜上皮反复再生，此时可出现化生。如慢性支气管炎或支气管扩张症时，支气管黏膜的柱状纤毛上皮化生为鳞状上皮；肾盂结石时，肾盂黏膜的移行上皮化生为鳞状上皮。

2. 结缔组织化生

结缔组织可化生为骨、软骨或脂肪组织等。

组织化生后虽然能增强局部组织对某些刺激的抵抗力，但却丧失了其原有组织的功能，例如支气管黏膜的鳞状上皮化生，由于丧失了黏液分泌和纤毛细胞，反而削弱了支气管的防御功能，易于发生感染。更有甚者，诱发组织化生的刺激因子如长期存在，可能引起局部组织发生癌变。

三、修复

修复是指组织损伤后的重建过程，即机体对死亡的细胞、组织的修补性生长及对病理产物的改造过程。其表现形式有多种，重点介绍再生、肉芽组织、创伤愈合和钙化。

（一）再生

组织损伤后，由邻近健康组织细胞分裂增殖来进行修复的过程，称为再生。再生是机体的一种修复反应，机体可通过再生使损伤的组织得到修复。

1. 再生的类型

（1）生理性再生　在生理情况下，体内的细胞可不断地衰老和死亡，同时也在不断地新生替补，这种新生替补的过程即属于生理性再生。如皮肤表皮细胞的角化脱落，可由基底层细胞不断增生来进行补充。

（2）病理性再生　是在病理情况下，由致病因素引起细胞或组织的损伤后所发生的旨在修复损伤的再生。病理性再生又可根据再生的组织成分和组织修复的程度不同，分为完全再生和不完全再生。

① 完全再生：是指再生的细胞或组织在结构和功能上与原有组织完全相同。多见于损伤轻微或再生能力强的组织损伤后的再生，如上皮组织轻微损伤后的再生。

② 不完全再生：如损伤的组织不能由同类组织再生进行修复，而是由新生的间质结缔组织（肉芽组织）再生修复，再生的组织只能填补组织的缺损，而不能完全恢复原组织的结构和功能，往往留有瘢痕。多见于再生力弱的组织或较严重损伤的情况下，如肌组织和神经组织的再生多属此类。

2. 各种组织的再生

不同的组织具有不同的再生能力，这是在长期生物进化过程中获得的。一般情况下，低等动物的组织再生能力强于高等动物，因低等动物的组织分化程度低，分化程度低的组织再生能力强，而高等动物的组织分化程度高，分化程度高的组织再生能力弱。在同一动物体内也因不同组织的分化程度不同，其再生能力亦不同。

（1）上皮组织的再生　上皮组织的再生能力很强，尤其是皮肤的表皮或黏膜上皮更强。轻度损伤时，可达到完全再生修复其缺损。

① 被覆上皮的再生：皮肤表皮受损时，首先由创缘部及残存的生发层细胞分裂增生形成单层细胞，并向缺损面中心延伸；继而，分裂增生的上皮逐渐增厚，并分化出棘细胞层、颗粒层、透明层和角化层等，形成与原有表皮一致的结构（图7-3）。

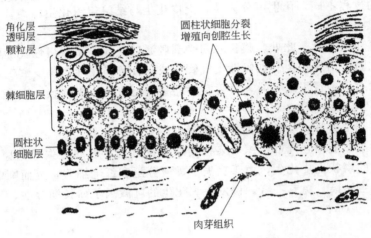

角化层
透明层
颗粒层
棘细胞层
圆柱状
细胞层
圆柱状细胞分裂
增殖向创腔生长
肉芽组织

图 7-3　皮肤表皮再生模式

黏膜上皮损伤后，主要由邻近部位健在的上皮细胞分裂增生，初为立方上皮，以后增高为柱状上皮。

② 腺上皮的再生：肝脏、胰腺、唾液腺以及内分泌腺的腺上皮，都具有较强的再生能力。腺上皮的再生是否完全与损伤程度密切相关。如损伤轻微，只有腺上皮坏死，而间质及网状支架完好时，则可达到完全再生。

（2）血管的再生　动、静脉大血管不能再生，其损伤后管腔往往被血栓堵塞，以后被结缔组织机化，血液循环靠建立侧支循环来完成。毛细血管的再生能力很强，多以芽生的方式再生，原有的毛细血管的内皮肥大并分裂增殖，形成向外突起的幼芽，并向外增长而成实心的内皮细胞条索，随着血流的冲击，细胞条索中出现管腔，形成新的毛细血管，新生毛细血管相互吻合，形成毛细血管网（图7-4）。

图 7-4　毛细血管再生模式

（3）结缔组织的再生　结缔组织具有强大的再生能力，它不仅使本身损伤能够再生，还积极参与其他组织损伤的修复。在损伤的刺激下，受损处的成纤维细胞进行分裂、增生。成纤维细胞可由静止状态的纤维细胞转变而来，或由未分化的间叶细胞分化而来。幼稚的成纤维细胞胞体大，两端常有突起，突起亦可呈星状，胞质略呈嗜碱性。电镜下，胞质内有丰富的粗面内质网及核蛋白体，说明其合成蛋白的功能很活跃。胞核体积大，染色淡，有 1～2 个核仁。当成纤维细胞停止分裂后，开始合成并分泌前胶原蛋白，在细胞周围形成胶原纤维，细胞逐渐成熟，变成长梭形，胞质越来越少，核越来越深染，转化为纤维细胞（图 7-5）。

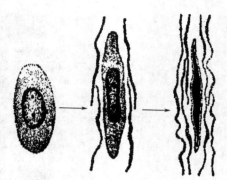

图 7-5　成纤维细胞产生胶原纤维并转化为纤维细胞

（4）血细胞的再生　在生理情况下，红细胞会不断地衰老和破坏，机体主要通过红骨髓的造血功能完成红细胞的新生替补。在大失血或红细胞大量破坏时，除红骨髓的造血功能增强外，管状骨内的黄骨髓（脂肪骨髓）的血管内皮与网状细胞增殖形成红骨髓，增强造血功能。此外，脾、肾及肝小叶内网状与内皮细胞增殖并活化，形成髓外造血，增加造血功能。

（5）骨组织的再生　骨组织的再生能力很强，但再生程度取决于损伤的大小、固定的状况和骨膜的损伤程度。骨组织损伤后主要由骨外膜和骨内膜内层的细胞分裂增生，在原有骨组织的基础上，形成一层新骨组织进行修复。

（6）软骨组织的再生　软骨组织的再生能力较弱，其再生起始于软骨膜，由软骨膜深层的成骨细胞增殖，这种增生的幼稚细胞形似成纤维细胞，以后逐渐变为软骨母细胞，并形成软骨基质，细胞被埋在软骨陷窝内而变为静止的软骨细胞。软骨组织缺损较大时由纤维结缔组织参与修补。

（7）肌组织的再生　肌组织的再生能力很弱。

横纹肌的再生与其肌膜是否存在及肌纤维是否完全断裂有关。横纹肌细胞是一个多核的纤维细胞，胞核数量可多达数十乃至数百个。轻度损伤肌膜未被破坏时，首先是中性粒细胞及巨噬细胞进入该部吞噬并清除坏死组织。然后由健在的肌细胞分裂再生，修补缺损；如果肌纤维完全断开，肌纤维断端不能直接连接，则通过纤维瘢痕愈合，愈合后的肌纤维仍可以收缩，其功能可部分地恢复；如果整个肌纤维（包括肌膜）均被破坏，则难以再生，只能通过结缔组织增生连接，形成瘢痕修复（图 7-6，彩图见插页）。

平滑肌也有一定的再生能力，但是断开的肠管或较大的血管经手术吻合后，断处的平滑肌主要通过纤维瘢痕连接。心肌再生能力极弱，破坏后一般都是瘢痕修复。

（8）神经组织的再生　神经细胞没有再生能力，其损伤由神经胶质细胞再生来修复，形成胶质细胞瘢痕。外周神经受损时，如果与其相连的神经细胞仍然存活，可完全再生。首先，断处远侧段的神经纤维髓鞘及轴突崩解吸收；近侧段的神经纤维也发生同样变化。然后由两端的神经鞘细胞增生形成带状的合体细胞，将断端连接。近端轴突以每天约 1mm 的速度逐渐向远端生长，穿过神经鞘细胞带，最后达到末梢鞘细胞，鞘细胞产生髓磷脂将轴索包绕形成髓鞘，完成修复。

（二）肉芽组织

肉芽组织是由新生的毛细血管和成纤维细胞构成并伴有炎性细胞浸润的新生幼稚结缔组

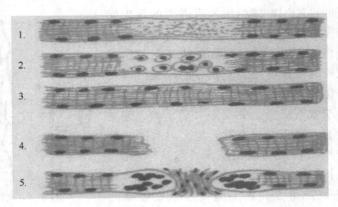

图 7-6　骨骼肌的再生

1～3 为肌膜未被破坏时骨骼肌的再生过程；4～5 为肌膜损伤，肌纤维断裂时骨骼肌的再生过程

织。在伤口愈合过程中，肉芽组织填充伤口的缺损，使创面得以修复，因而它是创伤愈合的物质基础，参与各种修复过程。

　　体表损伤愈合过程中所形成的肉芽组织，眼观可见表面被覆有一薄层红黄色黏稠状渗出物，表面湿润呈鲜红色，颗粒状，形似鲜嫩肉芽，故名肉芽组织。肉芽组织因具有丰富的血管，触之易出血，但其中尚无神经长入，所以无痛觉。光镜下，肉芽组织常具有明显的层次性结构，表层往往是均质红染，散在有许多炎性细胞（主要是中性粒细胞）和破碎核的坏死层。因坏死层内有许多炎性细胞，故具有抗感染作用，对肉芽组织起保护作用。坏死层下主要为幼稚的成纤维细胞（胞体较大，椭圆形或星形，胞浆丰富呈弱嗜碱性，核椭圆形，淡染，泡沫状）和丰富的毛细血管（垂直于创面生长，近表面处弯曲），其中混有一定数量的炎性细胞。再下层成纤维细胞逐渐成熟，并分泌、合成许多胶原纤维，但排列紊乱，毛细血管和炎性细胞逐渐减少，这是较成熟的结缔组织。最下层或最后为排列规则的胶原纤维束和少量成熟型成纤维细胞构成的成熟结缔组织（瘢痕组织）。

　　（三）创伤愈合

　　当组织、器官因受外伤的作用造成损伤或断裂后，由其周围健康的组织细胞分裂增生修复其缺损的过程，称为创伤愈合。

　　1. 直接愈合

　　直接愈合又称一期愈合。多见于创口较小，创缘整齐，组织缺损少，无感染，组织破坏程度和炎症反应轻微的轻度创伤的愈合，如无菌手术创口的愈合。

　　（1）愈合过程

　　① 创腔净化：首先是伤口内流出的血液与渗出物凝固，使两侧创缘初步黏合起来，随后创壁周围毛细血管肿胀充血，并有液体渗出，中性粒细胞和巨噬细胞浸润，以吞噬溶解消化和清除创腔内的凝血及坏死组织，使创腔净化，需 2～3 天。

　　② 再生修复：随后由结缔组织细胞和毛细血管内皮细胞增生形成肉芽组织（由新生的毛细血管或纤维细胞构成的一种幼稚型结缔组织）填补伤口的缺损，同时由创缘表面新生的上皮细胞逐渐覆盖创口，完成创伤的直接愈合。

　　（2）特点　愈合时间短（约 1 周），愈合的组织不留瘢痕，或仅留一线状瘢痕，愈合的组织机能也完全恢复（图 7-7）。

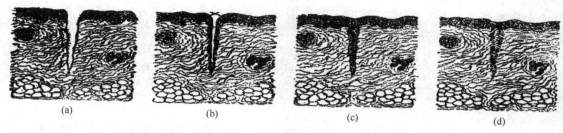

图 7-7　直接愈合模式

（a）创口较小，创缘整齐，组织缺损少；（b）经缝合创缘对合，炎症反应轻；
（c）少量肉芽组织从伤口边缘长入，表皮再生；（d）愈合后不留瘢痕或仅留线状瘢痕

2. 间接愈合

间接愈合又称二期愈合。多见于开放性损伤，其创口较大，组织破坏严重，创缘不整齐，出血较多，并伴有感染，炎症反应剧烈，创腔内蓄积有多量的坏死组织或渗出物。

（1）愈合过程

① 创腔净化：在创伤形成的 2～3 天内，创腔周围的组织发生剧烈的炎症反应，此时可由血管内渗出大量浆液和吞噬细胞（中性粒细胞），借以清除创腔，稀释毒素，溶解和吞噬坏死组织和病原微生物，经 7 天左右。

② 再生修复：从创伤底部和创缘周围开始增生出肉芽组织，逐渐填补创腔。与此同时，创缘表皮生发细胞也明显分裂增生，逐渐向创面中心伸展，覆盖创面。但由于创口较大，再生的被覆上皮往往不能完全覆盖创面，故在创面裸露出表面光滑明亮的瘢痕组织。

（2）特点　愈合时间较长（约 2 周），愈合的组织不能完全恢复其原有的结构和功能，往往留有较大的瘢痕（图 7-8）。

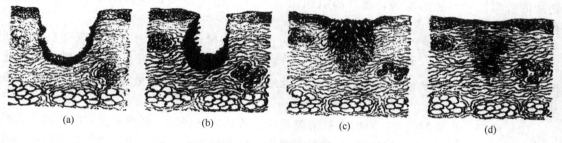

图 7-8　间接愈合模式

（a）创口较大，创缘不整齐，组织缺损多；（b）伤口收缩，炎症反应重；
（c）肉芽组织从伤口底部及边缘长入填平伤口，然后表皮再生；（d）愈合后形成瘢痕大

（四）病理产物的改造

在疾病过程中所出现的各种病理产物或异物（如坏死组织、炎性渗出物、血栓、血凝块、寄生虫、缝线等），被新生肉芽组织取代或包裹的过程，前者称机化，后者叫包囊形成。值得注意的是脑组织坏死后，机化不是由肉芽组织所取代，而是由神经胶质细胞来完成。

1. 机化与包囊的形成

可以消除或限制各种病理性产物或异物的致病作用，是机体抗御疾病的重要内容之一。但机化能造成永久性病理状态，故在一定条件下或在某些部位，会给机体带来严重的不良后果。如心肌梗死后机化形成瘢痕，伴有心脏机能障碍；心瓣膜赘生物机化能导

致心瓣膜增厚、粘连、变硬、变形，造成瓣膜口狭窄或闭锁不全，严重影响瓣膜机能；浆膜面纤维素性渗出物机化，可使浆膜增厚、不平，形成一层灰白、半透明绒毛状或斑块状的结缔组织，有时造成内脏之间或内脏与胸、腹膜间的结缔组织性粘连；肺泡内纤维素性渗出物发生机化，肺组织形成红褐色，质地如肉的组织，称其为肺肉变，使肺组织呼吸机能丧失。

2. 钙化

在正常的机体内，只有骨和牙齿有固体的钙盐，如果在骨和牙齿以外的组织内有固体的钙盐沉着，则称为病理性钙化。沉着的钙盐主要是磷酸钙，其次为碳酸钙。病理性钙化可分为营养不良性钙化和转移性钙化两类，营养不良性钙化是指钙盐沉着于坏死组织或病理产物中的过程。转移性钙化是由于全身性钙磷代谢障碍，血钙和血磷含量增高，钙盐沉着于机体多处健康组织中所致。因后者极为少见，在此不作详细论述。

（1）原因和发生机理　营养不良性钙化是指继发于组织变性、坏死的钙盐沉着，钙盐常沉积在结核病坏死灶、鼻疽结节、脂肪坏死灶、梗死、干涸的脓液、血栓、细菌团块、死亡寄生虫（如棘球蚴、囊尾蚴、旋毛虫等）与虫卵（如血吸虫卵）以及其他异物。此型钙化并无血钙含量的升高，即没有全身性钙磷代谢障碍，而仅是钙盐在局部组织的析出和沉积。

营养不良性钙化沉着的钙盐主要是磷酸钙，其次是碳酸钙。钙盐之所以能沉着在这些产物中，其发生机理较为复杂。一般认为与上述病变或坏死组织局部的碱性磷酸酶含量升高有关。在坏死灶内坏死细胞崩解后，其溶酶体中的磷酸酶可释放出来。磷酸酶能水解体液中的磷酸酯，使局部组织中的 PO_4^{3-} 增多，进而使 PO_4^{3-} 与 Ca^{2+} 浓度升高，于是就形成磷酸钙沉淀，引起钙盐沉着和钙化的发生。另外变性和坏死组织的 pH 值降低，对钙盐的吸附性和亲和力增强，使局部组织内的钙离子浓度增高，故可引起钙盐沉着和钙化的发生。

（2）病理变化　组织中沉着少量钙盐时，肉眼不能辨认；量多时，则表现为白色石灰样的坚硬颗粒或团块，刀切时发沙沙声。例如，宰后常见牛和马肝脏表面形成大量钙化的寄生虫小结节，称为砂粒肝。在苏木素-伊红染色切片中，钙盐呈蓝色粉末、颗粒或斑块状。

（3）结局　少量的钙化，有时可被溶解吸收。若钙化量多时，则难以溶解吸收而成为机体内长期存在的异物，可刺激周围结缔组织增生，将其包裹。一般来说，钙化是机体的一种防御适应性反应，可使病变局限化，固定和杀灭病原微生物，消除其致病作用。但是，钙化也有不利的一面，即不能使病变部的功能恢复，有时甚至给局部功能带来障碍。例如，血管壁发生钙化时，血管壁失去弹性，变脆，容易破裂出血；胆管寄生虫损害的钙化，可导致胆道狭窄。

[分组病例分析]

犬难产是常见的产科疾病之一，临床上常用手术助产的方法，一种是切开侧腹壁取出胎儿，一种是在腹下正中线上剖腹取胎。

问题：

1. 请比较这两种手术助产方法，哪种手术方法出血量少？

2. 为了使犬术后恢复得好些，在犬剖腹产手术的操作过程中应注意哪些问题？

[相关练习]

1. 各种组织如何进行再生（再生过程）？
2. 比较一期愈合与二期愈合的区别。

类型	发生部位特点	愈合时间	结局
一期愈合			
二期愈合			

3. 机体对病理产物如何进行改造？

任务 8　肿瘤的识别与分析

[任务目标]

掌握各种组织肿瘤的眼观变化，熟悉肿瘤的类型和发生机理，能够初步分析各种类型肿瘤的发生机理，鉴别恶性肿瘤与良性肿瘤。掌握各种肿瘤的预防措施，培养识别肿瘤眼观病理变化并进行描述的能力。

[基础链接]

在学习以下内容之前，建议将以下在基础课当中学过的知识点进行回顾，以便更好地运用。

1. 细胞正常的生长方式。
2. 各种组织器官正常细胞形态。

[任务导入]

牛白血病是牛的一种慢性肿瘤性疾病，其特征为淋巴样细胞恶性增生，进行性恶病质和高度病死率。

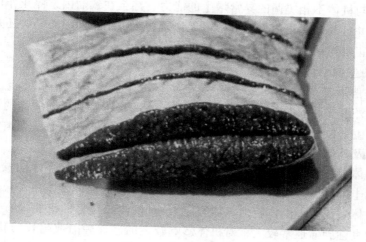

图 8-1　牛白血病脾脏

图 8-2　牛白血病肠管

问题：

1. 图 8-1（彩图见插页）和图 8-2（彩图见插页）是哪些地方发生病变（发生异常）？
2. 请描述发生什么样的异常。

[相关知识]

一、肿瘤概述

肿瘤是机体在各种致瘤因素的作用下，局部组织的细胞发生异常增生而形成的新生物。这种新生物常表现为局部肿块，所以叫做肿瘤。其特点为细胞不同程度地失去分化成熟的能力，表现出形态、代谢、功能的异常；生长旺盛，相对无止境，与整个机体不协调，不受机体正常增生、修复及分化调控因素的影响与制约，具有相对的自主性，即使致瘤因素已不存在，仍能持续性生长，对机体有害无益。特别是恶性肿瘤具有浸润及转移能力而严重破坏组织、器官。肿瘤这些特点的产生，主要是由于瘤细胞的遗传物质——基因、DNA 在结构和功能上发生了变异。

这种异常增生所形成的肿瘤组织既不同于正常的组织，也有别于炎症再生或肥大时增生的组织。它具有与机体不相协调的异常增生的能力，甚至在致瘤因素停止作用后，仍可无止境地继续生长，并且其分化程度极不成熟，无论是瘤组织细胞的形态结构还是机能代谢都具有其独特性，与正常组织细胞截然不同。

（一）肿瘤的生物学特性

1. 肿瘤的一般形态

（1）肿瘤的外形　肿瘤的外观形态多种多样，在一定程度上反映肿瘤的良性或恶性。外形也与肿瘤的发生部位、组织来源、生长方式等有关。一般有结节状、息肉状、乳头状、溃疡状、弥漫状以及其他形状（图 8-3）。

（2）肿瘤的体积　肿瘤的体积大小极不一致，小的需在显微镜下才能发现，而大的则可重达几千克到几十千克。肿瘤的大小与其良性、恶性、生长时间及发生部位有一定关系。一般来说，生长在体表或较大的体腔内（如腹腔），对机体或器官的机能没有重大影响，并且生长时间较长的良性肿瘤通常较大；对机体影响较大的恶性肿瘤或生长的狭小体腔（管道）内的肿瘤通常较小。

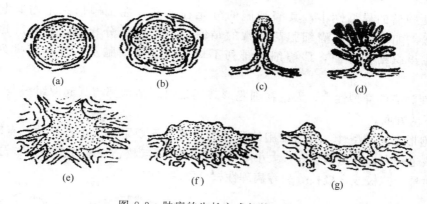

图 8-3　肿瘤的生长方式与外观形态
（a）膨胀性生长，结节状；（b）膨胀性生长，分叶状；（c）突起性生长，息肉状；
（d）突起性生长，乳头状；（e）浸润性生长，树根状；
（f）向上突起与向下浸润性生长；（g）浸润性生长，溃疡状

（3）肿瘤的颜色　可因肿瘤组织来源、有无出血和坏死性病变等而有所不同。如黑色素细胞组成的黑色素瘤呈黑色，脂肪瘤为黄色或白色，纤维瘤呈灰白色，淋巴肉瘤与纤维肉瘤呈鱼肉色，癌一般为灰白色且无光泽，血管瘤呈红色。若肿瘤继发出血或坏死时，切面上就可见到紫褐色的出血灶或土黄色的坏死灶。

（4）肿瘤的硬度　肿瘤的硬度与肿瘤的组织种类、肿瘤组织实质和间质的比例及有无变性坏死等有关。骨瘤、软骨瘤最硬，纤维瘤次之，黏液瘤较柔软；实质细胞多而间质少的肿瘤较软，为软性瘤；间质多，实质细胞少的肿瘤较硬，为硬性瘤。

2. 肿瘤的组织结构

（1）肿瘤组织的一般结构　肿瘤组织的一般结构与正常的组织一样，也包括实质和间质两部分。

① 肿瘤的实质：是指瘤细胞，为肿瘤的主要成分，决定肿瘤性质，也是肿瘤命名的主要依据。不同的肿瘤其瘤细胞各有不同，绝大部分肿瘤只有一种实质细胞，如脂肪瘤由异常增生的脂肪细胞构成；黑色素瘤由黑色素细胞构成。也有少数肿瘤由两种实质细胞构成，如乳腺的纤维腺瘤含有纤维瘤细胞和腺上皮两种实质细胞。

② 肿瘤的间质：肿瘤的间质也是由结缔组织与血管所组成的，它对肿瘤实质起着支持和营养作用。间质中的结缔组织一部分是原有的，而大部分则是随肿瘤组织同时生长而形成的。

肿瘤间质的血管也是随肿瘤组织生长而同时形成的。生长迅速的肿瘤，其间质中血管多而结缔组织少。生长缓慢的肿瘤，间质中血管少，而结缔组织多。有些肿瘤的间质只有血管，如纤维瘤。当肿瘤细胞的生长超过了血管生成，就会导致血液与营养的供应不足，常可引起肿瘤组织的缺血性坏死，这也是恶性肿瘤的特征之一。间质中还有淋巴细胞、浆细胞和巨噬细胞等细胞成分，这是机体免疫反应的表现。

（2）肿瘤组织的异型性　肿瘤组织无论在细胞的形态还是在组织结构上都与其起源组织有不同程度的差异，这种差异称为肿瘤组织异型性。其异型性愈大，表示瘤细胞分化程度（即肿瘤细胞发育成熟程度）愈低，恶性程度愈高；反之，异型性小，表示瘤细胞分化程度高，恶性程度低。肿瘤组织的异型性是区别良性肿瘤、恶性肿瘤细胞的主要形态学依据。

① 良性肿瘤的异型性小，其瘤细胞的分化程度高，在细胞形态上与其起源组织细胞非常相似。如纤维瘤的瘤细胞与正常的结缔组织细胞十分相似。良性肿瘤的异型性主要表现在组织结构方面，即瘤细胞排列不规则，其瘤细胞及其纤维束排列紊乱，纵横交错。

② 恶性肿瘤的异型性大，无论在细胞形态还是组织结构都与其起源组织差异很大，其表现有以下两方面。

a. 细胞形态的异型性：其瘤细胞体积较大，形态不规则，大小不一致，有时可见瘤巨细胞；胞核也较大，形态不规则，大小不一致，可出现巨核、双核或多核。核分裂象多见，并出现不对称、三极或多极核分裂等病理性核分裂象（图 8-4）。

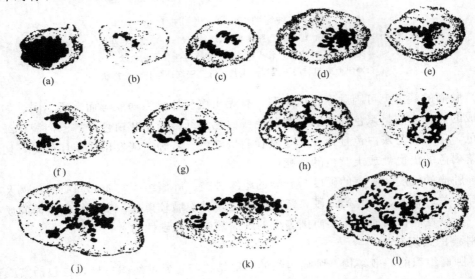

图 8-4　肿瘤细胞异常核分裂象
(a) 染色质过多型核分裂；(b) 染色质过少型核分裂；(c)、(d) 不对称型核分裂；
(e)、(f) 三极型核分裂；(g)、(h) 四极型核分裂；(i) 五极型核分裂；
(j) 大极型核分裂；(k) 流产型核分裂；(l) 巨大型核分裂

b. 组织结构的异型性：瘤细胞排列紊乱，失去正常的结构和层次。

（二）肿瘤组织的代谢特点

肿瘤作为一种异常的增生组织，它的物质代谢与正常组织有明显的不同。

1. 糖代谢

肿瘤组织中参与糖酵解的各种酶活性较正常组织高，许多肿瘤组织在有氧或无氧条件下均以糖酵解获取能量。糖酵解增强的结果，有大量乳酸产生，故常导致酸中毒。

2. 蛋白质代谢

肿瘤组织的蛋白质合成与分解代谢都有增强。肿瘤生长旺盛，需要多量蛋白质提供给肿瘤细胞。在肿瘤生长的初期，合成蛋白质的原料主要来自从食物摄入的蛋白质；但随着肿瘤的生长，开始动用肝细胞的蛋白或血浆蛋白及其他组织的蛋白质来合成肿瘤细胞的蛋白质。因此身体组织的蛋白质大量消耗，导致机体出现严重的恶病质状态。某些肿瘤细胞还能合成肿瘤蛋白，作为肿瘤相关抗原，引进机体的免疫反应。有的肿瘤蛋白质与胚胎组织有共同抗原性，又称肿瘤胚胎性抗原。例如，肝癌细胞合成的甲种胎儿球蛋白，结肠癌合成癌胚抗原等。恶性肿瘤患畜出现这类蛋白质则反映了癌细胞分化的不成熟，检查这种蛋白质可帮助临床诊断。

3. 核酸代谢

肿瘤细胞合成 DNA 和 RNA 的能力较正常组织增强。DNA 和 RNA 的含量在恶性肿瘤均有明显的增高。由某些病毒，化学性致癌物质或放射线引起的肿瘤，瘤细胞的 DNA 结构发生改变，其蛋白质和酶的合成过程也发生改变。这是正常细胞转变为肿瘤细胞的基础。

（三）肿瘤的生长速度与生长方式

1. 肿瘤的生长速度

不同的肿瘤，生长速度差异很大。一般而言，良性肿瘤分化好、成熟程度高，生长都比较缓慢；恶性肿瘤分化差、成熟程度低，生长都比较迅速，像多数的癌和肉瘤，在短时间内就可形成明显的肿块。

2. 肿瘤的生长方式

肿瘤的生长方式可参见图 8-3。

（1）膨胀式生长　为良性肿瘤的主要生长方式。肿瘤在生长过程中，瘤细胞将周围健康组织推开和挤压，并且常在周围引起纤维组织增生而形成纤维性包膜，呈结节状，与健康组织分界清楚。手术易于切除，术后不易复发。也有以该生长方式生长的恶性肿瘤，如位于淋巴组织内的肉瘤等。

（2）浸润式生长　是大多数恶性肿瘤的生长方式。瘤细胞团块沿组织间隙向周围组织不断扩展，如树根入泥土一样，所到之处，原有组织被摧毁，无包膜，与周围组织界限不清，手术不易切除，术后易复发。

（3）弥散性生长　多数造血组织肉瘤、未分化癌及未分化非造血间叶组织肉瘤以这种方式生长。肿瘤细胞不聚集，分散、单个地沿组织间隙扩散，所以在瘤细胞所到之处，原有的组织结构基本仍能保持。

（4）外生长性生长　这种生长方式主要见于发生在体表、体腔或管道表面的肿瘤，即上皮性肿瘤。常向表面突起，形成乳头状、息肉状、菜花状肿瘤。

（四）肿瘤的转移

瘤细胞由原发瘤脱离，经淋巴道、血道或其他途径迁延至身体的其他部位继续生长，形成与原发瘤相同类型肿瘤（子瘤）的过程为肿瘤的转移，所形成的子瘤叫转移瘤。转移是恶性肿瘤细胞的一种生物学行为。肿瘤的转移途径主要有以下几种。

1. 淋巴道转移

淋巴道转移是癌常见的转移方式。癌细胞转移首先应浸润到肿瘤周围的健康组织的淋巴管中，然后继续沿着淋巴管通路不断地繁殖和蔓延，形成淋巴管渗透。进入淋巴管的癌细胞随着淋巴液的流动先到局部淋巴结，再经过与机体免疫抗癌力（如局部淋巴结产生免疫活性细胞和具有吞噬作用的组织细胞）的斗争之后，那些未被杀伤的癌细胞就可存在于淋巴结之内，从而获得繁殖的机会和形成转移瘤。癌细胞也可转移到远隔的淋巴结，然后转移到血液和其他组织、器官。

2. 血道转移

各种恶性肿瘤都可发生血道转移，但多见于肉瘤和癌晚期，并且大多数随静脉的流向移动。瘤细胞侵入毛细血管及小静脉，也可经淋巴道入血。被血流带走后，如经静脉进入肺脏，很易在此形成多发性、续发性肿瘤；胃和肠的肿瘤，则常经门脉而转移至肝脏。

3. 种植性转移

生长于浆膜腔（如腹腔、胸腔等）内的恶性肿瘤，当瘤细胞脱离原瘤后，可以发生瘤细胞的接种现象，即这些瘤细胞黏附在邻近或远处的浆膜上，发展而成为新的瘤结节。这一过程称为种植性转移。

（五）肿瘤的分类与命名

1. 肿瘤的分类

肿瘤的种类繁多，根据肿瘤的生长特性及对患体的危害程度的不同，可分为良性肿瘤和恶性肿瘤；根据肿瘤的组织来源不同，又可分为上皮组织肿瘤、间叶组织肿瘤、神经组织肿瘤和其他类型肿瘤等（表8-1）。

表 8-1 肿瘤的分类

项 目	组织来源	良性肿瘤	恶性肿瘤
上皮组织	鳞状上皮	乳头状瘤	鳞状细胞癌 基底细胞癌
	腺上皮	腺瘤	腺癌
	移行上皮	乳头状瘤	移行细胞癌
间叶组织	支持组织： 纤维结缔组织 脂肪组织 黏液组织 软骨组织 骨组织	纤维瘤 脂肪瘤 黏液瘤 软骨瘤 骨瘤	纤维肉瘤 脂肪肉瘤 黏液肉瘤 软骨肉瘤 骨肉瘤
	淋巴造血组织： 淋巴组织 造血组织	淋巴瘤	淋巴肉瘤 白血病
	脉管组织： 血管 淋巴管 间皮组织	血管瘤 淋巴瘤 间皮瘤	血管肉瘤 淋巴肉瘤 恶性间皮瘤
	肌组织： 平滑肌 横纹肌	平滑肌瘤 横纹肌瘤	平滑肌肉瘤 横纹肌肉瘤
神经组织	室管膜上皮 交感神经节 成胶质细胞 神经鞘细胞 神经纤维	室管膜瘤 神经节细胞瘤 神经胶质瘤 神经鞘瘤 神经纤维瘤	室管膜母细胞瘤 神经母细胞瘤 多形性成胶质细胞瘤 恶性神经鞘瘤 神经纤维肉瘤
其他	三种胚叶组织 成黑色素细胞 多种组织	畸胎瘤 黑色素瘤 混合瘤	恶性畸胎瘤 胚胎性癌等 黑色毒瘤 恶性混合瘤 癌肉瘤

2. 肿瘤的命名

肿瘤的命名也较复杂，其命名的原则是根据肿瘤的组织来源和良性与恶性来命名，同时结合其发生部位和形态特点，也有少数肿瘤沿用习惯名称。

（1）良性肿瘤的命名　良性肿瘤通常是在其来源组织名称后加上一个"瘤"字。如来源于纤维组织的良性肿瘤称为纤维瘤；来源于腺上皮的良性肿瘤称腺瘤；来源于脂肪组织的良性肿瘤称脂肪瘤；个别良性肿瘤结合肿瘤的形状命名，如来源于皮肤被覆上皮的良性肿瘤，因其外形向外呈乳头状突起，称皮肤乳头状瘤。

（2）恶性肿瘤的命名 恶性肿瘤的命名主要依其组织来源而异。

① 癌：来源于上皮组织的恶性肿瘤称为"癌"。再根据其发生部位不同，在"癌"字前面加上其组织或器官名称，如皮肤鳞状上皮癌、乳腺癌、胃癌、肺癌。

② 肉瘤：来源于间叶组织（包括结缔组织、脂肪组织、肌肉、脉管、骨、软骨及造血组织等）的恶性肿瘤，称为"肉瘤"，再根据其发生部位不同，在"肉瘤"前加上其组织名称，如纤维肉瘤、脂肪肉瘤、骨肉瘤、淋巴肉瘤等。

③ 癌肉瘤：在一个恶性肿瘤中，既有癌的成分，又有肉瘤的成分，称为癌肉瘤。如子宫癌肉瘤就是由子宫黏膜上皮形成的癌和子宫内膜结缔组织形成的肉瘤共同组成。

④ 其他恶性肿瘤：有些恶性肿瘤则不以上述原则命名，例如来源于未成熟的胚胎组织或神经组织的恶性肿瘤，称母细胞瘤，或在其组织细胞名称前加一"成"字，如肾母细胞瘤（或称成肾细胞瘤）、髓母细胞瘤（或称成髓细胞瘤）、神经母细胞瘤（成神经细胞瘤）等。

有些恶性肿瘤，因其成分复杂或组织来源尚不明确，习惯上在肿瘤名称之前加"恶性"二字来表示。如恶性畸胎瘤、恶性黑色素瘤等。

此外，还有些恶性肿瘤常采用习惯名称，如各种类型的白血病，因其来源于造血组织，血液中出现大量异常白细胞，所以习惯上称为白血病。还有一些恶性肿瘤以人名命名，如鸡的马立克病等。

（六）良性肿瘤与恶性肿瘤的区别

肿瘤的良性或恶性，可根据其具体形态特征和生物学行为，如生长方式、生长速度、能否转移与复发以及对患体的影响等来进行区别（表 8-2）。

表 8-2 良性肿瘤与恶性肿瘤的主要区别

区别要点	良性肿瘤	恶性肿瘤	区别要点	良性肿瘤	恶性肿瘤
外形	多呈结节状或乳头状	呈多种形态	细胞分化程度	分化良好	分化不良
生长方式	多呈膨胀式生长	多呈浸润式生长	细胞排列	排列规则	排列不规则
生长速度	缓慢	较快	核分裂象	极少	多见
有无包膜	常有完整包膜	一般无包膜	破坏正常组织	破坏较少	破坏严重
转移	不转移	常发生转移	对患体的影响	影响较小	影响严重
复发	不复发	常可复发			

（七）肿瘤对机体的影响

肿瘤对机体的影响因其良恶程度、生长部位及大小不同而有所不同。

1. 局部影响

（1）压迫和阻塞 肿瘤无论良性或恶性，当其长到一定体积时都可压迫脏器和阻塞管腔，从而引起功能障碍。

（2）破坏器官的结构和功能 主要为恶性肿瘤，当它生长到一定程度时，就可破坏器官的结构和功能，如肝癌可广泛破坏肝脏组织，引起肝功能障碍。

（3）出血与感染 恶性肿瘤的浸润性生长可导致血管破坏、出血，如直肠癌出现便血。

（4）疼痛 多为恶性肿瘤晚期的症状，常为顽固性疼痛，可能是由肿瘤压迫或侵犯神经组织引起的。

　　2. 全身影响

　　主要表现在恶性肿瘤引起的发热和恶病质。发热由恶性肿瘤的代谢产物、坏死崩解产物的吸收及继发感染等引起；恶病质是恶性肿瘤晚期普遍出现的一种不良影响，其特征为患病动物出现全身软弱、厌食、消瘦、衰竭、负氮平衡、酸碱平衡紊乱等一系列现象。

二、肿瘤发生的原因

　　肿瘤的病因包括内因和外因两方面。外因指来自周围环境中的各种可能致瘤因素；内因则泛指机体抗肿瘤能力的降低，而且肿瘤的发生往往是内、外因素协同所致。

　　1. 外源性致病因素

　　家畜、家禽和鱼类以及许多野生动物的肿瘤，很多与病毒有关，危害性也较大。生物性因素占重要地位，其次为化学性因素，物理性因素更次之。

　　(1) 化学性致瘤因素　　目前已知的化学致瘤因素有 1000 多种，其中主要的有以下几类。

　　① 多环碳氢化合物：存在于石油、煤焦油中。

　　② 芳香胺类与氨基偶氮染料：芳香胺类致癌物有乙萘胺、联苯胺等。氨基偶氮染料有奶油黄和猩红，长期接触可引起膀胱癌、肝癌。

　　③ 亚硝胺类：亚硝胺有近 100 种，现已知能致癌的有 70 多种。亚硝胺能够有选择地引起某些器官发生肿瘤，主要是食管癌和肝癌。

　　④ 真菌毒素：最主要是黄曲霉毒素。黄曲霉菌广泛存在于高温高湿地区的霉变花生、玉米及谷物中，大多数黄曲霉是不产毒的。其中有些菌株能够产生一种强烈的肝脏毒素，称为黄曲霉毒素。能够诱发大鼠、鸭、鱼、猪及猴子的肝癌，大鼠的胃癌、支气管癌和肾癌等恶性肿瘤。有些地区人群及猪、鸭的肝癌发生率较高，与粮食及饲料受黄曲霉素污染有密切关系。

　　⑤ 植物致癌毒素：不少植物对动物具有毒性，少数具有致畸甚至致癌性。例如，蕨类植物中的毛叶蕨能引起牛和绵羊膀胱的多种组织源肿瘤，如乳头状癌、腺瘤、移行上皮癌、腺癌、平滑肌瘤、血管瘤及纤维瘤等。病牛的主要临诊症状为血尿。

　　(2) 物理性致瘤因素　　包括电离辐射、紫外线等。长期接触 X 射线、镭等放射性同位素可引起各种肿瘤。辐射能使染色体断裂、易位和发生突变，因此激活癌基因或者使抑癌基因失活。长期暴晒于阳光和受紫外线长期照射的动物易引起皮肤癌。

　　在极少数情况下，有些慢性炎症及经久不愈的溃疡病灶，能引起上皮过度增生而发生癌变。

　　(3) 生物性致瘤因素

　　① 病毒：多种动物不同类型肿瘤的发生都与病毒密切相关。例如，鸡白血病、鸡肉瘤、牛白血病、兔纤维瘤、小鼠的乳腺癌、小鼠白血病和鸡马立克病的研究都证实了病毒可以诱发动物肿瘤。

　　② 寄生虫：牛、羊肝片吸虫病与胆管性腺瘤和肝癌的发生有关。

　　2. 肿瘤发生的内在因素

　　外界的致癌因素只是引起肿瘤的条件，外因必须通过内因起作用。动物机体的内在因素在肿瘤发生和发展中起着重要作用。

　　(1) 遗传因素　　经培育的 C3H 小鼠好发乳腺癌和肝癌，C57 小鼠则极少患乳腺癌，说明其决定因素是小鼠的基因型。

（2）免疫因素　机体免疫机能低下时易患肿瘤，如先天性免疫缺陷或因器官移植等使用免疫抑制剂导致机体免疫机能低下者，恶性肿瘤发病率明显增加；实验切除胸腺或应用免疫抑制剂后，再用致癌剂诱发肿瘤，不仅诱发率高，诱发的时间也缩短；肿瘤组织内淋巴细胞浸润较多往往预后较好，局部淋巴结单核巨噬细胞增生显著也是预后好的表现，患畜可长期无转移，存活时间也较长。肿瘤免疫是以细胞免疫为主，体液免疫为辅。

（3）内分泌因素　内分泌紊乱与某些肿瘤的发生有一定的关系，如乳腺癌的发生可能与雌激素过多有关，切除卵巢可使肿瘤明显缩小，而前列腺癌用雌激素治疗可使癌肿生长受到抑制。

三、畜禽常见的肿瘤

（一）良性肿瘤

1. 乳头状瘤

乳头状瘤是由上皮组织的异常增生所形成的一种良性肿瘤，主要发生于头、颈、外阴、乳房等皮肤和口、咽、鼻、舌、食管、胃、肠等黏膜部位。

① 眼观　瘤体呈单乳头或分支乳头状突起，肿瘤表面如花椰菜状，颜色多为灰褐色、淡红色或灰白色，表面常有裂隙，摩擦时易碎裂和出血。其根部有蒂与基底相连，故容易切除。

② 镜检　整个瘤组织形如手套，其中心为纤维结缔组织及血管构成的间质，乳头表面被覆增生的上皮，其上皮细胞分化成熟，细胞形态与起源细胞相似，排列整齐，核分裂相少见。位于基部的细胞几乎处于同一平面上，无浸润式生长。

2. 纤维瘤

纤维瘤是由纤维结缔组织的异常增生所形成的一种良性肿瘤。多发生于皮下、黏膜、浆膜、肌膜、骨膜等富有结缔组织的部位。

（1）眼观　瘤体与周围组织分界明显，呈球形、半球形或不规则形，白色或灰白色，质地坚硬，具有一定弹性。

（2）镜检　瘤组织主要由成纤维细胞、纤维细胞和胶原纤维等成分构成。细胞分化成熟，与正常的结缔组织细胞基本相似。但瘤组织中细胞和纤维成分的比例失常，细胞成分分布不均，纤维成分排列不规则，纵横交错。根据瘤组织中细胞和纤维成分的比例不同，可将其分为两种。

① 硬性纤维瘤：瘤组织中纤维成分多，细胞成分少，质地较硬。

② 软性纤维瘤：瘤组织中纤维成分少，细胞成分多，质地较软。

3. 脂肪瘤

脂肪瘤是由脂肪组织的异常增生所形成的一种良性肿瘤，多发生于皮下脂肪组织，也可发生于其他部位的脂肪组织。

（1）眼观　瘤体多呈结节状、息肉状或呈扁圆形，质地柔软，淡黄色，体积大小不等，具有完整的包膜，切面呈油脂状。

（2）镜检　瘤细胞分化成熟，与正常的脂肪细胞极相似。瘤组织中有少量不均匀间质（结缔组织和血管），而将肿瘤组织划分为大小不等的小叶。有的瘤组织含有多量的结缔组织成分，称纤维脂肪瘤。而有的瘤组织含有多量的毛细血管，或内皮细胞数量增多，形成细小管腔或不形成管腔，称血管脂肪瘤。

4. 腹膜间皮瘤

腹膜间皮瘤是由间皮组织的异常增生所形成的一种良性肿瘤，多发生于腹腔浆膜，鸡肠系膜间皮瘤较为多见。

（1）眼观　瘤体多呈结节状，遍及肠浆膜及肠系膜上，有时在腹壁上成片分布。肿瘤结节呈圆形或椭圆形，有绿豆大至玉米粒大，有明显的蒂，结节质地较坚实，有完整的包膜，表面光滑，切面呈灰白色，均质。

（2）镜检　瘤细胞呈上皮样或梭形，瘤细胞核呈圆形或椭圆形，瘤组织中有少量纤维组织成分。

5. 浆液性囊腺瘤

浆液性囊腺瘤是起源于腺上皮的一种良性肿瘤，可发生于黏膜或深部腺体，多呈结节状。多见于卵巢、肾上腺、乳腺、甲状腺等。

（1）眼观　瘤体由大小不一、圆形或不正圆形的囊泡组成，外观像葡萄串状。囊泡大的有花生米大，小的肉眼难辨。囊泡壁较薄，内储清亮透明的浆液。瘤体根部与卵巢相连，腹腔脏器被排挤到腹腔的前下部。

（2）镜检　瘤组织由大小不等的囊泡组成网状结构，其囊壁由结缔组织构成，内表面被覆一层立方形或低柱状上皮细胞，胞浆内含少量嗜酸性颗粒，胞核位于细胞中央，呈圆形或椭圆形。有的囊壁发生断裂，彼此相互融合成较大的囊腔。

（二）恶性肿瘤

1. 鳞状细胞癌

鳞状细胞癌是起源于复层扁平上皮或变移上皮的一种恶性肿瘤。主要发生于皮肤鳞状上皮，又称鳞状上皮癌。也可发生于口腔、食管、喉头、阴道和子宫颈等黏膜处。

（1）眼观　皮肤型鳞状上皮癌质地坚实，癌肿多呈大小不等的乳头状生长，形成花椰菜状突起，表面发生出血、炎症或溃疡。有的癌肿向深部组织发展，形成浸润性硬结。被膜鳞状上皮癌质地较脆，多形成结节状或不规则的团块状向表面或深部呈浸润式生长，癌组织有时也可发生溃疡与出血。切面呈灰白色，形成均匀的结节状或粗颗粒样，干燥，无光泽，无包膜，与健康组织分界不是很清楚。

（2）镜检　癌组织形成典型的癌细胞巢，癌细胞巢的最外层相当于表皮的基底细胞层，与此相接的内层为棘细胞层，接近癌细胞巢中心有颗粒细胞层，中心部类似于表皮的角化细胞，形成角化小体，称为角化珠或癌珠，此种癌称为角化癌。如癌细胞巢的边缘部由柱状上皮细胞组成，其余由棘细胞组成，则称为棘细胞癌。这种癌比角化癌的恶性程度高。另有以基底细胞为主要成分的癌，称为基底细胞癌。

2. 纤维肉瘤

纤维肉瘤是起源于结缔组织的一种恶性肿瘤。见于多种家畜和家禽，多发于四肢的皮下或深部组织，生长比较缓慢。

（1）眼观　肿瘤体积较大，呈结节状或不规则形。早期呈膨胀式或外生性生长，有不完整包膜，与周围组织界限清楚。晚期则呈浸润式生长，无完整包膜，质地比较柔软，切面湿润有光泽，呈鱼肉色。

（2）镜检　瘤组织中细胞成分多，纤维成分少。瘤细胞呈梭形或卵圆形，大小不等，排列紊乱，纵横交错或呈漩涡状排列。瘤细胞分化程度低，常见有核分裂相，有时见有多核巨细胞。

3. 淋巴肉瘤

淋巴肉瘤是起源于淋巴组织的一种恶性肿瘤。瘤细胞起源于淋巴结或其他含有弥散淋巴滤泡的组织内，牛、猪及鸡发病率较高。

（1）眼观　淋巴肉瘤呈结节状或团块状，大小不等，质地柔软或坚实，切面颜色灰白或灰红，如鱼肉样。有时伴有出血或坏死。内脏器官的淋巴肉瘤有结节型和浸润型两种。结节型器官内形成大小不等的肿瘤结节，灰白色，与周围正常组织分界清楚，切面可见均质、无结构的肿瘤组织，外观如淋巴组织；浸润型则呈弥漫性浸润于正常组织之间，外观仅见器官（如肝脏）体积呈弥漫性肿大或增厚，而不见肿瘤结节。

（2）镜检　肿瘤组织主要为一些不成熟的淋巴细胞样瘤细胞，胞浆多，核分裂相多见，瘤组织结构紊乱。原发部位淋巴组织结构破坏或消失。无法辨认出淋巴小结和淋巴窦等结构。

4. 恶性黑色素瘤

恶性黑色素瘤是起源于产黑色素细胞的一种恶性肿瘤。常发于动物的尾根、肛门周围和会阴等富有产黑色素细胞的部位，多见于马属动物。

（1）眼观　恶性黑色素瘤为单发或多发，大小及硬度不一，呈深黑色或棕黑色结节状，切面干燥。

（2）镜检　瘤细胞排列致密，间质成分很少。瘤细胞呈圆形、椭圆形、梭形或不规则形。其大小不一，排列紊乱，大多数瘤细胞的胞浆内充满黑色素颗粒或团块，呈棕黑色。瘤细胞胞浆中，黑色素颗粒少时，还可见到胞核和嗜碱性胞浆，黑色素颗粒多时，胞核和胞浆常被掩盖，极似一点墨滴。

5. 腺癌

腺癌是起源于腺上皮的一种恶性肿瘤，多发生于胃、肠、卵巢和肝脏等部位，如鸡卵巢腺癌、牛羊原发性肝癌。

（1）眼观　腺癌多为不规则团块，无包膜或包膜不完整，与周围健康组织分界不清。癌质硬而脆，颜色灰白，无光泽，常伴有出血、坏死与溃疡。

（2）镜检　已分化的腺癌其癌细胞都不同程度地表现出腺上皮的特征：细胞柱状、低柱状、多边形或其他形状，癌细胞可排列为腺管样、条索状、团块状。

四、肿瘤的诊断与预防

1. 肿瘤的诊断

动物肿瘤，尤其是自发性肿瘤缺少临床资料，绝大多数的家禽、家畜的肿瘤是在病理剖析中或肉联的肉检时发现并获得诊断的。兽医学中也应用病理学方法作为诊断动物肿瘤的手段和方法；有些肿瘤、白血病还可用病毒学、免疫学、血液学检查；消化道肿瘤应用 X 线透视、摄影、造影等方法；病理组织学、细胞学方法是目前诊断肿瘤的最准确的最可靠的方法。

2. 肿瘤的预防

（1）应用科学的饲养方法，保证动物体获得丰富的营养和合乎卫生条件的生活环境，以增强体质与调动机体的内外屏障机能，抵抗肿瘤的侵害。

（2）对已知的各种致癌因素，应尽可能地加以消除，避免动物与之频繁接触。要注意动物的饲料卫生，尤其饲料在收集、储藏、加工和调制过程中，易受霉菌的污染，对于一些饲料调制要注意防止亚硝胺化合物的形成。

（3）及时隔离和处理有肿瘤的动物，也是一种重要的预防措施。

（4）利用抗肿瘤品种培育健康动物群，是一项极有意义的防癌措施。

（5）应用某些抗瘤疫苗抵抗肿瘤的侵害，抗瘤疫苗的使用，是一种有价值的防癌手段。

[分组病例分析]

马立克病是鸡的一种淋巴组织增生性肿瘤病，其特征为外周神经淋巴样细胞浸润和增大，引起肢（翅）麻痹，以及性腺、虹膜、各种脏器、肌肉和皮肤肿瘤病灶。

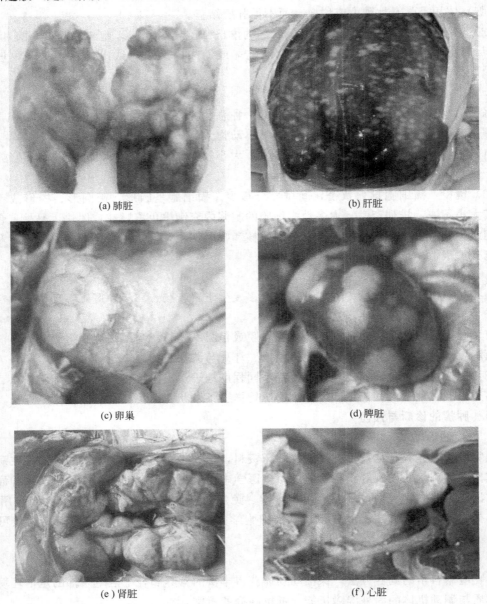

(a) 肺脏　　　　　　　　　　　　　(b) 肝脏

(c) 卵巢　　　　　　　　　　　　　(d) 脾脏

(e) 肾脏　　　　　　　　　　　　　(f) 心脏

图 8-5　鸡马立克病的内脏器官的病理变化

图 8-5（彩图见插页）为鸡马立克病的内脏器官的病理变化，根据以上资料回答问题。

问题：

1. 看病理图片描述并辨别各内脏器官发生了什么样的病理变化？

2. 分析讨论该病引起肿瘤的机理。

项目二 常见病理的分析

⊙ [项目任务描述]

1. 能够分析各种病理变化发生的原因及机理。
2. 掌握常见病理现象的特征及临床意义。
3. 掌握疾病发生发展规律，为临床疾病的诊断与治疗提供理论依据。

⊙ [技能目标描述]

1. 能够用各种病理机理解释临床病理现象。
2. 根据疾病发生的原因和机理初步制定治疗方案。

⊙ [项目内容]

	任务9 分析应激时机体的病理生理变化
	任务10 归纳缺氧的原因和分类并分析其发生机理
	任务11 归纳休克的原因和分类并分析休克分期及其发生机理
项目二 常见病理的分析	任务12 分析发热的机理和经过并认识发热时机体的变化
	任务13 认识胆色素的正常代谢并分析黄疸的类型及特征
	任务14 认识炎症并分析各型炎症的病理特征、原因和结局
	任务15 分析各器官病理的原因及机理

任务9 分析应激时机体的病理生理变化

[任务目标]

掌握应激时机体神经和体液调节的过程，了解应激反应在畜牧业生产中的意义。掌握应激反应的本质并能够采取有效措施尽量避免应激反应的发生。培养分析问题的能力、利用已知的知识解决问题的能力。

[基础链接]

在学习以下内容之前，建议将以下在基础课当中学过的知识点进行回顾，以便更好地运用。

1. 神经生理（交感神经对机体各系统调节的作用）。
2. 内分泌生理（肾上腺素对机体各系统调节的作用）。

[内容导入]

皮特兰猪以瘦肉率高（70%以上）而作为生产商品瘦肉猪理想的父本，但它对环境刺激的反应较为敏感，受到强烈刺激时会出现以下症状：初期，肌肉和尾巴震颤，以后呼吸困难，皮肤红一阵白一阵，体温迅速升高，黏膜发绀；后期肌肉显著僵硬，站立困难，眼球突出，高热，呈休克状态。80％以上的皮特兰猪在 20～90min 内死亡。

问题：

1. 皮特兰猪受到强烈刺激后出现的临床表现属于哪种病理现象？

2. 你认为哪些强烈刺激可以引起皮特兰猪突然死亡？

[相关知识]

一、应激反应的概念

应激是指机体在受到各种内外环境因素刺激时所出现的非特异性全身反应。任何刺激，只要达到一定的强度，除了引起与刺激因素直接相关的特异性变化外，还可以引起一组与刺激因素性质无直接关系的全身性非特异性反应，如环境温度过低、过高、中毒、噪声等，除了引起原发因素的直接效应外（如寒冷引起寒战、冻伤，中毒毒物的特殊毒性作用等），还出现以交感-肾上腺髓质和下丘脑-垂体-肾上腺皮质轴兴奋为主的神经内分泌反应及一系列机能代谢的改变，如心跳加快、血压升高、肌肉紧张、分解代谢加快、血浆中某些蛋白的浓度升高等。不管刺激因素的性质如何，这一组反应都大致相似。这种对各种刺激的非特异性反应称为应激或应激反应，而刺激因素被称为应激原。

在兽医实践中往往有一些疾病找不到特异性病因，这不能排除由于各种不良的饲养管理方式造成的应激成为病因。其中有的病就以此命名，例如猪的应激综合征。还有一些疾病，虽然也能找到某些致病因素，但特异性不强，必须要有应激原才能激发，如无应激原就无法复制。诸如饥渴、寒冷或过热、运输时震动或拥挤、噪声、去角、去势、断奶和预防注射等都有可能成为应激原。许多不同的致病因素如感染、中毒、创伤、高温、低温、电离辐射、饥饿、缺氧、精神紧张、肌肉疲劳等也都可引起类似的非特异性反应。

二、应激时机体的病理生理变化

应激反应是生命为了生存和发展所必需的，它是机体适应、保护机制的重要组成部分。应激反应时机体通过神经内分泌的调节，出现一系列代谢和器官功能的改变，以提高机体的准备状态，有利于机体在变动的环境中维持机体的稳态，增强适应能力。

1. 神经内分泌反应

机体每天都生活在各种应激原刺激中，但正常机体的内环境仍处于相对的稳定，是由于神经系统和内分泌系统相互作用、相互配合，在它们的控制下，机体能针对应激原对体内的各种功能不断进行迅速而完整的调节，通过这种调节以对抗各种强烈刺激的损伤性作用。但是如果应激原的作用过于强大或者持续时间过长，超过了机体调节的能力，机体将出现应激性疾病，甚至引起死亡。

（1）交感神经和肾上腺髓质变化 应激原的神经冲动从大脑皮层到下丘脑，并刺激自主神经系统，使交感神经兴奋，其结果如下。

① 交感神经末梢释放去甲肾上腺素，其中一部分进入血液循环。

② 神经冲动到达肾上腺髓质，加强肾上腺素和去甲肾上腺素（总称儿茶酚胺）释放到循环血液中。

这样，就会引起惊恐反应，这时，动物心跳加快、呼吸加深加快、血糖和血压升高、瞳孔扩大。通过这些变化可以动员机体的潜在力量，应付环境的急剧变化，以保持内环境的相对恒定。调节过程如图 9-1。

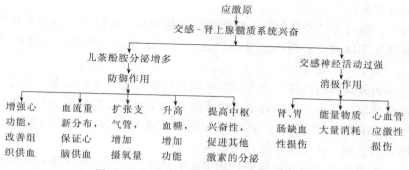

图 9-1　交感-肾上腺髓质反应调节示意图

（2）下丘脑-垂体-肾上腺皮质变化　如果应激原继续对机体作用，则动物下丘脑分泌促肾上腺皮质激素释放激素（CRH），通过垂体门静脉系统转运到垂体前叶，使垂体前叶分泌促肾上腺皮质激素（ACTH）增多，进一步可刺激肾上腺皮质束状带细胞分泌产生皮质醇，以更快的速度释放到血液循环中，皮质醇可提高机体对应激原刺激的抵抗力。同时，早期分泌的肾上腺素也可刺激垂体前叶释放 ACTH。整个过程受负反馈系统所控制，当应激原不再起作用时，上述过程即中断。调节过程如图 9-2。

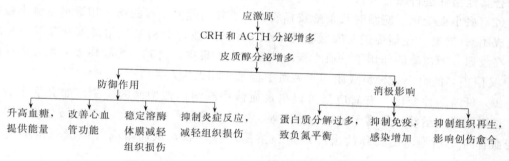

图 9-2　下丘脑-垂体-肾上腺皮质反应调节示意图

肾上腺皮质分泌的皮质醇如果长期增多，对身体能起破坏作用，会损伤胸腺及淋巴结，使机体的免疫功能下降，防御病毒等致病因素的能力大大降低，容易发生流感、癌症等疾病。

（3）其他激素分泌变化

① ACTH 分泌增多，刺激肾上腺皮质束状带使皮质醇分泌增多，同时也可以刺激皮质球状带使醛固酮分泌增加；应激时血液中抗利尿激素明显地升高，使尿量减少和比重增高，还可使小血管收缩、血压升高，但微循环灌流量减少；生长激素是垂体前叶的一种激素，应激反应时在血浆中很快升高，几小时后即达到高峰，并维持在高水平达数天，它能促进脂肪分解，抑制细胞对葡萄糖的利用，使血糖升高和游离脂肪酸增多，为能量消耗提供有效的能源，使机体的非特异性抵抗力增强。

② 应激时血液中胰高血糖素逐渐增加，可以使血液中血糖和游离脂肪酸的浓度增高，以供组织氧化利用的需要。通过它和胰岛素的调节，以维持体内能量的平衡，如应激初期，胰岛素在血液中浓度较低，有利于血糖升高和糖原异生等代谢反应。

2. 应激时的代谢变化

应激反应时机体总的代谢特点：动员增加，储存减少，代谢率升高，血糖、血中脂肪酸含量升高，负氮平衡。

（1）蛋白质、脂肪和糖的代谢　应激加强时血糖升高，有时还有糖尿和高乳酸血症；血浆内游离脂肪酸和酮体增多；蛋白质分解代谢加强，尿氮排出增多，出现负氮平衡和体重减轻。

（2）电解质和酸碱平衡障碍　应激时醛固酮和抗利尿激素分泌增多，促进钠和水的重吸收，使体内水钠潴留，尿少。由于肾上腺皮质激素分泌增多，蛋白质分解加强，细胞内 K^+ 释出，肾脏排 K^+（或 H^+）保 Na^+ 的作用加强，使血液中 $NaHCO_3$ 增多，引起代谢性碱中毒。蛋白质分解加强，还可使尿氮排出增多。

在应激时，血管收缩、血容量降低，使组织的灌流量减少，导致细胞缺氧，无氧酵解过程加强，使乳酸等酸性代谢产物蓄积；同时由于尿少不能充分排出，又可产生代谢性酸中毒。

3. 血液的变化

（1）外周血象变化　应激时皮质醇分泌增多使胸腺和淋巴结释放淋巴细胞数量减少。应激初期就可发现外周血液中嗜酸性粒细胞减少，淋巴细胞减少和中性粒细胞增多。临床上常用外周血液的嗜酸性粒细胞计数作为应激的直接指标，但不能将此种指标作为唯一的标准，应结合其他指标进行综合分析。

（2）血小板变化　应激时儿茶酚胺释放增多直接引起血小板的第一相聚集（血小板相互聚集成团）；同时，还能促进二磷酸腺苷（ADP）的释放，引起第二相聚集（即第一相聚集时，在胶原、凝血酶的作用下，血小板内颗粒向中央集中，将其内容物释放入血，而释出的 ADP 又使更多的血小板聚集成团，叫做血小板第二相聚集）。

（3）纤溶活性变化　有时应激可以出现血液中纤溶活性增高的现象，如大手术后、外伤、过激的肌肉运动、暴露于过热的环境等。这种现象很可能是由于儿茶酚胺分泌增多，作用于血管内皮细胞，使其释放出纤维蛋白溶酶原致活物，从而增高纤维蛋白溶酶的活性所致。

4. 循环系统的变化

应激时交感神经兴奋和儿茶酚胺释放增多，可以使心跳加快，心肌收缩力增强；外周小血管收缩而脑和冠状血管扩张，使脑和冠状动脉血液量增加，以保障机体重要器官的血液供应。同时，由于醛固酮和抗利尿激素分泌增多，水和钠排出减少，以保持正常血压和循环血量。但应激时微循环缺血，如果持续过久，则会导致循环衰竭而使重要器官损害，甚至死亡。

5. 肾上腺和消化道的病变

应激时可以出现病理形态变化的器官，主要是肾上腺和消化道。

急性应激时，眼观肾上腺变小、呈浅黄色，有散在的小出血点。在应激原很快消除时，肾上腺能迅速地再现脂肪颗粒和表现正常的脂质水平。当应激原作用弱而持续呈慢性过程时，可见肾上腺皮质增生，腺体宽度增加，主要由活性分泌细胞组成。肾上腺的病变也可以作为应激的指征。

应激时胃肠黏膜急性出血、糜烂或溃疡是主要特征之一。其机理很可能是由于肾上腺皮质激素分泌过多。皮质醇加强迷走神经对胃酸分泌的促进作用，可能还有少许刺激胃蛋白酶生成的作用；同时减少黏液分泌，使黏膜表面上皮细胞脱落加速，并因抑制蛋白质合成而降低上皮细胞的更新率，胃肠黏膜上皮细胞的再生能力下降，屏障功能减弱，使胃肠黏膜变薄，容易受损伤。

严重应激时，微循环缺血，可以使胃肠黏膜上皮细胞变性，甚至坏死，并易受胃酸和蛋白酶的消化而引起出血、糜烂以致溃疡。

三、应激与疾病

应激反应时，由于应激原的作用，机体出现一系列神经内分泌的变化，引起各种功能和代谢的改变，从而提高机体对内外界环境的适应能力，因此，应激反应是机体的一种重要防御机制，没有应激反应，机体将无法适应随时变化的内外环境，但应激过强或持续时间过久，超出机体的适应能力或机体应激发生异常，则可能造成内环境紊乱，诱发疾病的发生或使疾病发展、恶化。

在现代化的畜牧业规模经营和生产管理中，存在着很多应激原，这些应激原可引起病理反应和疾病，使动物的生产性能下降，甚至死亡。因此在生产实践中，必须重视应激，掌握在什么条件下产生应激，也就是找出生产中的应激原，尽量避免应激原引起的病理反应，防止应激性疾病的发生。

在兽医临床上常见的应激性疾病有：猪应激综合征、猪应激性溃疡、消化道菌群失调、牛运输热、鸡应激性疾病等。通过加强饲养管理避免引起相应疾病的应激原，就可降低这些疾病发生的概率。

[分组病例分析]

一些实习生去某蛋鸡厂参观，由于在参观过程中吵闹，导致鸡群发生骚乱，随后几天鸡群出现采食量减少、产蛋率下降等现象。

问题：

1. 该情况属于哪种病理现象？
2. 分析该现象发生的原因及鸡群为何出现采食量减少、产蛋率下降。
3. 请分析受到惊吓时，鸡还可能出现哪些临床表现（从神经和体液调节的角度考虑）。

[相关练习]

1. 应激反应在畜牧业养殖过程中会造成哪些危害？
2. 畜牧生产中可以采取哪些措施防止应激反应的发生？

任务 10　归纳缺氧的原因和分类并分析其发生机理

[任务目标]

掌握缺氧的原因、类型及发生机理。能够根据动物临床表现分析判断是哪种类型的缺氧。培养利用已知的知识解决问题的能力。

[基础链接]

在学习以下内容之前，建议将以下在基础课当中学过的知识点进行回顾，以便更好地运用。

1. 呼吸生理。
2. 氧的运输。

[任务导入]

某密闭鸡舍，饲养密度较大，通风不良，鸡群出现张口呼吸，可视黏膜发绀。

问题：

1. 分析该鸡群中的鸡出现了什么病理现象？
2. 在饲养管理上可以采取哪些措施避免以上情况的发生？

[相关知识]

一、基本知识

动物在生命活动过程中需不断地从空气中摄入氧气，空气中的氧通过动物吸气吸入肺泡，并透过肺泡毛细血管壁进入血液，通过血液循环运送到全身各部，供组织细胞生物氧化所用。氧在组织细胞内经过一系列的生物氧化过程，最后生成 CO_2，并随静脉血运至肺脏，呼出体外。氧是维持动物生命活动必不可少的物质，体内营养物质的氧化分解、机体的能量来源等都离不开氧。

动物机体因氧的供应不足，运输障碍或组织利用氧的能力降低，而致组织细胞的生物氧化过程发生障碍的病理过程，称为缺氧。缺氧是临床极常见的病理过程，是很多疾病引起死亡的最重要的原因。

常用血氧指标如下。

（1）血氧分压（PO_2） 是以物理状态溶解于血浆内的氧分子所产生的压力。

① 动脉血氧分压（PaO_2）：为 100mmHg（13.3kPa），取决于吸入气体的氧分压和肺的呼吸功能。

② 静脉血氧分压（PvO_2）：为 40mmHg（5.33kPa），反映了内呼吸状况。

（2）血氧容量（$CO_{2\,max}$） 为 100mL 血液在体外标准状态下与空气充分接触后，血红蛋白结合的 O_2 和溶解在血浆中 O_2 的总量，取决于血液中血红蛋白（Hb）的质（与氧结合能力）和量，血氧容量的大小反映了血液的携氧能力。

（3）血氧含量（CO_2） 是 100mL 血液实际带氧量，主要是 Hb 实际结合的氧和极小量溶于血浆的氧。

（4）动静脉血氧差 指动脉血氧含量减去静脉血氧含量所得的毫升数，它说明组织对氧的消耗量。动、静脉血氧差变化取决于组织从单位容积血液内摄取氧的多少。由于各组织器官耗氧量不同，各器官动、静脉血氧差很不相同。

二、缺氧的原因与类型

引起缺氧的原因是多种多样的，吸入空气中的氧含量减少，呼吸系统或血液循环系统的机能障碍、血液成分的质和量改变、氧化还原酶系统的功能障碍等，都可引起缺氧。机体的机能状态、对缺氧的适应能力、动物的种类、年龄及缺氧的程度、缺氧发生的速度和缺氧时间的长短等都决定了缺氧的后果。根据缺氧的原因和其主要特点，可将缺氧分为以下 4 种类型。

1. 低张性缺氧

低张性缺氧又称外呼吸性缺氧、低氧血症，是指动脉血氧分压和动脉血氧含量低于正常值，导致组织供氧不足引起的缺氧。

（1）发生原因

① 吸入气中氧分压过低：如动物由平原到海拔 3000m 以上的高原、高空或动物饲养圈内拥挤、通风不良等。由于空气中氧分压过低，吸入氧不足而引起缺氧，此种缺氧又称为乏氧性缺氧。

② 外呼吸功能障碍：呼吸中枢功能障碍如脑炎；呼吸道阻塞或狭窄如气管炎、支气管炎、喉头水肿等；肺部疾病如肺炎、肺气肿、肺水肿等；胸廓疾病如胸膜炎、气胸等；呼吸肌麻痹。上述异常均可导致肺部通气或换气过程发生障碍及呼吸膜面积缩小，虽然空气中氧分压可能正常，但由于外呼吸功能障碍，吸入肺泡内的氧不足而引起缺氧，此种缺氧又称为外呼吸性缺氧。

（2）主要特点

① 动脉血氧分压和血氧含量降低，静脉血氧分压和血氧含量亦降低，血氧容量正常，因此血氧饱和度降低。

② 动静脉血氧含量差降低或变化不明显，如果动脉血氧分压太低，动脉血与组织氧分压差明显变小，血氧弥散到组织内减少，可使动静脉血氧含量差降低。

③ 患病动物可视黏膜发绀，低张性缺氧（严重通气障碍）时，毛细血管中氧合血红蛋白浓度降低，还原血红蛋白浓度增多，毛细血管中还原血红蛋白超过 5%，可使皮肤、黏膜呈青紫色，称为发绀。

2. 血液性缺氧

由于红细胞数及血红蛋白（Hb）含量减少，或 Hb 变性所引起的缺氧，称为血液性缺氧。

（1）发生原因

① 贫血：是指单位容积血液中的红细胞数及 Hb 含量减少，此时血液的携氧能力降低，而致血氧运输障碍，故可引起缺氧。

② 血红蛋白变性：多见于 CO 中毒和亚硝酸盐中毒等情况下。

a. CO 中毒：CO 与 Hb 的亲和力是 O_2 与 Hb 亲和力的 218 倍，只要吸入少量的 CO 就可生成大量的碳氧血红蛋白（HbCO），而 HbCO 的解离速率却是 HbO_2 的 1/2100，使 Hb 失去携氧和运氧能力，故可引起缺氧。

b. 亚硝酸盐中毒：亚硝酸盐中毒时，亚硝酸盐是一种强氧化剂，在血液中可使低铁（Fe^{2+}）血红蛋白氧化成高铁（Fe^{3+}）血红蛋白，使 Hb 失去运氧能力而引起缺氧。

（2）主要特点

① 动脉血氧容量、血氧含量降低：由于红细胞数与 Hb 含量减少或 Hb 变性，使 Hb 的携氧能力降低，而致动脉血氧容量、血氧含量降低。

② 动脉血氧分压正常，静脉血氧分压降低：因血液性缺氧时血量没有变化，所以动脉血氧分压尚可正常，由于血氧含量减少，游离氧进入组织增加，故静脉血氧分压降低。

③ 患病动物皮肤与可视黏膜不发绀：由于 Hb 变性，使患病动物皮肤与可视黏膜不发绀。CO 中毒时，皮肤与可视黏膜呈樱桃红色；亚硝酸盐中毒时，因高铁血红蛋白呈咖啡色，所以皮肤与可视黏膜呈咖啡色。

3. 循环性缺氧

循环性缺氧是由于血流循环障碍，而致器官、组织血流量减少或流速减慢所引起的缺氧，又称为低血流性缺氧。此型缺氧可以是动脉血流量不足所致的缺血性缺氧，也可以是静脉血回流不畅所致的淤血性缺氧。

（1）发生原因

① 全身性血液循环障碍见于心功能不全、休克等。心功能不全时，由于心输出量减少和静脉血回流受阻，既可引起缺血性缺氧，又可引起淤血性缺氧。严重时心、脑、肾等重要器官组织缺氧、功能衰竭可导致动物死亡；休克时，由于微循环缺血、淤血和微血栓形成，动脉血灌流量急剧减少而引起组织缺氧。

② 局部性血液循环障碍常见于栓塞、血管炎、血栓形成、血管痉挛或受压迫等，造成血管管腔狭窄或闭塞，使该血管灌流区域缺血、缺氧。

（2）主要特点

① 动脉血氧容量、血氧含量和血氧分压都正常，但由于血流量减少，故单位时间内输送给组织的氧总量减少。

② 动-静脉血氧含量差增大。由于血流速度缓慢，血液释出的氧比正常多，以供细胞利用，故静脉血氧分压、血氧含量、血氧饱和度都降低，动-静脉血氧含量差增大。

③ 毛细血管中还原血红蛋白量增多，可引起局部或全身发绀。

4. 组织中毒性缺氧

组织中毒性缺氧是组织细胞内呼吸酶因受某些毒物的作用发生抑制，而致组织内呼吸发生障碍所引起的一种缺氧，也就是由于组织中毒（如氰化物中毒）、组织用氧障碍所引起的一种缺氧，又称用氧障碍性缺氧。

（1）发生原因

① 组织中毒：组织内呼吸是指组织细胞利用氧进行生物氧化的过程，这个过程需要氧化还原酶（如细胞色素氧化酶）的参与，引起组织中毒性缺氧的主要原因是氰化物中毒。各种氰化物如氢氰酸、氰化钾、氰化钠等均可经消化道、呼吸道及皮肤进入体内，其氰化物中的氰基（CN—）可与细胞内多种酶结合，其中与细胞色素氧化酶的亲和力最大。氰化物与氧化型细胞色素氧化酶中的Fe^{3+}牢固结合，使酶失活，细胞不能利用血中的氧，导致生物氧化过程中断，即所谓"细胞内窒息"。

② 维生素缺乏：某些维生素（如核黄素、烟酸等）是呼吸链中许多脱氢酶的辅基组成部分，故当这些维生素严重缺乏时，可导致呼吸酶合成减少，使生物氧化过程发生障碍。

③ 细胞损伤：由于某种因素如大量辐射或细菌毒素，引起线粒体损伤，也会引起生物氧化过程障碍，进而引起缺氧。

（2）主要特点

① 动脉血氧含量、血氧分压、血氧饱和度都正常。

② 静脉血氧含量、血氧分压、血氧饱和度高于正常值，动-静脉血氧含量差减小。

③ 患病动物皮肤与可视黏膜呈鲜红色或玫瑰红色。

在兽医临床上，上述4种类型的缺氧往往同时发生或先后发生，如心功能不全时，除因血液循环障碍引起循环性缺氧外，还会导致肺淤血、水肿和呼吸功能障碍，进而引起呼吸性缺氧。

三、缺氧时机体的机能与代谢变化

缺氧时机体可出现一系列的机能和代谢变化。首先出现的是机体各系统的代谢适应性反应，如呼吸加深加快、心跳加快、心缩加强等，借以加强氧的摄入和运输。但如缺氧继续加重，超过机体的代偿限度时，就会导致各系统器官的机能紊乱和代谢障碍，甚至导致组织坏死和动物死亡。

1. 机能变化

（1）呼吸机能的变化 缺氧时，首先出现的是呼吸加深加快，这是一种代偿反应，通过这种代偿可增加肺的通气和换气量，增加氧的摄入和组织氧的供应，这种反应的出现主要是由于血氧分压的降低和 CO_2 分压的升高，作用于颈动脉窦和主动脉弓化学感受器，通过神经反射使呼吸中枢的兴奋性增强所致。但是这种代偿是有一定限度的。如缺氧继续加重，因长时间呼吸的加深加快，CO_2 排出过多，引起低碳酸血症和呼吸性碱中毒，结果使呼吸变浅变快，浅而快的呼吸可使肺通气量显著下降，故可加重缺氧。严重时，甚至导致呼吸中枢的麻痹而使动物死亡。

（2）循环机能的变化 缺氧时动物机体可通过循环机能的改变与调节，使血液重新分配，维持动脉压的正常。

① 血管功能改变：缺氧时血管功能改变主要取决于血管分布的组织和器官。

a. 舒血管反应：缺氧可引起心冠状血管和脑血管扩张，肢体血管反应较小，肾血管即使在 2666.4Pa（20mmHg）时也不扩张，这有利于心和脑的血液供应。血管扩张主要是通过局部形成酸性代谢产物及某些舒血管物质（腺苷）的作用，使局部血管扩张和毛细血管网开放。

b. 缩血管反应：一般皮肤、肌肉、腹腔脏器的小血管在急性缺氧时常常收缩，该反应主要是由血氧分压降低，反射性地引起血管中枢兴奋和肾上腺素分泌增多引起的。目的是通过血管收缩使血液重新分配，引起循环血量增加、血流加快，以满足机体对氧的需要。

② 心输出量增加：一定程度的缺氧，作为一种应激原，可引起机体交感-肾上腺髓质系统兴奋，使心跳加快、心收缩加强、心输出量增加，有利于向全身各器官、组织输送氧，对急性缺氧有一定的代偿意义。

上述代偿都是有限度的，如缺氧继续加重，因心肌本身的严重缺氧，加之氧化不全产物对心脏的抑制作用，使心肌收缩力减弱；同时，心血管运动中枢也由兴奋转为抑制，使心脏活动减弱，血管紧张度降低，血压下降，进而导致循环衰竭，使缺氧加重。

（3）血液的变化

① 红细胞数及血红蛋白含量增加：缺氧可引起循环血液中红细胞数和血红蛋白含量增加，主要通过以下方式来实现。

a. 急性缺氧时交感神经系统兴奋，可使脾脏等储血器官收缩，释放出储存的血液，使循环血液中红细胞数和血红蛋白含量增加。

b. 慢性缺氧时（高原地区）由于动脉血氧分压降低，刺激肾脏肾小球旁器释放红细胞生成酶，作用于血浆中肝脏产生的促红细胞生成素原，使之转变为促红细胞生成素（简称促红素）。促红素可促进骨髓内原始血细胞分化为原始红细胞，进一步促进骨髓内红细胞的成熟和释放，使循环血液中红细胞数和血红蛋白含量增加。血液中红细胞数和 Hb 含量的增加可提高血氧容量，提高血液的运氧能力，使组织缺氧得到改善。

② 氧离曲线右移 氧离曲线右移与红细胞内 2,3-DPG（2,3-二磷酸甘油酸）生成增多、CO_2 含量增多、血液 pH 降低等有关。缺 O_2 时红细胞内葡萄糖无氧酵解加强，2,3-DPG 生成增多，氧离曲线右移，组织细胞能从血液中摄取更多的 O_2，但氧离曲线右移过度时，则会导致动脉血氧饱和度明显下降，使血红蛋白的携氧能力降低而加重缺氧。

（4）中枢神经机能的变化　中枢神经（脑组织）的新陈代谢率高，耗氧量大，其供血量约占心输出量的 15%，耗氧量约占全身耗氧量的 23%，所以对缺氧最为敏感。在缺氧初期，中枢神经兴奋过程加强，患畜表现为兴奋不安。随着缺氧的不断加重，中枢神经则逐渐由兴奋转为抑制，此时患畜表现为精神沉郁、反应迟钝、嗜睡，甚至昏迷。这是由脑组织供能不足和酸性代谢产物增多所致。因脑组织的能量供应有 85%～90% 依赖于葡萄糖的有氧氧化，缺氧时有氧供能发生障碍，以致脑组织的能量供给不足。而无氧酵解过程加强和酸性代谢产物增多，均可对中枢神经起到抑制作用，严重者常因呼吸和心血管运动中枢的麻痹，而使患畜呼吸、心跳停止而致死亡。

（5）组织细胞的变化

① 组织摄取氧的能力增大和利用氧的能力提高时，组织内毛细血管密度增加、数量增多，可促使血氧向组织细胞内弥散；同时，细胞内线粒体的数量、膜的表面积、呼吸链中的酶增加，故组织摄取氧的能力在一定限度内有所增加。这些都可使组织充分利用现有的氧来维持正常的生物氧化过程。

② 细胞内的无氧酵解加强：缺氧的组织和细胞内，有氧分解过程降低，无氧酵解过程加强，通过这个方式来代偿氧的供应不足。但严重缺氧时，组织将因呼吸不全、供能不足而表现出组织、器官的功能紊乱，导致细胞变性坏死。

③ 肌红蛋白增加：慢性缺氧时动物肌肉中的肌红蛋白含量增多，肌红蛋白和氧的亲和力较大，当氧分压进一步降低时，肌红蛋白可释放大量的氧供组织细胞利用。同时，肌肉中肌红蛋白的含量增加，有利于氧的储存，以补偿组织中氧含量的不足。

2. 代谢变化

缺氧机体的代谢变化主要表现在糖、脂肪和蛋白质三大物质的代谢变化。其变化的特点是分解代谢加强，氧化不全产物蓄积，进而引起代谢性酸中毒。

（1）糖代谢变化　缺氧初期，由于交感-肾上腺髓质系统兴奋和下丘脑-垂体-肾上腺皮质系统活动加强，机体出现一系列代偿性机能增强，体内基础代谢加强，特别是糖原的分解加强，血糖升高。但随着缺氧的继续加重，由于氧的供应不足，有氧氧化过程障碍，而无氧酵解过程加强，乳酸生成增多，故可引起高乳酸血症。

（2）脂肪代谢变化　随着糖原的大量分解、消耗，脂肪的分解过程也加强，并因缺氧脂肪的氧化过程障碍，氧化不全的中间代谢产物-酮体增多，并在血液中大量蓄积而引起酮血症，酮体可随尿排出而引起酮尿症。

（3）蛋白质代谢变化　随着糖原和脂肪的分解加强，蛋白质的分解也增强，由于氧的缺乏，蛋白质的氧化分解过程发生障碍，氨基酸脱氨基过程发生障碍，致使血中氨基酸和非蛋白氮的含量增加。

由于上述三大物质的分解加强和代谢障碍，氧化不全的酸性中间代谢产物（乳酸、酮体、氨基酸、非蛋白氮）在体内大量蓄积，故可引起代谢性酸中毒。同时，因缺氧时隔不久呼吸加深加快，以增加氧的摄入，但由于过度地呼气，使体内 CO_2 过多排出，使血中碳酸含量减少，引起低碳酸血症，而体内碱储则相对增加，故可合并呼吸性碱中毒。

[分组病例分析]

冬季某兽医门诊接待一病例，患病猪采食后突然发病，最急性病猪表现为突然死亡、口吐白沫、呕吐、呼吸困难、可视黏膜发紫，血液呈暗红色（或咖啡色）。急性型显著不安，呈严重的呼吸困难，脉搏急速细弱，全身发绀，体温正常或偏低，躯体末梢部位冰凉，耳尖、尾端的血管中血液量少而凝滞，在刺破时仅渗出少量黑褐色血液。诊断为亚硝酸盐中毒。

亚硝酸盐中毒的机理是亚硝酸盐将血红蛋白的二价铁氧化为三价铁，使血红蛋白成为高铁血红蛋白，失去携带氧的能力，造成机体缺氧。

问题：

1. 请根据以上内容分析亚硝酸盐中毒属于哪种类型的缺氧？
2. 初步制定处置方案。

［相关练习］

1. 各种缺氧时可视黏膜的变化有何区别？
2. 各型缺氧时 PaO_2、$CO_{2\,max}$ 和动静脉血氧差分别有何变化？

任务 11　归纳休克的原因和分类并分析
休克分期及其发生机理

［任务目标］

掌握休克发生的原因、机理及对机体的影响，掌握休克各阶段动物机体的临床表现特点。能够辨别动物休克的发展阶段，并实施相应的救治措施。

［基础链接］

在学习以下内容之前，建议将以下在基础课当中学过的知识点进行回顾，以便更好地运用。

1. 微循环的构成。
2. 微循环的血液循环途径。

［内容导入］

一头黑白花奶牛患急性乳房炎，体重 450kg 左右，食欲不振，乳房基部发热、红肿、拒按，精神尚好。即用青霉素 600 万 IU，链霉素 200 万 IU，0.5% 盐酸普鲁卡因 20mL，乳房局部封闭注射。10min 该牛出现浑身战栗，后躯瘫软倒地，呼吸急促，张口伸舌，前胸出汗，结膜发绀。

问题：

1. 该黑白花奶牛使用青霉素后出现的症状属于哪种病理现象？
2. 为什么会出现呼吸急促，张口伸舌，前胸出汗，结膜发绀？与机体哪些调节有关？

［相关知识］

休克是指机体受各种强烈的有害因素作用后，所发生的有效循环血量减少，特别是微循环血液灌流量急剧降低，导致机体各器官、组织（尤其是心、脑等生命重要器官）和细胞缺血、缺氧、代谢紊乱和功能障碍，从而严重危及动物生命活动的一种全身性病理过程。

休克患畜的主要临床表现有：血压下降，心率加快，脉搏频弱，呼吸浅表，可视黏膜苍白或发绀，体温降低，皮肤湿冷，耳、鼻及四肢末端发凉，尿量减少或无尿，精神沉郁，反应迟钝，甚至昏迷。

一、休克的原因与分类

引起休克的原因很多，常见的有严重创伤、大面积烧伤、大出血、重度脱水、败血症、心肌梗死等。根据休克的原因不同，可将休克分为以下几种类型。

1. 低血容量性休克

低血容量性休克是由于血容量的急剧减少所引起的休克，常见有以下几种。

（1）失血性休克　多见于各种原因引起的急性大失血，导致动脉血压急剧下降而发生休克，如严重外伤、产后大出血、肝脾破裂等。

（2）脱水性休克　多见于伴有严重腹泻、高热或中暑，由于大量腹泻或出汗，造成细胞外液大量丧失而脱水的情况。

（3）烧伤性休克　多见于大面积烧伤，因皮肤的大面积烧伤，使体表血管壁的通透性增强，大量血浆外渗及体液外漏，引起血浆容量急剧下降而发生休克。

2. 神经源性休克

神经源性休克多因剧烈疼痛而引起，多见于严重外伤、大手术、骨折、高位脊髓损伤或麻醉等情况下，由于强烈的疼痛刺激反射性地使血管运动中枢迅速由兴奋转为抑制，引起小血管紧张性降低而发生扩张，使血管容量增大而发生休克。

3. 感染性休克

感染性休克是由细菌、病毒等病原微生物急性重度感染所引起的休克。常见于革兰阴性菌感染时，其内毒素可使微血管扩张，管壁通透性增强，血压下降，引起休克。

4. 心源性休克

心源性休克是由于原发性心输出量的急剧减少所引起的休克。多见于弥漫性心肌炎、广泛的心肌梗死、严重的心律失常及急性心包积液等情况下。在这些情况下，由于心输出量的急剧减少，而致有效循环血量急剧减少，故可引起休克。

5. 过敏性休克

过敏性休克是由于某些药物或血液制品等引起速发型变态反应所引起的休克。多见于药物过敏（如青霉素）、血清制剂或疫苗接种过敏等情况。

二、休克的发展过程与机理

1. 休克的发展过程

根据休克时微循环变化的特点，可将休克的过程分为以下 3 个时期。

（1）微循环缺血性缺氧期　为休克的早期，也是休克的代偿期。此期的微循环变化特点是：皮肤、肌肉、胃肠、肝、脾等非生命重要器官的微循环血管发生痉挛收缩，血液灌流量减少，组织发生缺血性缺氧。但心、脑等生命重要器官则可得到充分的血液供应。此期主要临床表现为可视黏膜苍白，耳、鼻及四肢末梢发凉，排尿减少，甚至无尿，血压正常或稍低，心跳加快，心收缩加强。

在休克早期，由于各种休克病因的作用，使交感-肾上腺髓质系统兴奋，儿茶酚胺释放增加，而致微循环血管痉挛（毛细血管前括约肌及微静脉、小静脉收缩，毛细血管前阻力明显增加，使微循环血流量显著不足而处于缺血缺氧状态），血液灌流量减少，大量血液经直接通路或动-静脉短路回流心脏。但心、脑等生命重要器官的血管仍处于开放状态，这是因为心、脑血管对儿茶酚胺的敏感性低。通过这种适应性反应，实现血液在体内的重新分配，重点保证心、脑等生命重要器官的血液供应。

（2）微循环淤血性缺氧期　为休克中期。此期的微循环变化特点是：小动脉、微动脉和毛细血管前括约肌舒张，而小静脉和微静脉仍处于收缩状态，致毛细血管床扩张淤血，回心血量显著减少，血压急剧下降。其临床主要表现是可视黏膜发绀，皮温下降，心跳快而弱，静脉萎陷，少尿或无尿，精神沉郁，甚至昏迷。

随着休克早期微循环缺血、缺氧和代谢障碍的不断加重，酸性代谢产物大量堆积，使小动脉和毛细血管平滑肌对儿茶酚胺的敏感性降低。同时，组织缺血、缺氧，组织崩解释放大量的组织崩解产物（组织胺、肽类等）舒血管物质，而使毛细血管扩张，大量血液流入毛细血管床。但此时小静脉和微静脉仍处于收缩状态（因小静脉对酸性环境耐受性强），故毛细血管床内血液只进不出，而导致微循环淤血。此时微血管壁通透性明显增高，血浆体液向组织间转移加速，结果导致循环血量急剧减少，血液黏稠，血流变慢，心、脑血流量降低，而出现全身微循环血液灌流量不足，导致组织缺血、缺氧，器官、组织功能障碍，使休克进入失代偿期。

（3）弥散性血管内凝血期　为休克晚期。此期微循环的变化特点是：微循环血管由扩张转入麻痹，血流由淤滞发展到凝集，发生弥散性血管内凝血。而后，由于凝血因子的大量消耗和溶纤系统的活化而发生全身性出血，使休克转入不可逆性。此期的主要临床表现是血压显著降低，心跳、脉搏快而弱，有严重的出血倾向，各组织、器官功能严重衰竭，动物处于濒死状态。

随着中期微循环淤血的不断发展，微循环内血液逐渐停滞，加之血浆的不断渗出，血液变浓稠，致使红细胞和血小板易发生凝集。又由于严重缺氧和酸性中间代谢产物的大量蓄积，使血管内皮受损，加之红细胞和血小板的崩解可释放凝血因子，而致微循环血管发生弥散性血管内凝血。随着凝血因子的不断消耗，血液凝固性逐渐降低，加之毛细血管壁通透性增高，从而引起微循环血管的弥散性出血。

2. 休克的发生机理

（1）有效循环血量减少　这是低血容量性休克发病的始动环节。由于急性大失血或失液引起的全血量和血浆量的显著减少，而使有效循环血量急剧减少。此外，在过敏性休克时微循环血管扩张，致使大量血液淤积在微循环内，此时体内血液总量虽不减少，但单位时间内流过微循环血管的血流量却减少，即有效循环血量减少，而引起休克。

（2）急性心功能障碍　它是心源性休克的始动环节。因心肌收缩障碍（如心肌梗死）或心脏发生急性充盈障碍（如严重的心动过速，急性心包积液）时，都能造成心输出量减少，导致全身各器官、组织微循环动脉血灌流量不足，引起休克。

（3）血管舒缩功能异常　休克早期，微循环血管呈痉挛状态，而后期则呈麻痹状态。微循环血管的痉挛或麻痹，都会引起微循环血管的血流障碍，造成微循环有效灌流量不足，而引起休克。

三、休克时主要器官的功能与结构变化

1. 急性肾功能衰竭

各种休克常可引起急性肾功能衰竭，称为休克肾。休克早期，由于交感-肾上腺髓质系统兴奋，肾小球入球小动脉和毛细血管痉挛，肾血流量减少，滤过率降低，尿量的形成减

少。加之休克时血容量的减少和血管紧张素分泌增多，使抗利尿激素和醛固酮分泌增多，促进肾小管对钠、水的重吸收，而使尿量减少。休克后期由于血压不断下降，肾小球滤过压进一步降低，而呈现无尿。

肾脏的结构变化是：肾上皮变性、坏死，血管内膜损伤，肾小管内可见透明管形或颗粒管形，间质水肿，肾小球毛细血管内微血栓形成以及肾皮质严重缺血等。眼观可见肾脏呈斑驳状，病程较久的可见大小不等、形状不规则的坏死灶。

2. 急性肺功能衰竭

休克早期，肺脏功能由于呼吸中枢的兴奋性增强，而呈现呼吸加快加深。但到休克晚期，则出现肺功能衰竭。这是由于有效循环血量减少，加之肺微循环血管弥散性血管内凝血，而致肺循环障碍和通气换气障碍，故可引起急性肺功能衰竭。

肺脏的结构变化是：肺淤血、水肿、出血、局部肺不张、微血栓及肺泡内透明膜形成（透明膜是指从毛细血管渗出并在肺泡表面凝固的纤维蛋白）。肺脏体积显著肿大，质量增加（可为正常肺的 3～4 倍），表面湿润，有光泽，呈紫红色，被膜上有小点状出血，切面呈暗红色，间质湿润增宽，支气管内有白色或淡红色泡沫样液体。

3. 急性心功能衰竭

除心源性休克外，其他类型的休克早期，由于血液的重新分配，心、脑等生命重要器官的血液供应得到保障，心脏功能可呈现代偿性增强。但到休克后期，由于有效循环血量急剧减少，冠状动脉的血液供应也急剧减少，导致心肌的供血、供氧不足，使心肌发生急性缺血，而引起急性心功能衰竭。表现为心收缩减弱、心率加快或心律失常。

心脏的结构变化是：心外膜下小血管淤血、怒张，充满暗紫红色血液，心肌发生变性和坏死性变化。

4. 胃肠与肝功能障碍

休克时由于有效循环血量减少，胃肠和肝脏的血液灌流量也减少，故可引起胃肠与肝功能障碍。

休克时肝动脉血液灌流量减少和腹腔脏器血管收缩致使门脉血流量急剧减少，从而引起肝细胞缺血、缺氧。肝脏表现为严重淤血，病程较长者伴有肝细胞的变性和坏死，形成"槟榔肝"变化。

胃肠在休克早期，因微血管痉挛而发生缺血、缺氧，到中、晚期转变为淤血，甚至血流停滞，肠壁发生水肿、出血和黏膜糜烂，一方面使消化液的分泌减少、胃肠蠕动减弱，消化、吸收与排泄功能紊乱；另一方面由于黏膜损伤，黏膜上皮的屏障功能减退，肠道菌大量繁殖并产生大量毒素，容易引起菌血症、毒血症和自体中毒。胃肠表现为淤血，呈暗红色，肠道内出现多量含有红细胞的血样液体。

5. 中枢神经功能障碍

休克早期由于血液的重新分配，使脑组织的血液供应得到保障，患畜常因轻度脑充血而表现兴奋不安。但到休克的晚期，由于有效循环血量的急剧减少，加上脑组织微循环发生弥散性血管内凝血，脑组织的血液灌流量也急剧减少，而引起脑组织的缺血、缺氧，使中枢神经功能由兴奋转为抑制状态。患畜表现为精神沉郁、反射迟缓，甚至昏迷。此外，患畜还可因脑血管通透性升高发生脑水肿和颅内压升高，而使神经功能障碍症状更为严重。当大脑皮层的抑制逐渐扩散到下丘脑、中脑、脑桥和延髓的心血管中枢和呼吸中枢时，则将不断加重休克，直至引起心跳和呼吸停止而死亡。

[分组病例分析]

　　某动物门诊接收一病犬，外观犬皮肤有多处碰伤伴随严重出血，据畜主说该犬从高处坠落，经初步诊断表明：该犬血压迅速下降、黏膜苍白、心波动加快、呼吸急促。
　　问题：
　　1. 判断该犬为哪种类型休克。
　　2. 分析高处坠落引起休克的发生机理，该病犬属于休克的哪一时期？
　　3. 请初步制定处置方法及治疗方案。

[相关练习]

　　1. 分析严重脱水、骨折、细菌感染、心肌炎、青霉素过敏时引起休克的机理。
　　2. 总结归纳休克各期微循环的特点及动物临床表现。
　　3. 根据休克发生的机理，分析休克的防治原则，从哪些地方入手进行改善？

任务 12　分析发热的机理和经过并认识发热时机体的变化

[任务目标]

　　掌握发热的机理及对机体的影响，掌握发热的经过及发热时机体的主要机能和代谢的变化。能够绘制热型曲线，根据热型曲线初步分析引起发热的原因，并能够制定和实施合理的治疗措施。

[基础链接]

　　在学习以下内容之前，建议将以下在基础课当中学过的知识点进行回顾，以便更好地运用。
　　1. 家畜维持体温恒定的调节方式。
　　2. 健康家畜体温范围及测量家畜体温的方法。

[内容导入]

　　1. 以下引起动物体温升高的情况中，哪些属于调节性体温升高？哪些属于失调性体温升高？
　　支原体引起的肺炎、日射病、恶性肿瘤、细菌性肠炎、大面积皮肤烧伤、
　　热射病、严重脱水、荨麻疹（过敏反应）、白血病、甲亢、流感
　　2. 以上发热情况，哪些使用对乙酰氨基酚（扑热息痛）可以起到明显的退热作用，请初步分析退热机理。

[相关知识]

　　发热俗称发烧，是机体在许多疾病过程中，由于受到致热原（热原刺激物）的作用，引起体温调节机能发生改变而致体温升高的病理过程。其特点是产热和散热有相对平衡状态转为不平衡状态，表现为产热增多、散热减少，从而使体温升高，并伴有各组织、器官的机能

和代谢变化。

发热不是一种独立的疾病，而是许多疾病过程中（尤其是传染病和炎症性疾病）经常出现的一种基本病理过程或常见临床症状。由于不同疾病引起的发热变化，常常各有其一定的特殊形式和比较恒定的变化。所以在临床上通过检查体温，不但可以发现疾病的存在，而且观察体温曲线的变动及分析其特点，还常可作为诊断某些疾病的依据之一。

发热的主要特点是体温升高，但体温升高并不一定都属于发热。例如，热射病时的体温升高，机体产热的过程并未增加，但由于外界环境温度过高和湿度过大，使机体散热困难，以致温热在体内蓄积，通常把这种现象称为体温过高。

一、发热的原因

1. 发热激活物

凡能引起机体发热的物质统称为热原刺激物或称致热原。致热原是指具有致热性或含有致热成分的物质。除含有致热成分且能直接作用于体温调节中枢的刺激因子引起发热外，许多外源性致热原还可通过激活体内产致热原细胞（能产生和释放内生性致热原的细胞），使其产生和释放内生性致热原而引起发热。这种能激活产致热原细胞，使其产生和释放内生性致热原的物质称为发热激活物。发热激活物包括外源性致热原和某些体内产物。

（1）外源性致热原

① 细菌及其毒素大多为致病性微生物及其有毒产物，亦称为传染性致热原。

a. 革兰阳性菌与外毒素：此类细菌感染是常见的发热原因，主要有葡萄球菌、溶血性链球菌等。这类细菌除了菌体致热外，其外毒素也有明显的致热性，如葡萄球菌的肠毒素、溶血性链球菌的红疹毒素等。

b. 革兰阴性菌与内毒素：典型菌群有大肠杆菌、伤寒杆菌等。这类菌群的致热物质除菌体和菌壁中所含的肽聚糖外，最突出的是其菌壁中所含的脂多糖，也称为内毒素。内毒素是最常见的外生性致热原，分子量大，不易透过血脑屏障。耐热性高（干热160℃，2h才能灭活），一般灭菌方法不能将其清除。内毒素无论是静脉注射还是体外与白细胞一起培养，都可刺激内生性致热原的产生和释放。

c. 分枝杆菌：典型菌群为结核杆菌，其全菌体及细胞壁中所含的肽聚糖、多糖和蛋白质都具有致热作用。

② 病毒和其他微生物流感病毒等可激活产致热原细胞产生、释放内生性致热原，引起发热。白色念珠球菌感染所致的鹅口疮、肺炎、脑膜炎等，其致热因素是菌体及菌体内所含的荚膜多糖和蛋白质，钩端螺旋体内含有溶血素和细胞毒因子以及内毒素样物质等都具有致热作用。

（2）体内产物   体内的某些产物，也可通过激活体内产致热原细胞，使其产生和释放内生性致热原，称非传染性致热原，主要有以下产物。

① 组织崩解产物：大面积烧伤、创伤、手术、辐射损伤及严重的组织挫伤或组织梗死等引起的组织坏死崩解产物，可成为发热激活物，具有致热作用。

② 抗原-抗体复合物：在各种变态反应（荨麻疹）过程中，由于抗原-抗体复合物的形成，激活了体内的产致热原细胞，使其产生和释放内生性致热原，发挥致热作用。

③ 肿瘤坏死产物：某些恶性肿瘤（如淋巴肉瘤）组织坏死产物，可成为发热激活物，也可通过引起无菌性炎症或引起免疫反应（抗原-抗体复合物形成），发挥致热作用。

④ 激素类物质：如甲状腺功能亢进时，血液中甲状腺素增多，使各种物质代谢特别是

分解代谢加强，导致产热增多，引起发热。又如肾上腺素能兴奋体温调节中枢，加强物质代谢，使产热增加，并可使外周小血管收缩，散热减少。

2. 内生性致热原

内生性致热原是产致热原细胞在发热激活物的作用下所释放的产物，主要有以下几种。

（1）白细胞介素-1　白细胞介素-1是由单核细胞/巨噬细胞在发热激活物作用下产生的多肽类物质。受体广泛分布于脑内，密度最大的区域位于最靠近体温调节中枢的下丘脑外面。

（2）肿瘤坏死因子　肿瘤坏死因子也是重要的内生性致热原之一。多种外生性致热原如葡萄球菌、链球菌、内毒素等都可诱导巨噬细胞、淋巴细胞等产生和释放肿瘤坏死因子。肿瘤坏死因子也具有与白细胞介素-1相似的生物学活性。

（3）干扰素　干扰素是受病毒等因素作用时由淋巴细胞等产生的一种具有抗病毒、抗肿瘤作用的低分子糖蛋白。干扰素注射后引起发热，因其可引起丘脑产生前列腺素E作用于体温调节中枢。它所引起的发热反应与白细胞介素-1不同，干扰素反复注射可产生耐受性。

（4）白细胞介素-6　白细胞介素-6是由单核细胞、巨噬细胞、成纤维细胞和T细胞、B细胞等分泌的细胞因子，也具有明显的致热活性。

二、发热的发生机理

在生理情况下，动物机体的体温保持在相对恒定的范围内，这种体温的恒定是依赖于体温调节中枢调控产热和散热来维持的。体温调节的高级中枢位于视前区下丘脑前部，而延髓、脑桥、中脑和脊髓等部位是体温调节的次级中枢。另外，大脑皮层也参与体温的行为性调节。

1. 中枢发热介质

内生性致热原从外周产生后，经过血液循环到达颅内，但它仍然不是引起调定点升高的最终物质。内生性致热原可作用于血脑屏障外的巨噬细胞，使其释放中枢介质，作用于视前区前下丘脑等部位的神经元，从而引起体温调定点的改变。目前认为发热中枢介质主要有以下几种。

（1）前列腺素E　前列腺素E可能是发热反应最重要的中枢物质。它能引起明显的发热反应，其体温升高的潜伏期比内生性致热原短，同时还伴有代谢率的改变，其致热敏感点在视前区前下丘脑。

（2）Na/Ca值　Na/Ca值改变在发热机制中可能担负着重要的中介作用，内生性致热原可能先引起体温调节中枢内Na/Ca值升高，再通过其他环节促使调定点上移。

（3）环磷酸腺苷　环磷酸腺苷（cAMP）是调节细胞功能和突触传递的重要介质，在脑内具有较高的含量。内生性致热原引起发热时脑脊液和下丘脑的环磷酸腺苷浓度明显升高，而且升高的程度与体温呈明显的正相关。最新的研究资料显示，内生性致热原有可能是通过提高Na/Ca值，再引起脑内环磷酸腺苷增高，环磷酸腺苷可能是更接近终末环节的介质。

2. 发热体温上升的三个基本环节

（1）内生性致热原的产生和释放　这一过程包括信息传递、激活物质作用于内生性致热原细胞，产生和释放内生性致热原，经过血液到达下丘脑的体温调节中枢。

（2）体温调节中枢的体温"调定点"上移　内源性致热原到达下丘脑体温调节中枢后以

某种方式改变下丘脑温度神经元的化学环境，使体温调节中枢的调定点上移。于是，正常血液温度变为冷刺激，体温中枢发出冲动，引起调温效应器反应。

（3）效应器的改变 一方面通过运动神经引起骨骼肌紧张度增高或寒战，产热增加；另一方面，通过交感神经系统引起皮肤血管收缩，减少散热。产热大于散热，体温升到与调定点相应的水平。

综上所述，发热基本机理可概括如下：第一个环节是致热原的产生、释放和致热原作为信息分子把信息传递到下丘脑体温调节中枢；第二个环节是致热原以某种方式使下丘脑温度神经元的调定点上移；第三个环节是体温调节中枢的体温调定点上移后对体温进行的重新调节，其发出的调节冲动有两方面的作用，一方面经交感神经系统引起皮肤血管收缩，使散热减少，另一方面冲动经运动神经引起骨骼肌周期性收缩或发生寒战，使产热增多（图12-1）。

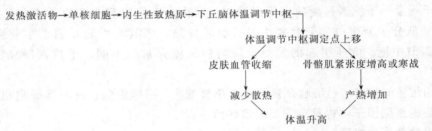

图 12-1 发热基本机理示意图

三、发热的过程与热型

1. 发热的过程

按照发热的经过及产热与散热关系的改变，可分为以下3个基本阶段（图12-2）。

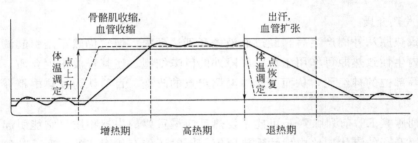

图 12-2 发热过程示意图

（1）增热期（体温上升期） 增热期是发热的初期，指从体温开始升高一直保持在一昼夜内的变动不超过0.5℃的一个时期。此期温热代谢的特点是产热增多、散热减少，温热在体内蓄积，体温上升。但是体温上升的速度，往往因致热原的质和量以及机体的机能状态的不同而有差别。例如，炭疽、马传染性胸膜肺炎等体温上升通常很快，而非典型马腺疫的体温上升则较缓慢。此期病畜在临床上除察觉到体温上升之外，还出现皮温降低、恶寒战栗、被毛蓬乱等症状。皮温降低是由于皮肤血管收缩，血流量减少所致；皮温降低可引起恶寒感觉，并反射性地引起骨骼肌轻微收缩和紧张度增高，故病畜显示恶寒战栗；同时由于交感神经兴奋，竖毛肌收缩，使病畜被毛蓬乱。

（2）高热期（高热持续期） 由体温上升期移行而来。此期体温上升到高峰，并维持在较高的水平上，其温热代谢特点是产热与散热在较高水平上趋于平衡。即由于体内分解代谢加强，产热处于矛盾的主要方面，但由于高温血液可引起散热反应加强，所以温热代谢在较高的水平上趋于平衡。此期由于散热加强，体表血管扩张，血流量增多，故病畜皮温增高，眼结膜潮红。高热期的长短可因病情轻重不同而异，例如马传染性胸膜肺炎持续 6～9 天，而马感冒仅数小时。

（3）退热期（体温下降期）　继高热期之后，由于机体防御机能增强以及高温血液抑制或破坏致热原，因而体温调节中枢逐渐恢复到正常调节水平，此时体温逐渐下降。这期温热代谢的特点是散热大于产热。退热期由于加强了热的放散，皮肤血管扩张、汗液排出增多，所以体温逐渐恢复到正常水平。体温下降的速度因疾病不同而异。体温迅速下降称为热骤退；体温缓慢下降，经数日恢复到常温，称为热渐退。但在体质衰弱的病畜，热骤退常是预后不良的先兆。因为在热骤退过程中，由于体表血管强度扩张，造成循环血量减少，血压下降，以及发热时中毒的影响，从而可导致心脏活动减弱，往往危及生命。

2. 热型

不同疾病引起的发热过程，其体温曲线常有一定的特殊形式，称为热型。了解疾病时的热型，有助于诊断疾病。热型有以下几种分类方法。

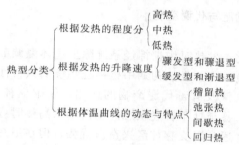

主要以体温曲线区分的热型为例讲述。

（1）稽留热　其特点是体温较稳定地持续在较高的水平上，昼夜温差不超过 1℃，见于纤维素性肺炎和马传染性胸膜肺炎、猪瘟、犬瘟热等传染病过程中（图 12-3）。

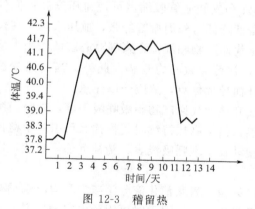

图 12-3　稽留热

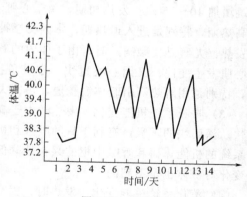

图 12-4　弛张热

（2）弛张热　其特点是体温升高后一昼夜间的摆动幅度超过 1℃ 以上，而其低点没有到达正常水平。此种热型见于支气管肺炎、化脓性炎症和败血症等过程中（图 12-4）。

（3）间歇热　间歇热是发热期和无热期较有规律地相互交替，但间歇时间较短并重复出现的一种热型，见于马锥虫病、马焦虫病、马传染性贫血等（图 12-5）。

（4）回归热　其特点是发热期和无热期间隔的时间较长，并且发热期与无热期的出现时间大致相等，见于亚急性和慢性马传染性贫血（图 12-6）。

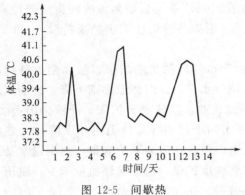

图 12-5　间歇热

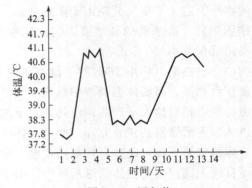

图 12-6　回归热

（5）不定型热　发热持续时间不定，体温变动无规律，体温曲线呈不规则变化。临床常见于慢性猪瘟、慢性副伤寒、慢性猪肺疫、流感、支气管肺炎、渗出性胸膜炎、肺结核等许多非典型经过的疾病。

四、发热机体的主要机能与代谢变化

1. 机能变化

（1）神经系统机能变化　发热时中枢神经系统除上述体温调节中枢的机能改变外，神经系统的其他机能也发生相应改变。发热初期中枢神经系统的兴奋性增强，动物表现为兴奋不安；在高热期，由于高温血液及有毒代谢产物的作用，使中枢神经系统机能由兴奋转入抑制，动物表现为精神沉郁，甚至处于昏迷状态。幼龄动物高热时容易发生抽搐。不论是发热初期还是高热期，自主神经通常以交感神经兴奋占优势，但在退热期交感神经的兴奋性就逐渐降低。

（2）心血管系统机能变化　发热时，由于交感-肾上腺髓质系统机能的增强，加之高温血液对心脏窦房结的刺激，可使心脏活动加强，心跳频率加快。体温每升 1℃，可使每分钟心跳增加 10～15 次。发热初期，由于心脏功能加强和皮肤血管收缩，可使血压升高；但到了高热期，特别是进入退热期，常因交感神经兴奋性降低，外周血管舒张，血压下降。在长期发热（尤其是传染病）时，由于体内的氧化不全代谢产物和细菌毒素等对心脏的作用，易使心肌发生变性；又因心跳过快，心脏负担加重，常可导致心力衰竭。此外，当高热骤退时，特别是用解热药引起体温骤退，可因大量出汗而导致休克，故应予以注意。

（3）呼吸系统机能变化　发热时由于高温血液和酸性代谢产物刺激呼吸中枢，呼吸加深加快。深而快的呼吸，有利于氧的吸入和机体散热，但当高热持续时，往往又可引起中枢神经系统的机能障碍和呼吸中枢的兴奋性降低，致使动物出现呼吸浅表、精神沉郁等症状，这些变化对机体也是不利的。

（4）消化系统机能变化　发热时，因交感神经兴奋，胃肠消化液分泌减少和胃肠蠕动减弱，加之水分吸收加强，可使肠内容物干燥，甚至发生便秘。严重时可因肠内容物发酵、腐败而引起自体中毒，患病动物常出现食欲减退。

（5）泌尿系统机能变化　发热初期，由于血压升高，肾脏血流量增多，尿量稍增多，尿比重较低。高热时，一方面由于呼吸加快，水分被蒸发；另一方面因肾组织发生轻度变性，加之体表血管舒张，肾脏血流量相应地减少，以及由于分解代谢增强，酸性代谢产物增多，水和钠盐潴留在组织中，因而使尿液减少，尿比重增加，并且尿中常出现含氮产物。到退热期，由于肾脏血液循环的改善，肾血流量增加，尿量增多。

（6）单核巨噬细胞系统机能变化　发热时，体内单核巨噬细胞系统的机能增强，表现为吞噬活动增强和抗体形成增加，补体的活性增强，肝脏解毒功能也增强。

2. 代谢变化

发热时，交感神经兴奋，肾上腺素和甲状腺素分泌增多，使糖、脂肪和蛋白质的分解代谢增强，基础代谢率升高。一般认为，体温每升高 1℃，基础代谢率提高 13%，所以发热的患病动物的物质消耗明显增多。如持久发热使营养物质消耗明显增多，导致患病动物消瘦、体重下降。因此在护理时，需要补给营养丰富易消化吸收的饲料和多种维生素。

（1）糖代谢变化　发热时，因交感神经兴奋，肾上腺素分泌增多，肝脏和肌肉中的糖原分解加强，血糖浓度升高。但当患病动物的糖原分解过多、过快，氧供应相对不足时，糖的无氧酵解加强，故其血液中及组织内乳酸含量增多，并有部分随尿排出。

（2）脂肪代谢变化　发热时脂肪的分解代谢也加强，而使脂库中的脂肪大量消耗，因此，患病动物日渐消瘦。但由于耗氧量增加，造成氧的供应不足，而使脂肪酸氧化不全，氧化不全产物酮体的形成增加，引起酮血症和酮尿症。

（3）蛋白质代谢变化　随着糖和脂肪的消耗，蛋白质的分解代谢也明显加强。大量蛋白质不断分解，可使多量含氮物质于血液内蓄积，并且随尿排除，引起负氮平衡。由于组织蛋白质分解过快，同时消化功能又发生障碍，蛋白质摄入和吸收均明显减少，再加之温度过高和各种有毒物质不断刺激，故长期发热可导致肌肉和实质器官发生萎缩或变性，进而引起机体衰竭。

（4）水盐代谢变化　水盐代谢常随发热的发展阶段不同而异，在体温上升期和高热期，由于机体的分解代谢加强，氧化不全产物蓄积，再加之尿量减少，故使水盐在组织中潴留。退热期，由于机体出汗增多、排尿加速，因而大量水分和盐类则随汗液和尿液而排出体外，若排出过多时，则有引起脱水的可能。发热时，由于组织的分解代谢加强，血液和尿中的钾离子浓度升高，磷酸盐的形成和排出也增多。此外，由于氧化不全的酸性中间代谢产物（如乳酸、酮体等）在体内增多，故可导致代谢性酸中毒。

（5）维生素代谢变化　在发热过程中，随着糖、脂肪和蛋白质三大物质的分解代谢加强，整个酶促反应加强，酶的消耗增加，使参与酶系统组成的维生素消耗也增加，加之发热时消化和吸收功能降低，对维生素的摄入减少，故可导致体内维生素缺乏，尤其是 B 族维生素和维生素 C 的缺乏更为明显。

五、发热的生物学意义

发热是机体在长期进化过程中所获得的一种以抗损伤为主的防御适应性反应。一般来说，短时间轻、中度发热对机体是有益的，因为发热不仅能抑制病原微生物在体内的活性，帮助机体对抗感染，而且还能增强单核巨噬细胞系统的功能，提高机体对致热原的消除能力。此外，还可使肝脏氧化过程加速，提高其解毒能力。

但长时间的持续高热，对机体则是有害的，因为持续性高热既可使机体的分解代谢加强，营养物质过度消耗，消化吸收功能紊乱，导致患病动物消瘦和机体抵抗力下降；又能使中枢神经系统和血液循环系统发生损伤，使精神沉郁以至昏迷，或心肌变性而发生心力衰竭，这样就更加加重病情。因此，正确判断和掌握发热状态与机体的关系是十分重要的。在临床实践上，对于发热的处理，必须根据具体病例和病情，采取适当的措施。

［分组病例分析］

猪的正常体温大约为 38.5℃，现有一病猪 8 天的体温情况如下。

第一天	第二天	第三天	第四天	第五天	第六天	第七天	第八天
38.5℃	40.5℃	40.3℃	41℃	40.7℃	40.2℃	39.7℃	38.5℃

问题：

1. 请绘制该病猪发热过程的热型曲线。

2. 分析该病猪可能是哪些情况引起的疾病。

3. 请在该热型曲线上标注发热的经过。

4. 请说明发热经过各阶段的代谢特点和临床表现（要求各临床表现描述不超过 20 字）。

[相关练习]

1. 分析细菌性肺炎引起发热的机理。

2. 分析发热经过的特点。

经过	血温与调定点相比	体温	产热与散热的关系	临床表现
体温上升期				
高热持续期				
退热期				

任务 13 认识胆色素的正常代谢并分析黄疸的类型及特征

[任务目标]

掌握胆色素的正常代谢过程及各型黄疸的发生机理，掌握各型黄疸的临床特征及对机体的影响。能够根据临床特征正确判断黄疸的类型，并分析其发生原因和实施有效的防治措施。

[基础链接]

在学习以下内容之前，建议将以下在基础课当中学过的知识点进行回顾，以便更好地运用。

1. 红细胞衰老死亡后的正常代谢过程。

2. 门脉循环途径。

[任务导入]

附红细胞体病是由附红细胞体感染机体而引起的传染病。附红细胞体是寄生于红细胞表面、血浆及骨髓中的一群微生物。感染后的哺乳仔猪体温升高，眼结膜皮肤苍白或黄染，贫血症状，四肢抽搐、发抖、腹泻、粪便深黄色或黄色黏稠，有腥臭味，死亡率在20%～90%。

问题：

1. 猪附红细胞体病临床出现眼结膜、皮肤黄染、粪便深黄色或黄色黏稠、有腥臭味，根据以上描述判断该病猪出现哪种病理变化？

2. 简单分析发生眼结膜、皮肤黄染、粪便深黄色或黄色黏稠的原因。

[相关知识]

由于胆色素代谢障碍，血浆胆红素浓度增高，使动物皮肤、黏膜、巩膜等组织染成黄色的病理现象称黄疸。因巩膜富含与胆红素亲和力高的弹性蛋白，往往是临床上首先发现黄疸的部位。黄疸不是一种独立的疾病，而是许多疾病过程中常见的临床表现，尤其是肝脏疾患容易出现的一种先兆症状。

一、胆色素的正常代谢

胆色素主要来源于红细胞，因衰老的红细胞被单核巨噬细胞系统吞噬、破坏而形成的。正常时体内红细胞可不断衰老，衰老的红细胞被脾、骨髓和肝脏内的单核巨噬细胞吞噬，在吞噬细胞体内破坏，释放出血红蛋白。血红蛋白继续分解成珠蛋白、胆绿素和铁，其中珠蛋白和铁重新参与红细胞血红蛋白的形成，只有胆绿素在吞噬细胞内还原为胆红素而进入血液。这种胆红素在血浆中与白蛋白结合成胆红素-白蛋白复合物。其分子较大，不能通过肾小球滤出，故不能随尿排出，不溶于水，不能直接与重氮试剂起作用，但溶于酒精，所以胆红素定性试验呈间接反应，称间接胆红素。

间接胆红素经血液进入肝脏在肝细胞膜上与白蛋白分离后，进入肝细胞，受肝细胞内葡萄糖醛酸酶的作用，与葡萄糖醛酸结合成胆红素葡萄糖醛酸酯，称结合胆红素，可溶于水，能直接与重氮试剂起作用，故胆红素定性试验呈直接反应，称直接胆红素。

直接胆红素在肝细胞内与胆固醇、胆酸盐、卵磷脂一起形成胆汁，分泌到毛细胆管，经胆管系统排出到十二指肠。在肠内胆红素与葡萄糖醛酸分解，其中胆红素又受肠道菌作用还原为无色的粪胆素原，其中大部分粪胆素原经氧化形成褐色的粪胆素，随粪排出，构成粪便的颜色。还有一小部分粪胆素原由肠黏膜回收，经门静脉血液入肝，这一部分胆素原中的大部分又重新转变为直接胆红素，再合成胆汁排入肠道，这个过程称胆色素的肝肠循环。另一小部分胆素原直接经血流入肾随尿排出，形成尿胆素原，并氧化为尿胆素，构成尿液的颜色（图 13-1）。

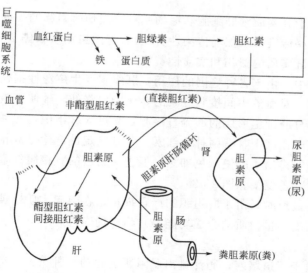

图 13-1　正常胆色素代谢示意图

在正常情况下，体内胆红素的生成和排泄经常维持着动态平衡，所以，外周血中胆色素含量是相对恒定的，但在某些疾病时，由于胆红素代谢障碍，其生成增多，或转化和排泄障碍，致使这种动态平衡破坏时，就会导致胆色素含量增多，引起黄疸。

二、黄疸的病因、类型和发生机理

1. 溶血性黄疸

溶血性黄疸是由于红细胞大量溶解，胆色素形成过多而引起的。某些药物中毒、血液寄生虫病、溶血性传染病等均可引起溶血性黄疸。

患溶血性黄疸时，由于血液中蓄积的是间接胆红素，胆色素定性试验（偶氮试验）呈间接反应。由于此种胆红素不能经肾排出，所以此型黄疸尿中无胆红素，但由于此时肝脏的转化能力呈代偿性增强，形成的直接胆红素增多，所以进入肠道的直接胆红素增多，在肠内形成胆素原增多，粪中胆素原和粪胆素的含量增多，粪色加深。通过门静脉进入血中的胆素原的量增多，导致尿中胆素原和尿胆素的含量增多，尿色加深（图 13-2）。

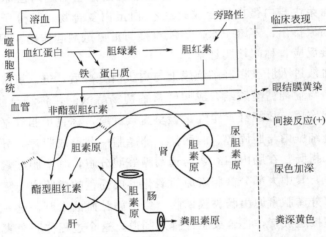

图 13-2　溶血性黄疸形成过程示意图

2. 实质性黄疸

实质性黄疸是由于肝实质（肝细胞和毛细胆管）损伤所引起的一种黄疸。引起此型黄疸的原因也很多，如某些传染病（如马传染性贫血）、寄生虫病（如焦虫病）、中毒病（如霉玉米中毒）等均可引起肝实质的损伤和实质性黄疸。

在上述疾病过程中，由于各种病因的作用，肝组织发生广泛性损伤。此时，一方面由于肝细胞的广泛性损伤，对血液中间接胆红素的转化能力降低，致使血液中间接胆红素含量增多。另一方面由于部分肝细胞形成的部分直接胆红素进入肝组织，经淋巴间隙和肝窦进入血液，所以，此型黄疸时血液中含有两种胆红素，胆红素定性试验呈双相反应。并且血液中直接胆红素，可经肾随尿排出，故使尿色加深。但进入肠道的直接胆红素减少，粪胆素原和粪胆素的形成减少，故粪色变浅（图 13-3）。

另外，患实质性黄疸时，由于肝组织的严重损伤，在引起实质性黄疸的同时，还伴有其他肝功能（如解毒功能、蛋白质的合成功能等）障碍的表现。

3. 阻塞性黄疸

阻塞性黄疸是由于胆道堵塞，胆汁排出受阻所引起的一种黄疸。造成胆道阻塞的原因很多，某些寄生虫（猪胆道蛔虫、牛羊肝片吸虫、兔球虫）、胆结石、胆管和十二指肠炎等诸

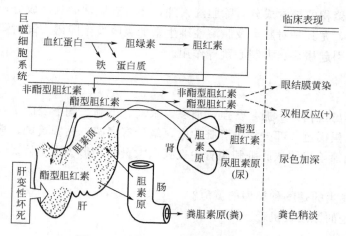

图 13-3　实质性黄疸形成过程示意图

多因素均可造成胆道的阻塞，引起阻塞性黄疸。

患阻塞性黄疸时，由于胆道阻塞，胆汁不能排入肠内，而在胆囊内淤积，致使胆管尤其是毛细胆管显著扩张，其内压升高，最终导致毛细胆管的破裂，胆汁流入肝组织中，并经淋巴间隙或肝窦进入血液，而使血液中出现大量胆汁，胆汁中大量直接胆红素进入血液，血胆红素定性试验呈直接反应。由于患此型黄疸时，大量直接胆红素可通过血液流经肾脏随尿排出，所以尿胆素原和尿胆素的含量增加，尿色显著加深。但由于胆汁不能进入肠道，肠内形成粪胆素原和粪胆素缺乏，故粪便色泽变淡（图 13-4）。另外，由于肠内胆汁少，肠道消化能力下降，粪便伴有恶臭；患此型黄疸时由于胆汁中大量的胆酸盐进入血液，故可引起胆酸盐中毒。

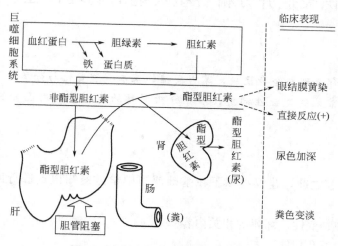

图 13-4　阻塞性黄疸形成过程示意图

三、黄疸对机体的影响

黄疸对机体的影响主要是对神经系统的毒性作用。尤其是间接胆红素，因其具有脂溶性，可透过各种生物膜，故对神经系统的毒性较大。如新生幼畜发生黄疸后，由于胆红素侵害较多的脑神经核，严重时可出现抽搐、痉挛、运动失调等神经症状，往往导致幼畜迅速死亡。其机理可能是间接胆红素可抑制细胞内的氧化磷酸化作用，从而阻断脑的能量供应。

黄疸时在血中聚积的异常成分，除胆红素外，还可有胆汁的其他成分，因此也可影响正常的消化吸收功能，尤其是对脂类及脂溶性维生素的吸收发生障碍。同时胆酸盐也有刺激皮肤感觉神经末梢，引起瘙痒、抑制心跳等作用。

[分组病例分析]

一群放牧绵羊出现精神不振，贫血，消瘦，眼睑、下颌、胸下及腹下水肿，食欲减少或异嗜，拉稀，粪呈黑褐色。部分绵羊肝脏肿大，触诊有痛感，黏膜黄染，尿色加深，粪便颜色变浅，剖检病死绵羊尸体从肝脏和胆管中查找出大量肝片形吸虫虫体。

问题：

1. 分析绵羊发生的是哪种类型的黄疸？
2. 分析其发生的原因及机理。
3. 如何进行防治？

[相关练习]

1. 简述各型黄疸的发生机制及临床表现。
2. 发生溶血性黄疸时，血清中（　　　　　）胆红素增多，定性试验呈（　　　　　）阳性。
3. 发生实质性黄疸时，胆红素定性试验呈（　　　　　）。
4. 胆色素是血红素一系列代谢产物的总称，包括（　　　　　）、（　　　　　）、（　　　　　）和（　　　　　）。

任务 14　认识炎症并分析各型炎症的病理特征、原因和结局

[任务目标]

掌握炎症的局部表现与全身反应，掌握炎症的基本病理变化与分类，了解炎症的临床意义。能够识别各种常见的炎症性病变，培养分析问题的能力、利用已知的知识解决问题的能力。

[基础链接]

在学习以下内容之前，建议将以下在基础课当中学过的知识点进行回顾，以便更好地运用。

1. 充血、水肿、变性、坏死的相关内容。
2. 白细胞的种类及功能。

[任务导入]

夏季某兽医门诊接待一例病例，患病仔猪背部皮肤通红，有个别部位有破皮（暴皮）现象，皮温较高，皮肤敏感，触摸躲闪，全身体温正常，无其他异常。诊断为光照性皮炎。

问题：

1. 请根据以上内容分析皮炎的局部表现都有哪些？

2. 初步制定处置方案。

[相关知识]

一、炎症发生的原因

炎症是指机体在致炎因素作用下发生的以防御为主的反应，其基本病理变化是局部组织的变质、渗出和增生，临床症状是局部红、肿、热、痛和机能障碍。当炎症范围波及较广或反应强烈时，伴有不同程度的发热、白细胞增多、单核巨噬系统增生及其机能增强等全身性反应。

炎症反应是大多炎性疾病的基本病理过程，如肺炎、胃肠炎、心包炎、心内膜炎、腹膜炎、肾炎、脑炎、关节炎、创伤、烧伤、结核病和许多寄生虫病等，都以炎症为基本病理变化。因此，正确认识和掌握炎症的发生发展规律和基本理论，对有效防治炎性疾病，具有重要的实践意义。引起炎症的原因很多，一般可分为外源性和内源性两大类。

1. 外源性致炎因素

（1）生物性因素　生物性因素是最常见的致炎因素，如病原微生物、寄生虫及其毒性产物等，可使组织发生损伤或通过其抗原性发生免疫反应而导致炎症。如细菌感染引起的炎症，主要是由于它所产生的毒素或代谢产物的作用；大多数寄生虫的侵袭常以其机械性的损伤及毒素的作用而致局部组织发炎，并常呈现慢性炎症的经过和结局。

（2）化学性因素　如强酸、强碱、芥子气和各种有毒物质等。当动物触及时便发生组织损伤引起炎症。如腐败饲料引起急性胃肠炎等。

（3）物理性因素　如高温、低温、放射线、紫外线等，当达到一定强度时可使组织损伤引起炎症。

（4）机械性因素　如创伤、挫伤、扭伤等，也可引起炎症。

2. 内源性致炎因素

内源性致炎因素是指机体内部产生的具有致炎作用的因素，主要有免疫过程中形成的抗原-抗体复合物；坏死组织分解产物，如各种胺类、肽类及溶酶体等；某些病理过程中的代谢产物，如胆酸盐、尿素等，均可刺激机体引起炎症。

致炎因素虽然是引起炎症发生的必需条件，但是，能否发生炎症，反应程度如何，还取决于机体的机能状态。如机体在麻醉或衰竭以及免疫力下降时，炎症反应往往减弱，当机体状态良好时，炎症表现激烈；老龄动物和初生动物，因其免疫防御机能减弱或未发育完善而容易发生炎症。

二、炎症的局部表现与全身反应

1. 炎症的局部表现

炎症的局部表现特征是红、肿、热、痛和机能障碍，体表和黏膜的急性炎症尤为明显。

（1）红　炎症初期呈鲜红色，由炎灶内动脉性充血，局部氧合血红蛋白增多所致，后期转为淤血，还原血红蛋白增多，呈暗红色，但炎区边缘仍呈鲜红色。

（2）肿　由炎性水肿所致，炎症后期及慢性炎症的局部肿胀，由组织增生所致。

（3）热　炎区动脉性充血，血流量增多，代谢旺盛，产热增多，使局部组织温度升高。

（4）痛　炎区的疼痛与多种因素有关。组织肿胀压迫或牵张感觉神经末梢引起疼痛，凡是分布感觉神经末梢较多的部位或致密组织，发炎时疼痛较剧烈，如牙髓、骨膜、胸膜、腹膜及肝脏等；而疏松组织发炎时疼痛较轻；炎区组织变质，渗透压升高以及组织损伤、细胞破坏，炎灶氢离子、钾离子等浓度升高均可引起疼痛，尤其是炎症介质，如前列腺素、5-羟色胺、缓激肽等具有明显的致痛作用。

（5）机能障碍　炎灶内的细胞变性、坏死、代谢异常，炎性渗出物压迫阻塞和疼痛等，都可引起发炎器官的机能障碍。如肺炎时气体交换障碍，肠炎时消化吸收障碍，肝炎时代谢和解毒机能障碍。

炎区的红、肿、热、痛、机能障碍是在变质、渗出、增生变化的基础上形成的，组织变质引起组织功能障碍，释放的炎症介质引起疼痛。炎性充血及炎区内分解代谢加强出现红和热，渗出和增生初期是炎区肿胀的主要因素。另外，在诊断炎症性病理过程时，应根据炎症性质及发展过程作具体分析，如一般急性炎症时，以上症状表现明显，而慢性炎症时，红、热症状往往不太显著。

2. 炎症的全身反应

炎症病变虽然主要表现于致病因素作用的局部，但局部病变受整体的影响，同时又影响整体。比较严重的炎症性疾病往往伴有明显的全身反应，炎症时常见的全身反应主要如下。

（1）发热　病原微生物及其产生的毒素、组织坏死崩解产物等可引起发热。

（2）白细胞增多　细菌毒素、炎区代谢产物进入血液后，刺激骨髓增强造血功能，大量的白细胞进入外周血液中。白细胞种类的改变对炎症诊断及预后有一定意义，一般在急性炎症时，多以中性粒细胞增多为主；某些变态反应性炎症和寄生虫性炎症时，以嗜酸性粒细胞增多为主；在一些慢性炎症或病毒性炎症时，则常见单核细胞和淋巴细胞增多。

（3）单核巨噬细胞系统变化　病原微生物引起的炎症过程中，单核巨噬细胞增生，吞噬机能增强。急性炎症时，炎区周围淋巴结肿大、充血，淋巴窦扩张，其中有中性粒细胞和巨噬细胞浸润。慢性炎症时，局部淋巴结的网状细胞和 T 淋巴细胞或 B 淋巴细胞增生，并释放淋巴因子和形成抗体。当全身严重感染时，全身淋巴结和脾脏都会明显肿大。

（4）实质器官的变化　由于致炎因素的作用，使心、肝、肾等器官的实质细胞常发生物质代谢障碍，引起变性坏死，并导致相应的机能障碍。

三、炎症介质

炎症介质是在炎症病灶内产生的并能参与炎症反应的化学物质，它们在致炎因素的作用下，由炎区组织细胞或游走细胞释放，或由血浆成分激活转化生成，根据其来源分为细胞源性和血浆源性炎症介质两大类。

1. 细胞源性炎症介质

细胞源性炎症介质来自局部组织细胞、白细胞、血小板、巨噬细胞、肥大细胞、血管内皮细胞等。当各种致炎因子直接或间接作用于上述各种细胞时便可产生和释放细胞源性炎症介质。

（1）组织胺　组织胺是急性炎症早期反应的重要介质，主要储存于肥大细胞、嗜碱性粒细胞及血小板中，在物理、化学刺激和抗原抗体结合反应及细菌毒素等作用下，组织胺便释放出来；组织坏死分解产物中的组氨酸，也可通过脱羧基而形成组织胺。组织胺能使小动脉、小静脉和毛细血管扩张，内皮细胞间隙增大，血管通透性增强，血浆渗出增多，引起炎性水肿；对嗜酸性粒细胞还有趋化作用。另外，还能引起消化道和呼吸道平滑肌收缩。

（2）5-羟色胺（5-HT）　5-羟色胺是与组织胺共同参与急性炎症反应的炎症介质，主要存在于肥大细胞、血小板、胃肠黏膜的嗜银细胞和脑细胞内。5-羟色胺由色氨酸经羟化、脱羧而生成。炎症时，特别是变态反应性炎症过程中，5-羟色胺大量释放，引起微血管通透性增强和平滑肌收缩，低浓度时还有致痛作用。此外，5-羟色胺还能增强组织胺的致炎作用。

（3）过敏性嗜酸性粒细胞趋化因子与血小板活化因子　由肥大细胞合成释放，前者能吸引嗜酸性粒细胞向炎区聚集，吞噬细菌和免疫复合物；后者使血小板黏集并释放血管活性胺，促使白细胞向血管内皮黏附。对中性粒细胞有趋化作用，其作用比组织胺强 100 倍。

（4）前列腺素（PG）　PG 是一种长链不饱和脂肪酸类物质，存在于脑、肾、肺、肠、子宫和前列腺等组织中。按其结构分 A、B、C、D、E、F、G、H、I 九个型，其中 PGE、PGF、PGA、PGB 较为重要。炎症时，局部细胞变性坏死使细胞膜磷脂裂解为脂肪酸，脂肪酸在环氧化酶的作用下生成前列腺素。其作用在于扩张毛细血管，增强其通透性，引起血浆成分外渗（尤其是 PGE）。也可增强组织胺和缓激肽的作用，有趋化中性粒细胞的作用。还能致敏痛觉神经末梢，造成炎区痛觉过敏状态，参与内生性致热原介导的发热过程。

（5）白细胞三烯（LT）　LT 为白细胞分解产物，分 A、B、C、D、E 等类型。主要作用是增强毛细血管的通透性，对白细胞、单核细胞和巨噬细胞有很强的趋化作用，促使中性粒细胞黏附于血管内膜，还能引起支气管平滑肌痉挛。

（6）溶酶体成分　溶酶体存在于各种细胞的细胞浆中，作为炎症介质的溶酶体成分主要有 3 种。

① 阳离子蛋白与阴离子蛋白促使肥大细胞释放组织胺，增强毛细血管的通透性和吸引吞噬细胞向炎区聚集。

② 中性蛋白酶包括胶原酶和弹性蛋白酶，主要作用于组织基质，是炎症时损伤组织的重要介质，胶原酶能分解胶原纤维、基底膜和软组织等；弹性蛋白酶能水解弹性蛋白、弹性纤维、软骨组织和肾小管基底膜。中性蛋白酶还能促使血浆激肽原转变成缓激肽，从而吸引粒细胞和增强毛细血管的通透性。

③ 酸性蛋白酶在酸性环境中作用最强，能使肥大细胞释放组织胺，使血浆激肽原转变成激肽，故具有扩张血管和增强血管通透性的作用。另外，酸性蛋白酶也能分解肾小球基底膜，与肾炎发生有关。

（7）淋巴因子　淋巴因子是致敏的淋巴细胞再次与相应的抗原接触时，释放的一系列具有生物活性的物质的总称。例如，作用于巨噬细胞的淋巴因子，能活化巨噬细胞并向炎区趋化，同时抑制巨噬细胞向炎区外游走；作用于白细胞的淋巴因子能趋化中性粒细胞、嗜酸性粒细胞和嗜碱性粒细胞向炎区移动；作用于血管内皮细胞的皮肤反应因子可引起皮肤毛细血管通透性增强、促进渗出和白细胞聚集；作用于靶细胞的淋巴毒素，能破坏或杀伤带有特异抗原的靶细胞。

2. 血浆源性炎症介质

血浆源性炎症介质来自血浆成分，主要是凝血、溶纤、激肽和补体系统的部分活化产物。

（1）纤维蛋白肽　纤维蛋白肽是凝血过程的中间产物。炎症时，由于组织和血管损伤，凝血系统被激活，纤维蛋白在凝血酶的催化下形成纤维蛋白肽，可促进白细胞趋化和增强血管的通透性。因其能转变成纤维蛋白，引起淋巴管和血管阻塞，加重血液循环障碍，还可防止致炎因素扩散，使炎症局限化。

（2）纤维蛋白降解物（FDP）　FDP 是纤维蛋白溶酶水解纤维蛋白（原）时形成的多种可溶性多肽碎片的总称。炎症时，因血管和组织损伤，可激活溶纤系统，引起纤维蛋白或纤维蛋白原降解，产生 FDP，具有增强血管通透性和吸引粒细胞的作用。

（3）激肽类 激肽类是炎症时激肽原酶被激活，作用于激肽原而产生的，主要有缓激肽、舒血管肽及胰肽等。激肽原酶有血浆激肽原酶和组织激肽原酶，前者存在于血浆中，使激肽原转变成缓激肽；后者存在于肾、肠黏膜、胰腺、唾液腺、泪腺、汗腺等组织中，使激肽原转变成舒血管肽，其在血浆氨基肽酶的作用下，又转变为缓激肽。它们的作用是引起外周血管扩张、增强微血管的通透性，使液体渗出，产生局部水肿；收缩支气管、胃肠、子宫平滑肌，引起哮喘、腹泻等症状；低浓度时可刺激感觉神经末梢引起疼痛；促进成纤维细胞合成胶原纤维等。

（4）补体系统 补体是血清中具有酶活性的蛋白质，包括 9 种，必须经过激活并相互协作才能发挥其生物活性作用。参与炎症反应的有 C3a、C3b、C5a、C5b、C567。其中 C3a、C5a、C567 对中性粒细胞有趋化作用；C3b、C5b 能增强吞噬细胞的吞噬作用。另外，活化的补体还可溶解病原体，在变态反应和自身免疫反应中，可引起细胞组织损伤。

四、炎症局部基本病理变化

任何一种炎症性疾病，在其发生发展过程中，无论其发生原因、作用部位及表现形式有何不同，但都引起局部组织的变质性变化、渗出性变化和增生性变化，三者之间互相影响、互相渗透，构成炎症局部的一系列临床表现。一般来说炎症早期以变质和渗出为主，后期以增生为主。

1. 变质性变化

变质性变化指炎区局部组织的物质代谢障碍、理化性质改变及由此引起的机能、形态变化的总称。

（1）物质代谢障碍 炎区内组织代谢特点是分解代谢加强，氧化不全产物堆积。因炎区中心血液循环障碍及组织细胞损伤严重，使氧化酶活性降低，细胞坏死崩解，释放大量的组织蛋白和钾离子，而周围组织发生充血，代谢功能亢进，氧化酶活性升高，耗氧量增多。继而发展为供氧不足，导致炎区内糖、脂肪和蛋白质无氧分解增强，增加炎区的氧化不全产物。因此，整个炎区内有大量乳酸、丙酮酸、脂肪酸、酮体、蛋白胨、氨基酸、多肽等酸性产物蓄积。由此可见，炎症部位不同，炎区组织酸中毒的机理也不同，病灶中间主要是血液循环障碍，氧化酶活性降低，引起绝对缺氧导致的酸中毒，而病灶周边部位是氧化酶活性增加，耗氧量增加，相应的氧供应不足引起的酸中毒。

（2）理化性质改变

① 酸碱度改变：炎症初期产生的酸性产物可随血液或淋巴从炎灶排出，或被碱储中和，并不出现酸中毒。随着炎症发展，酸性产物不断增多，局部碱储耗尽，加上局部淤血，引起炎区组织酸中毒。一般来说，炎症越急剧，酸中毒越明显。如急性化脓性炎症时，炎区中心的 pH 可达 5～6。

② 渗透压改变：由于炎区酸性产物蓄积，氢离子浓度增加，使盐类解离度加大，离子浓度增高；组织细胞崩解，释放钾离子和蛋白质；炎区分解代谢加强，使糖、脂肪、蛋白质分解成小分子微粒；加上炎区血管的通透性增高，血浆蛋白渗出增多等。这些因素导致炎区的晶体渗透压和胶体渗透压升高，从而引起炎性水肿。

③ 组织细胞功能、形态变化 炎症时，因局部组织细胞物质代谢障碍，导致实质细胞发生颗粒变性和脂肪变性，甚至坏死等变化，引起功能障碍，间质则发生黏液样变性，胶原纤维肿胀、断裂和溶解等变化。这种形态变化在炎区中心最突出。

2. 渗出性变化

渗出性变化是指炎区局部的微循环改变、血浆成分渗出和白细胞游出的过程。

（1）局部微循环变化　致炎因素刺激局部组织时，通过神经反射或肾上腺素能神经兴奋的作用，使该部组织的微循环动脉端（微动脉、后微动脉及毛细血管前括约肌）发生短暂的（几秒至几分钟）痉挛性收缩。此时，缺血缺氧，物质代谢障碍，酸性产物增多，氢离子浓度升高，相继组织损伤并释放组织胺、激肽等炎症介质。这些物质一方面使微动脉和毛细血管扩张，局部血流加快，血流量增多，形成动脉性充血（炎性充血），另一方面刺激损伤部位的感觉神经末梢，通过轴突反射引起损伤灶周围的小动脉扩张，形成了围绕损伤灶外周的红晕。此时，局部温度升高和发红。动脉性充血持续一段时间后，因发炎组织局部酸性产物不断堆积和炎症介质的继续作用，使微动脉、后微动脉和毛细血管前括约肌弛缓扩张，而微小静脉的平滑肌对酸性环境耐受性较强，仍保持一定的收缩状态或扩张程度较轻，从而使血液在毛细血管内淤滞，血流变慢；另外酸性产物和炎症介质使毛细血管的通透性增强，血液的液体成分渗出，血液浓缩黏稠，从而使毛细血管和微静脉的血流减慢，发展为淤血，甚至血流停止，形成微血栓。此时，炎区外观变为暗红色或蓝紫色。

（2）血浆成分渗出　是指炎症过程中血浆的液体成分和蛋白成分通过血管壁进入炎区组织。随着炎区血液循环障碍的发展，毛细血管壁的通透性升高，血液中液体成分渗出，形成炎性水肿。炎性水肿液称渗出液，非炎性水肿液称漏出液，两者区别见表14-1。渗出液的成分与血管壁的损伤程度有关，较轻时含有电解质和小分子量的蛋白质，较重时含有分子量大的球蛋白和纤维蛋白原。

表 14-1　渗出液与漏出液的区别

项　目	渗　出　液	漏　出　液
蛋白含量	>4%	<3%
相对密度	大，在1.018以上	小，在1.015以下
细胞量	有多量中性粒细胞和红细胞	中性粒细胞少或无，无红细胞
透明度	混浊	透明
颜色	黄色或白色、红黄色	呈淡黄色
凝固性	在体外或体内凝固	不凝固
与炎症关系	与炎症有关	与炎症无关

① 血浆成分渗出的原因和机理。

a. 血管壁通透性升高：各种致炎因素可使微静脉和毛细血管内皮细胞间形成裂隙或原有间隙增大，或使血管基底膜纤维液化、断裂，或血管内皮细胞本身受损或坏死，从而导致通透性升高，使血浆成分渗出。

b. 微循环血管内的流体静压升高：由于炎区微动脉和毛细血管扩张，血流变慢，微血管淤血，致使毛细血管内的流体静压升高，促进液体成分外渗。

c. 局部组织渗透压升高：由于炎症时，血管通透性增高，血浆蛋白渗出，以及组织细胞坏死崩解，许多大分子物质变为小分子物质，从而使炎灶内胶体渗透压升高；同时，炎灶细胞内 K^+ 释放，炎区内酸性代谢产物增多，H^+ 浓度升高，盐类解离度增大，致使晶体渗透压升高，从而促进血浆成分外渗。

② 血浆成分渗出的作用：具有抗损伤的作用，如渗出液能稀释毒素，带走炎区代谢产物；通过渗出把抗体、补体、溶菌素带入炎区，促进炎症反应；渗出的纤维蛋白原转变成纤

维蛋白，并相互交织成网架，可阻止病原体扩散，有利于中性粒细胞发挥作用，使病灶局限化。但渗出液过多，会引起不良后果。如心包积液、胸腔积液时，可发生粘连。

（3）白细胞游出　在炎症过程中，各种白细胞由血管内游走到组织间隙的过程称为白细胞游出。游出的白细胞向炎症区集聚的现象称为炎性细胞浸润。游走的各种白细胞称为炎性细胞。炎性细胞除释放炎症介质参与炎症反应外，主要具有吞噬和杀菌作用。

① 白细胞游出过程：正常时血液在血管内流动形成轴流和边流，轴流主要由红细胞、白细胞等有形成分组成，边流的主要成分是血浆。当炎区微循环障碍时，血流变慢，轴流变宽，白细胞从轴流进入边流，渐渐靠近血管壁并沿内膜滚动，继而黏附于血管内膜上，称白细胞附壁现象。附壁的白细胞以胞浆形成伪足，伸入血管内皮细胞间隙，随着伪足的活动，最后整个细胞体从内皮细胞的连接处逸出，并穿过基底膜到达血管之外，进入炎区组织进行吞噬活动（图 14-1）。游出的白细胞包括中性粒细胞、嗜酸性粒细胞、嗜碱性粒细胞、单核细胞和淋巴细胞，其游出方式基本相同，但致炎因素、病程和炎症介质不同，其游出的白细胞种类不尽相同，如急性化脓性炎症以中性粒细胞为主，寄生虫性炎症则以嗜酸性粒细胞为主。

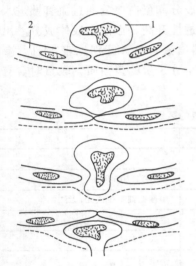

图 14-1　电镜下白细胞游出模式图
1—白细胞；2—毛细血管内皮细胞

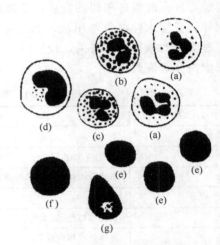

图 14-2　炎性细胞模式图
(a) 中性粒细胞；(b) 嗜酸性粒细胞；
(c) 嗜碱性粒细胞；(d) 单核细胞；
(e) 小淋巴细胞；(f) 大淋巴细胞；(g) 浆细胞

② 白细胞游出的机理：白细胞游出是白细胞趋化因子的作用，当白细胞受到趋化因子作用后，增加了对血管壁的黏滞性，并向着趋化因子浓度高的方向游出，这一特性称白细胞趋化性。能调节白细胞定向运动的化学刺激物叫趋化因子。炎症时，炎灶内存在白细胞趋化因子，它们对白细胞具有化学激动作用和趋化效应，使白细胞的游走能力加强并向其所在部位集聚。一般白细胞和单核细胞对趋化因子的反应明显，而淋巴细胞反应较低。不同的趋化因子吸引不同的白细胞，故炎区出现不同的细胞浸润。如某些细菌的可溶性代谢产物、补体成分、白细胞三烯等，对中性粒细胞有趋化作用；淋巴因子和中性粒细胞释放的阳离子蛋白等对单核细胞、淋巴细胞有趋化作用。

③ 白细胞的吞噬作用：指白细胞接触病原体、抗原-抗体复合物及组织碎片等，进行吞噬消化的过程。白细胞通过表面受体与被吞噬物结合，然后细胞膜形成伪足，随伪足的延伸

和互相吻合，将吞噬物包入胞浆内，形成吞噬小体，吞噬小体在胞浆内与溶酶体融合形成吞噬溶酶体，最后由溶酶体酶将吞噬物溶解、消化、杀灭。

④ 常见的几种炎性细胞及其功能　炎症过程中，渗出的白细胞种类（图 14-2）及其数量，可因不同的炎症或炎症的不同发展阶段而异。

a. 中性粒细胞有活跃的游走运动能力和较强的吞噬作用，起源于骨髓干细胞，占血液白细胞总数的 60%～75%，成熟细胞核呈分叶状，胞浆中含有丰富的中性颗粒，颗粒中含溶菌酶、碱性磷酸酶、胰蛋白酶和脂酶等多种酶类。主要吞噬细菌、坏死组织碎片及抗原-抗体复合物等细小异物颗粒。还可释放内热原引起机体发热，中性颗粒崩解后释放溶菌酶，有溶解坏死组织的作用，使炎区组织液化形成脓液。这种细胞多见于急性炎症的早期和化脓性炎症。

b. 单核细胞和巨噬细胞占血液中白细胞总数的 3%～6%。单核细胞来自于骨髓干细胞，单核细胞进入血液之后，从血管进入全身组织中，再继续分裂和分化成巨噬细胞，巨噬细胞在不同的器官、组织中又各有不同的名称，如结缔组织中的组织细胞、肝脏的星形细胞、肺泡巨噬细胞或尘细胞、脾巨噬细胞、脑小胶质细胞等，统称为单核巨噬细胞系统。单核巨噬细胞能吞噬较大的病原体、异物、组织碎片，甚至整个细胞；当异物过大时，多个巨噬细胞互相融合形成多核巨细胞进行吞噬；巨噬细胞含较多的脂酶，当吞噬消化含蜡质膜的细菌如结核杆菌时，其胞体变大，色变浅，类似于上皮细胞，又称为上皮样细胞。单核巨噬细胞主要出现在急性炎症的后期、慢性炎症、结核性炎、鼻疽性肺炎、病毒感染、寄生虫感染、放线菌病及曲霉菌病灶中。

c. 嗜酸性粒细胞也起源于骨髓干细胞，占血液白细胞总数的 1%～7%。内含许多较大的球形嗜酸性颗粒及多种酶。其运动能力较弱，有一定的吞噬作用，能吞噬支原体、抗原-抗体复合物和补体覆盖的红细胞；胞浆中的嗜酸性颗粒释放物能吸附于虫体表面使虫体死亡；其中的组胺酶能破坏组织胺，芳香硫酸酯酶及富含精氨酸的蛋白质能抑制变态反应迟缓反应物质（SPS-A），组织胺释放抑制因子能阻止组织胺释放，缓激肽拮抗物有抗缓激肽作用。故嗜酸性粒细胞能阻止变态反应和炎症扩散。主要见于寄生虫感染和某些变态反应性疾病。在非特异性炎症时，嗜酸性粒细胞的出现较中性粒细胞晚，并多为炎症消退和痊愈的标志。

d. 淋巴细胞和浆细胞　T 淋巴细胞能产生多种淋巴因子参与细胞免疫，B 淋巴细胞在抗原的刺激下转化为浆细胞，产生抗体参与体液免疫。多见于病毒性感染和慢性炎症。

e. 嗜碱性粒细胞和肥大细胞　这两种细胞在形态和功能上有许多相似之处，嗜碱性粒细胞来自血液，而肥大细胞主要分布在结缔组织内和血管周围，也可由血液中的嗜碱性粒细胞进入组织内转化而来。胞浆中均含有较大的嗜碱性颗粒，其中含有组织胺、5-羟色胺、肝素等生物活性物质，在炎症时，受到理化因素刺激或者发生变态反应时，便释放出来，参与炎症过程。

3. 增生性变化

增生性变化是指在致炎因素和炎区组织细胞代谢产物的作用下，炎灶内出现单核巨噬细胞、成纤维细胞、血管内皮细胞以及上皮细胞等增殖、分化的过程。在炎症不同阶段，增生的程度不同，一般来说，炎症早期增生反应比较轻微，多以血管外膜细胞、血窦及淋巴窦内皮细胞、神经胶质细胞等细胞增生为主，参与炎灶的吞噬活动；而在机体抵抗力增强或转为慢性炎症时，则以成纤维细胞、血管内皮细胞增生为主，不断地形成胶原纤维和新生毛细血管，同时炎性细胞浸润，共同形成肉芽组织，最后转化为瘢痕。增生性变化是一种防御性反应，可以阻止炎症扩散，使受损组织得以修复。但过度的组织增生又可使原有组织遭受压迫，影响器官功能。

综上所述，任何原因引起的炎症，都有变质、渗出、增生3种基本病理变化。只是各自变化程度不同，三者之间有着互相依存、互相制约的关系，构成了复杂的炎症反应。一般认为，变质属于损伤性变化，而渗出和增生主要是防御性反应，但某些防御性反应也会对机体产生不利的影响。炎症过程中，由于变质、渗出和增生3种基本病理变化表现不相同，从而呈现不同炎症的不同特点，由此将炎症分为不同的类型。

五、炎症的分类

炎症的种类很多，分类方法也多。如根据发炎部位分脑炎、肺炎、肠炎、肝炎、肾炎、心肌炎等；根据病程经过分急性炎症、慢性炎症和亚急性炎症。病理学分类是根据炎症的基本病理变化程度分变质性炎、渗出性炎和增生性炎。

1. 变质性炎

变质性炎是指发炎器官的实质细胞呈现明显变性、坏死，而渗出、增生变化轻微的炎症。一般呈急性经过，多见于毒物中毒、重剧传染病、过敏、恶性口蹄疫等疾病过程中。因多发生于心、肝、肾、脑等实质器官，又叫实质性炎。主要表现为器官的实质细胞发生颗粒变性、脂肪变性和坏死，有时也发生崩解和液化。

(1) 心肌变质性炎　心肌变质性炎主要见于牛和猪的口蹄疫、牛恶性卡他热、马传染性贫血及某些中毒病如磷、砷等中毒。眼观主要病理变化是心脏扩张，心外膜和心内膜呈现灰白色或黄白色条纹或斑块，镜下主要病理变化为心肌纤维呈颗粒变性或脂肪变性，甚至呈蜡样坏死，间质有轻度充血、水肿和炎性细胞浸润。

(2) 肝变质性炎　肝脏变质性炎主要见于某些传染病如沙门杆菌引起的猪和牛副伤寒杆菌、巴氏杆菌引起的禽霍乱、马传染性贫血、球虫病以及某些毒物引起的畜禽中毒性肝炎等。眼观主要病理变化为肝体积肿大或萎缩，质地脆弱，呈灰黄色或黄褐色，镜下主要病理变化为肝细胞发生颗粒变性、脂肪变性或坏死，间质有轻度炎性充血和炎性细胞浸湿。

(3) 肾变质性炎　主要见于链球菌、猪丹毒杆菌、沙门杆菌感染及猪瘟、鸡新城疫、马传染性贫血、弓形虫病及某些中毒病等。眼观病理变化为肾肿大，呈灰黄色或黄褐色，质地脆弱，镜下主要病理变化为肾小管上皮细胞呈颗粒变性、脂肪变性或坏死，间质呈轻度充血、水肿和炎性细胞浸润，肾小球毛细血管内皮细胞、肾小囊脏层细胞及间质细胞轻度增生。

2. 渗出性炎

渗出性炎指炎区以渗出变化为主，而变质、增生变化轻微的炎症。根据渗出物的性质和病理变化特点分为以下5种。

(1) 浆液性炎　浆液性炎是以渗出大量浆液为主的炎症。常发生于皮下疏松结缔组织、黏膜、浆膜和肺等组织。渗出物中含有3％～5％蛋白质（如白蛋白、纤维蛋白原）、白细胞、脱落的上皮细胞。初期渗出物为淡黄色、稀薄透明的液体，以后变混浊，凝固后或动物死后变成半透明的胶冻样。浆液性炎除原发外，通常是纤维素性炎和化脓性炎的初期变化。

胸腔、腹腔、心包腔等浆膜发生浆液性炎时，浆膜表面肿胀、充血，上皮细胞脱落、粗糙，失去固有的光泽，在浆膜腔内有多量的淡黄色稍混浊液体，见于胸膜炎、腹膜炎、心包炎的初期。

胃肠道黏膜、鼻黏膜等黏膜发生浆液性炎时，黏膜表面肿胀、充血，渗出的浆液常混有黏液，从黏膜表面流出，如感冒时水样鼻液，肠炎时水样便。

皮肤发生浆液性炎时，渗出的浆液蓄积在表皮棘细胞之间、真皮乳头层内，局部皮肤形成丘疹样结节或水疱，突出于皮肤表面，如口蹄疫、水疱病、冻伤、烧伤。

皮下结缔组织发生浆液性炎时，发炎部位肿胀，切开流出多量的淡黄色液体，剥去发炎部位的皮肤，皮下结缔组织呈淡黄色胶冻样浸润。

肺脏发生浆液性炎（炎性肺水肿）时，肺体积肿大且质量增加，呈半透明状，肺胸膜光泽、湿润，肺小叶间质增宽，充满渗出液，切开挤压时流出多量泡沫样液体，镜下可见肺泡腔内、间质中有多量浆液，混有白细胞和脱落的上皮细胞。

（2）纤维素性炎   纤维素性炎是指以渗出物中含有大量的纤维素为特征的炎症。纤维素来源于血浆中的纤维蛋白原，渗出后经组织凝固因子作用形成纤维蛋白（纤维素）。纤维素渗出物的成分主要有纤维蛋白、中性粒细胞、坏死组织碎片等。纤维素性炎常发生在浆膜、黏膜和肺等部位。

①浮膜性炎发生在黏膜或浆膜上，特征是渗出的纤维素与少量的白细胞、坏死上皮凝集成一薄层淡黄色的假膜，被覆于炎症灶表面。此假膜易剥离或自行脱落，剥离后局部膜组织结构尚完整，又称假膜性炎。胸膜、腹膜、心包膜发生纤维素性炎，浆膜表面的假膜易剥离，之后浆膜充血、肿胀、粗糙，有时出血。浆膜腔内有多量的渗出液并混有纤维素凝结块，呈淡黄色絮状。如牛发生纤维素性肠炎时，由于纤维素渗出物特别明显，往往排出较长的膜性管状物。在心包炎时，心外膜上的假膜因心搏动而形成绒毛状，称"绒毛心"。

②固膜性炎只发生于黏膜，又称纤维素性坏死性炎。渗出的纤维素与坏死的黏膜牢固地结合在一起形成痂膜，不易剥离，强行剥离时可形成糜烂或溃疡。如猪瘟在盲肠、结肠，特别是在回盲瓣处形成"纽扣状溃疡"；仔猪副伤寒时，其大肠黏膜呈弥漫性纤维素性坏死性肠炎，即糠麸样变。

③肺浮膜性炎在肺的支气管和肺泡内有大量的纤维素渗出，病理变化可延伸到肺胸膜，如果涉及肺大叶或整个肺，称大叶性肺炎。外观呈不同颜色的大理石样变。常见于牛肺疫、猪肺疫等。

（3）卡他性炎   简称"卡他"，专指发生在黏膜，以出现大量渗出液为主的一种炎症，无明显的组织破坏现象，多为急性经过，渗出物的主要成分为浆液、黏液、脱落的上皮细胞、杯状细胞及炎性细胞，慢性者以淋巴细胞、浆细胞浸润为主。常见于胃肠道、呼吸道、泌尿生殖道黏膜。发生急性卡他性炎的黏膜上皮细胞坏死脱落，固有层中小动脉和毛细血管充血、水肿，炎性细胞浸润，黏膜上皮杯状细胞增多，分泌增强。眼观可见黏膜潮红、肿胀、有散在出血点（斑）。初期渗出的浆液较多，渗出物稀薄，内有少量脱落的上皮细胞和白细胞，称浆液性卡他；继而黏液大量分泌，渗出物呈灰白色黏稠状，内有较多的白细胞和脱落的上皮细胞，称黏液性卡他；再发展中性粒细胞大量浸润，上皮细胞坏死脱落增多，渗出物变为黄白色、黏稠、混浊的脓样，称脓性卡他；若病因不除，刺激物继续作用可转为慢性卡他性炎。黏膜的腺体、肌肉萎缩，黏膜变薄而平坦，称萎缩性卡他；黏膜显著肥厚，因腺体和黏膜下结缔组织增生而凹凸不平，称肥厚性卡他。

（4）化脓性炎   化脓性炎是以形成脓汁为主要特征的炎症。脓汁由大量变性的中性粒细胞、白蛋白、球蛋白、液化的坏死组织和少量浆液、病菌等组成。由于病原体不同，脓液的颜色也不一样，如链球菌和葡萄球菌感染时，脓汁呈灰白或黄白色、金黄色；铜绿假单胞菌和化脓棒状杆菌感染时，为黄绿色；腐败菌感染时，呈灰黑色并有异臭味。化脓性炎伴有出血时，呈灰红色。另外，动物的种类、坏死组织的数量及脓液脱水程度等也可改变脓液的性状，如犬的脓汁稀如水样（因酶的溶解能力强）；牛的脓汁较黏稠，脓液脱水或含多量坏死组织碎片时呈颗粒状；禽的脓汁呈干酪样（因含有抗胰蛋白酶）。

化脓性炎可发生于各种组织、器官，其表现形式有以下几种。

① 脓性卡他是发生于呼吸道、消化道、泌尿生殖道等黏膜部位的化脓性炎。由急性卡他性炎发展而来，病理变化特点是黏膜充血、出血、肿胀，表面有多量的黄白色脓样分泌物，如鼻疽时鼻腔的化脓性炎。

② 蓄脓是浆膜和黏膜发生的化脓性炎，在其相应的体腔内蓄积多量脓汁，也称积脓，如子宫蓄脓、胸腔蓄脓等。

③ 脓肿是组织内发生的局限性化脓性炎。主要由金黄色葡萄球菌引起，表现为坏死组织溶解液化形成充满脓汁的腔，其周围由于肉芽组织增生，形成结缔组织包膜，多发生于皮肤和内脏，如肺脓肿、肌肉组织脓肿等。

在化脓性炎的发展过程中，脓肿可突破皮肤、黏膜表面形成溃疡。深部脓肿如果向体表或自然管道穿破，这个穿破组织的通道称窦道。如果排脓的通道由增生的肉芽组织形成细小管道，它既通过体表不断排脓，又通过组织深部或体腔，此细小管道则称为瘘管。

④ 蜂窝织炎是发生在皮下、肌膜下、肌间的化脓性炎。化脓沿着疏松结缔组织间隙扩散，形成弥漫性脓性浸润及炎性水肿，并且发生组织坏死、溶解形成脓汁，病变范围广，发展迅速。病原体主要是溶血性链球菌等，因其能产生透明质酸酶和链激酶，前者能溶解结缔组织中的透明质酸，后者能激活纤维蛋白溶酶，使纤维蛋白溶解，这样使病菌易于扩散，并沿淋巴管蔓延。

（5）出血性炎　出血性炎是以渗出物中含有大量红细胞为特征的炎症。常伴发于各种组织的其他类型炎症过程中，如浆液性出血性炎、纤维素性出血性炎、化脓性出血性炎等。多发生于胃肠道。发炎部位的黏膜显著充血、肿胀并有出血点，严重时一片红染，内容物混有血液。胃和小肠的炎性出血，因血液被消化而形成酸性正铁血红素，使粪便呈棕黑色。

上述各种炎症既有区别也有联系，往往是同一个炎症的不同发展阶段，如浆液性炎是卡他性炎、纤维素性炎和化脓性炎的初期变化。有时在一个炎灶，中心为化脓性炎或坏死性炎，外周为纤维素性炎，再外周为浆液性渗出性炎。

3. 增生性炎

以细胞或结缔组织大量增生为特征的一种炎症。根据增生的特征分为如下两种类型。

（1）非特异性增生性炎（普通增生性炎）　它是由非特异性病原体引起的，不形成特殊病变结构的炎症。根据增生组织的成分可分如下两种。

① 急性增生性炎：它是以细胞增生为主的炎症，如急性肾小球肾炎，肾小球毛细血管内皮细胞与球囊上皮显著增生，肾小球体积增大。

② 慢性增生性炎：主要以间质中结缔组织的成纤维细胞、血管内皮细胞、淋巴细胞、浆细胞和组织细胞等增生为主，形成非特异性肉芽组织为特征的炎症，这种炎症从间质开始，故又称间质性炎，如慢性间质性肾炎、慢性关节周围炎、肝硬化等。其结局往往导致发炎器官的硬化和硬变。

（2）特异性增生性炎　它是由特异性病原微生物引起的，增生组织有一定特殊结构的一种增生性炎，又称传染性肉芽肿或肉芽肿性炎。常见病原菌有结核杆菌、鼻疽杆菌、放线菌等，如结核杆菌引起的结核性肉芽肿，在肺脏、淋巴结等部位形成粟粒至豆粒大、灰白色半透明坚实的结节，镜下可见3层结构，即结节中心为干酪样坏死，坏死区常发生钙化，其周围是上皮样细胞（巨噬细胞吞噬病原菌后转化为上皮样细胞，胞体大，多边形，胞浆丰富、淡染，细胞核呈圆形或卵圆形）和多核巨细胞构成的特异性肉芽组织，再外围是结缔组织增生和淋巴细胞浸润构成的非特异性肉芽组织。这种结节的形态结构通常反映某些传染病病原的特性。

另外，鼻疽结节、放线菌肉芽肿、寄生虫结节以及缝线等异物引起的增生结节，也属于典型的特异性增生性炎。

六、炎症的经过与结局

在炎症过程中，致炎因素的性质和机体的抵抗力不同，决定了炎症有不同的经过和结局。

1. 炎症的经过

按炎症持续时间的长短，分为 3 种结局。

（1）急性炎症　由较强的致炎因素引起，以炎症反应剧烈、病程短（几天或几个月）、症状明显为特征。局部病理变化以变质、渗出为主，炎灶中浸润大量的中性粒细胞，如变质性炎、渗出性炎。

（2）亚急性炎症　亚急性炎症是介于急性炎症与慢性炎症之间的经过，主要由急性炎症发展而来，以发病较缓和、病程较急性炎症短、局部渗出变化较轻为特征，炎灶中除中性粒细胞浸润外，还有多量的组织细胞和一定量的淋巴细胞、嗜酸性粒细胞浸润，并伴有轻度的结缔组织增生。

（3）慢性炎症

由急性炎症或亚急性炎症转变而来，或由致炎因素长期轻微刺激所致，以症状不明显、病程较长（几个月或几年）、局部功能障碍明显为特征。局部变化以增生为主，炎灶中有较多的淋巴细胞、浆细胞浸润，伴有肉芽组织增生和瘢痕形成。有时慢性炎症在机体抵抗力降低的情况下，可转变为急性炎症。

2. 炎症的结局

炎症的结局有以下几种形式。

（1）痊愈　包括完全痊愈和不完全痊愈。前者指炎症过程中，组织损伤轻微，机体抵抗力较强，治疗效果较好，致病因素被消除，炎性渗出物被溶解、吸收，发炎组织恢复原有的结构和功能；后者指炎灶较大、组织损伤严重、炎性渗出物过多不能完全被溶解、吸收，炎灶周围形成肉芽组织，并长入坏死灶内，逐渐瘢痕化。

（2）迁延不愈　在机体抵抗力降低或治疗不彻底时，因致病因素持续存在，急性炎症则转为慢性炎症，炎症反应时轻时重，致长期迁延不愈。

（3）蔓延扩散　机体抵抗力低下，使病原微生物大量繁殖，体内炎症损伤过程占优势，炎症可向周围扩散。其表现如下。

① 局部蔓延：炎灶内的病原微生物由组织间隙或器官的自然管道向周围扩散。

② 淋巴管扩散：病原微生物侵入淋巴管，随淋巴进入淋巴结，引起局部淋巴结炎乃至扩散全身。

③ 血管扩散：炎灶内的病原微生物或某些毒性产物侵入血管内，随血液循环扩散全身，发生菌血症、毒血症、败血症和脓毒败血症，严重者导致死亡。

［分组病例分析］

猪传染性胃肠炎是由猪传染性胃肠炎病毒引起的猪的一种高度接触性消化道传染病。以呕吐、水样腹泻和脱水为特征。病初仔猪呕吐，接着水样或糊状腹泻，粪便呈黄绿色或灰色，常含有未消化的凝乳块。随即脱水、消瘦，2～7 天死亡。病愈仔猪生长缓慢。

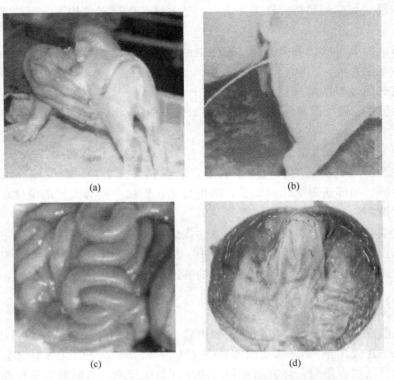

(a)　　　　　　　　　(b)

(c)　　　　　　　　　(d)

图 14-3　猪传染性胃肠炎时临床症状及内脏器官的病理变化

图 14-3（彩图见插页）为猪传染性胃肠炎时临床症状及内脏器官的病理变化，根据以上资料回答问题。

问题：

1. 看病理图片描述发生了什么样的病理变化？
2. 分析讨论该病引起脱水、消瘦的机理。
3. 初步制定治疗方案。

[相关练习]

1. 炎症时的局部表现、全身反应及炎症的基本病理变化分别是什么？
2. 根据炎症时的基本病理变化将炎症进行分类。

类　型	发生原因及部位	炎症特征	病理变化	结局及对机体的影响
变质性炎				
浆液性炎				
卡他性炎				
化脓性炎				
纤维素性炎				
出血性炎				
增生性炎				

任务 15　分析各器官病理的原因及机理

子任务 1　分析皮肤病理

［任务目标］

　　掌握各种皮肤炎症的眼观变化，掌握各种皮肤炎症的病理变化特点。培养识别皮肤炎症眼观病理变化并进行描述的能力。

［基础链接］

　　在学习以下内容之前，建议将以下在基础课当中学过的知识点进行回顾，以便更好地运用。

　　各种动物皮肤解剖结构及特点。

［任务导入］

　　问题：

　　请描述图 15-1（彩图见插页）中病犬的眼睑部周围发生了什么样的异常。

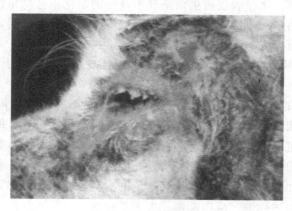

图 15-1　病犬的眼睑

［相关知识］

　　皮炎通常是指包括以表皮和真皮发炎为特征的一些疾病。

　　1. 原因

　　能够引起动物皮炎的因素很多，常见原因有以下几种。

　　① 机械性原因：如颈环摩擦、搔抓、啃咬、摩擦、压迫、尖锐异物刺扎、钝性外力撞击等引起局部外伤性皮炎。

　　② 化学因素：如涂擦刺激性药物、脓性分泌物的长期刺激等。

　　③ 物理因素：热伤、冻伤、日光以及放射线的损伤等。

　　④ 其他：细菌、病毒、寄生虫、营养缺乏和变态反应等。

2. 常见皮炎性疾病

(1) 一般性皮炎　一般性皮炎按病程经过，可将其分为急性、亚急性和慢性三种。

① 急性皮炎

a. 急性水疱性皮炎：开始为轮廓不清的红斑和真皮充血、水肿（镜检时真皮乳头层的血管和淋巴管扩张，基质被水肿液分离，伴有少量淋巴细胞、组织细胞和嗜酸性粒细胞浸润），随着液体渗出增多，出现表皮棘细胞层的水肿（海绵样变），形成微小的水疱。水疱可变为脓疱。水疱破裂可露出红色的表皮深层，血浆即从此处渗出。原发性病变如被污染，渗出液则变混浊，在表面凝结成痂。痂下的炎症可逐渐减退或是沿病变的边缘扩展并与相邻病灶融合而累及大的区域。然后以上皮再生而痊愈，有时伴发瘢痕形成，见于口蹄疫，猪传染性水疱病等。

b. 蜂窝织炎：是皮下或深部疏松结缔组织的急性化脓性炎症，其特点为疏松结缔组织中形成浆液性、化脓性或腐败性渗出物，病变扩散迅速，与正常组织无明显界限、能向深部组织蔓延，并伴有明显的全身反应。经过良好的病例，肿胀局限化而患部的皮肤随着脓肿的形成逐渐变得菲薄，被毛脱落，最后自溃而向外流脓，脓液排出后，临床症状减轻。

② 慢性皮炎：是一种经过长、反应轻的炎症，以增生和浸润变化为特征。本型皮炎时充血常不明显，但真皮乳头层则显著水肿。真皮内血管壁增厚，有中等度细胞浸润（主要为淋巴细胞）和纤维增生，表皮棘细胞层可能有海绵样变，但无水疱形成。棘细胞层显著肥厚，表皮突伸长，增厚。由于表皮增生而呈现不规则的角化不全与角化过度区相互交替，最后则苔癣化。若皮肤因角化过度或厚皮病而显著肥厚，则可发生龟裂，引起疼痛和深部的细菌感染。真皮硬化常可导致毛囊和分泌腺萎缩。

③ 亚急性皮炎：其病变特征介于急性皮炎和慢性皮炎之间，见于牛羊嗜皮菌病等。

(2) 光能性皮炎

① 病理特征：光能性皮炎通常局限于皮肤无色素区域和暴露在阳光下的部位，一般以体背部最为明显，向两侧则受害程度减弱，腹侧面常不见损害。耳、眼睑、口鼻部、面部和乳头外侧面为易受损害的部位。眼观患部首先出现红斑，随即发生水肿，红斑和水肿迅速扩大，但与正常皮肤之间的分界线常常十分清楚。继红斑、水肿之后，往往发生水疱、溃疡和坏死。患畜表现瘙痒和兴奋不安。皮肤损害严重的病例，有时出现早期休克、脉率加快、体温升高、呼吸困难、共济失调、后躯麻痹、失明等症状。

镜检，表皮细胞内和细胞间水肿。严重时，细胞发生凝固性坏死或表皮下形成水疱。真皮血管扩张、充血，周围组织水肿，红细胞外渗，伴有中性粒细胞浸润。

② 原因和机制：光能性皮炎又称光动力学性皮炎或感光过敏症，是指机体内存有对光敏感的物质，当暴露在日光下，色素少的皮肤浅层对一定波长的光敏感而发生的皮炎。机体内的光敏感物质称为光能剂，经肠道吸收的光能剂，来源于植物的有黑点叶金丝桃和金丝桃属的植物所含的金丝桃素，荞麦的绿色或干燥成熟植株、种子，糠麸和花所含的荞麦碱。来源于药物的有驱虫用的酚噻嗪，可引起绵羊、犊牛、猪和禽类的角膜水肿和角膜炎，猪、绵羊和牛的皮肤炎。经体内色素合成异常所致的光能剂，在动物中唯一已知的例子是遗传性先天性卟啉症，在体内产生过量的卟啉，其是光能剂，其吸收光谱约为 400nm。经肝源性形成的光能剂是由胆汁排出的叶绿素的代谢正常终末产物——叶绿胆紫素。当肝炎或胆管阻塞，胆汁分泌受阻时，叶绿胆紫素蓄积于体内，其在皮肤的含量可能达到使皮肤对光过敏的

水平。有些饲料（黄花羽扁豆）或药物（治疗锥虫病的药物四氯化碳）中似乎有足够的叶绿素或其分解产物，可使动物组织中叶绿胆紫素达到临界水平。

（3）日光性皮炎　日光性皮炎或光化性皮肤病是指动物长期暴露在日光和紫外线辐射下，致使无保护的皮肤发生病变。患部皮肤粗糙，呈轻度隆起的丘疹或斑块。镜检见表皮过度角化、不全角化、棘皮病，上皮不典型或发育不良以及假上皮瘤样增生，真皮肥厚，散发局灶性慢性炎灶。

子任务2　分析淋巴结病理

[任务目标]

掌握淋巴结炎的眼观变化，熟悉淋巴结炎的发生机理。培养识别淋巴结炎眼观病理变化并进行描述的能力，分析问题的能力，利用已知的知识解决问题的能力。

[基础链接]

在学习以下内容之前，建议将以下在基础课当中学过的知识点进行回顾，以便更好地运用。

1. 各种动物主要淋巴结分布位置。
2. 淋巴结的免疫作用。

[任务导入]

问题：

1. 图15-2（彩图见插页）与图15-3（彩图见插页）是哪些地方发生病变？
2. 请描述发生了什么样的异常。

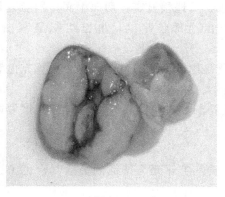　

图 15-2　　　　　　　　　　　　　　　　　　　　图 15-3

[相关知识]

淋巴结炎是指淋巴结的炎症，表现为淋巴结红肿、按之坚硬，按其经过分为急性和慢性两种类型。急性淋巴结炎常见的有浆液性淋巴结炎、出血性淋巴结炎、坏死性淋巴结炎、化脓性淋巴结炎；慢性淋巴结炎初期为细胞增生性淋巴结炎，后期发展为纤维增生性淋巴结炎。

1. 急性淋巴结炎

急性淋巴结炎常继发于其他化脓性感染性疾病。淋巴结迅速肿大，压痛。急性淋巴结炎多见于炭疽、猪瘟、猪丹毒、猪巴氏杆菌病等急性传染病，或当某一器官、组织感染发炎时，相应的淋巴结也可发生同样变化。

(1) 浆液性淋巴结炎

① 常见原因：浆液性淋巴结炎多发生于急性传染病的初期，或邻近组织有急性炎症时。

② 病理变化

眼观：发炎淋巴结肿大，被膜紧张，质地柔软，呈潮红色或紫红色；切面隆突，颜色暗红，湿润多汁。

镜检：可见淋巴结中的毛细血管扩张、充血；淋巴窦明显扩张，内含浆液，窦壁细胞肿大、增生并有许多脱落后成为巨噬细胞（此变化称为窦卡他）。扩张的淋巴窦内，通常还有不同数量的中性粒细胞、淋巴细胞和浆细胞，而巨噬细胞内常有吞噬的致病菌、红细胞、白细胞。还可见淋巴小结的生发中心扩张，并有细胞分裂相，淋巴小结周围、副皮质区和髓索处有淋巴细胞增生等。

③ 结局：浆液性淋巴结炎是急性淋巴结炎的早期变化，病因消除后炎症就逐渐消散，淋巴结通过再生可完全恢复其结构和功能。如果病因损害作用进一步加剧，炎症进一步发展，则可发展为出血性淋巴结炎或坏死性淋巴结炎。若病因长期持续作用则可能转变为慢性淋巴结炎。

(2) 出血性淋巴结炎

① 常见原因：出血性淋巴结炎通常是由浆液性淋巴结炎发展而来，常见于猪瘟、猪丹毒、猪巴氏杆菌病等。

② 病理变化

眼观：淋巴结肿大，呈暗红或黑红色，被膜紧张，质地稍显实；切面湿润，稍隆突并含多量血液，呈弥漫性暗红色或呈大理石样花纹（出血部位暗红，淋巴组织呈灰白色）（图 15-3）。

镜检：除一般急性炎症的变化外，最明显的变化是出血，此时淋巴组织中可见充血和散在的红细胞或灶状出血，淋巴窦内及淋巴组织周围有大量的红细胞。

③ 结局：出血性淋巴结炎轻者，病因消除可恢复正常，如发展严重，则可转化为坏死性淋巴结炎。

(3) 坏死性淋巴结炎

① 常见原因：坏死性淋巴结炎是以淋巴结的实质发生坏死为特征的炎症。常见于猪弓形虫病、坏死杆菌病、仔猪副伤寒等。

② 病理变化

眼观：淋巴结肿大，呈灰红色或暗红色，切面湿润，隆突，边缘外翻，散在灰白色或灰黄色坏死灶和暗红色出血灶，坏死灶周围组织充血、出血；淋巴结周围常呈胶冻样浸润。

镜检：可见坏死区淋巴组织结构破坏，细胞核崩解，呈蓝染的颗粒，并有充血和出血，并可见中性粒细胞和巨噬细胞浸润；淋巴窦扩张，其中有多量的巨噬细胞和红细胞，也可见白细胞和组织坏死崩解产物。淋巴结周围组织水肿明显和白细胞浸润。

③ 结局：较轻的坏死性炎，坏死成分少，病因消除可恢复正常，如坏死性淋巴结炎较

严重，坏死灶可发生机化或包囊形成，如淋巴结组织广泛坏死，可导致淋巴结纤维化而完全失去功能。

（4）化脓性淋巴结炎

① 常见原因：化脓性淋巴结炎是淋巴结的化脓性炎症过程。其特点是大量的中性粒细胞渗出并伴发组织的脓性溶解。它多继发于所属组织器官的化脓性炎，是化脓菌沿血流、淋巴流侵入淋巴结的结果。

② 病理变化

眼观：淋巴结肿大，有黄白色的化脓灶，切面有脓汁流出。严重时整个淋巴结可全部被脓汁取代，形成脓肿。

镜检：炎症初期淋巴窦内聚集浆液和大量的嗜中性粒细胞，窦壁细胞增生、肿大，进而中性粒细胞变性、崩解，局部组织随之溶解形成脓液。时间较久则见化脓灶周围有纤维组织增生并形成包囊。

③ 结局：较小的化脓灶可吸收、修复或机化形成脓肿，较大的化脓灶则形成脓肿，外有结缔组织包膜，其中脓汁逐渐浓缩进而钙化，淋巴结化脓性炎可向周围组织发展，也可通过淋巴管、血管转移到其他淋巴结和全身其他器官，形成脓毒败血症。

2. 慢性淋巴结炎

（1）常见原因　慢性淋巴结炎多由急性淋巴结炎转变而来，也可由致病因素持续作用而引起，常见于某些慢性疾病，如结核、布氏杆菌病、猪霉形体肺炎等。

（2）病理变化

眼观：发炎淋巴结肿大，质地变硬；切面呈灰白色，隆突，常因淋巴小结增生而呈颗粒状，后期淋巴结往往缩小，质地硬，切面可见增生的结缔组织不规则交错，淋巴结固有结构消失。

镜检：可见淋巴细胞、网状细胞显著增生；淋巴小结肿大，生发中心明显。淋巴小结与髓索及淋巴窦间的界限消失，淋巴细胞弥漫性分布于整个淋巴结内。网状细胞肿大、变圆，散在于淋巴细胞间。后期淋巴结结缔组织显著增生，网状纤维变粗转变为胶原纤维，血管壁硬化。严重时，整个淋巴结可变为纤维结缔组织小体。

在结核病及布鲁杆菌病时，发生特异性增生性淋巴结炎。此时淋巴结内除有淋巴细胞、网状细胞增殖外，还可见由上皮样细胞和多核巨细胞构成的特殊性肉芽组织的增生。严重时整个淋巴结几乎充满上皮样细胞和多核巨细胞。

（3）结局　慢性淋巴结炎可保持很长时间，如病因消除，细胞增生过程停止，数量减少，淋巴组织内结缔组织增生和网状纤维胶原化。淋巴结功能减弱甚至消失。

子任务3　分析心脏病理

[任务目标]

掌握心脏疾病病理的眼观变化特点，熟悉心包炎、心肌炎的发生机理。培养识别心包炎、心肌炎眼观病理变化并进行描述的能力。

[基础链接]

在学习以下内容之前，建议将以下在基础课当中学过的知识点进行回顾，以便更好地运用。

　　各种动物循环系统生理。

[任务导入]

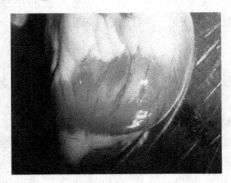

　　　　　　　　图 15-4　　　　　　　　　　　　　　　　　　　图 15-5

问题：

1. 图 15-4（彩图见插页）与图 15-5（彩图见插页）是哪些地方发生病变？

2. 请描述发生了什么样的异常。

[相关知识]

一、心包炎

　　心包炎是指心包的壁层和脏层浆膜的炎症。心包炎时心包腔内常蓄积多量的炎性渗出物，根据渗出物的性质不同，可将其分为浆液性、纤维素性、出血性、化脓性和混合性心包炎。临床中以浆液性、纤维素性和浆液纤维素性心包炎较常见。

　　1. 心包炎类型

　　（1）浆液纤维素性心包炎

　　① 病因和机制：此类心包炎主要是由病原微生物感染引起的，如巴氏杆菌、链球菌、大肠杆菌、鸡伤寒沙门菌、猪丹毒杆菌、结核杆菌、猪传染性胸膜肺炎放线杆菌、霉形体等，这些病原体是经过血液或由相邻器官的直接蔓延（从心肌和胸膜）进入心包引起的炎症过程。

　　② 病理变化

　　眼观：可见心包表面血管充血扩张，有时伴有出血斑点。心包膜因炎症水肿而增厚。心包腔内有大量淡黄色的浆液性渗出物，若混有脱落的间皮细胞和白细胞则变混浊，随后纤维素渗出，渗出的纤维素凝结为黄白色絮状或薄膜状物，分布于心包内和心外膜表面或悬浮于心包腔中。如果炎症持续较久，覆盖在心外膜表面的纤维素，因心脏搏动而形成绒毛状外观，称为"绒毛心"。慢性经过时，被覆于心包壁层和脏层上的纤维素往往发生机化，外观呈盔甲状，称为"盔甲心"，心包脏层和壁层因机化而发生粘连。

　　镜检：初期心外膜呈现充血、水肿并有白细胞浸润，间皮细胞肿胀、变性，浆膜表面有少量浆液——纤维素性渗出物。随后间皮细胞坏死、脱落，浆膜层和浆膜下组织水肿、充血及白细胞浸润，间或有出血。特别是在组织间隙内有大量的丝网状纤维素。与发炎心外膜相邻接的心肌纤维呈颗粒变性和脂肪变性，心肌纤维间充血、水肿，白细胞浸润。病程较久者，则转为慢性，渗出物被机化而形成瘢痕，且包裹心脏。

（2）创伤性心包炎

① 病因和机制：是指心包受到机械性的损伤。牛、羊采食时，将铁钉、铁丝误咽入胃。由于网胃的前部仅以薄层的横膈与心包相邻，在网胃收缩时，异物可穿刺胃壁、膈肌并刺入心包或心脏，此时胃内的微生物也随之侵入，而引起创伤性心包炎。

② 病理变化

眼观：可见心包腔高度充盈，心包膜显著增厚，失去原有的透明光泽。心包腔内积聚污秽的脓性或纤维素性渗出物，有时内含气泡，并伴有恶臭。心外膜变粗糙肥厚，心壁及心包上可见刺入的异物。

镜检：可见炎性渗出物由纤维素、中性粒细胞、巨噬细胞、红细胞与脱落的间皮细胞等组成。慢性经过时，渗出物往往浓缩而变为干酪样并可发生机化，造成心包粘连。心肌受损时，则呈化脓性心肌炎的变化。

2. 结局和对机体的影响

心包炎病情较轻的病例，可因渗出物的液化、吸收而痊愈。当渗出物溶解吸收缓慢或困难时，可由新生肉芽组织将其机化导致心包增厚，甚至壁层与脏层发生粘连。心包炎还可并发胸膜炎、肺炎、心肌炎等。创伤性心包炎，可转变为腐败性脓肿。

心包炎的发展常取慢性经过。初期心包内积液较少，血液循环障碍通常不明显。随着疾病的发展，如果心包内蓄积大量的渗出液使心包内压显著升高时，心脏舒张受到限制（尤其是右心房），引起静脉血回流减少，临床上常见动物体循环淤血，牛的肉垂、颈、胸、腹部皮下出现明显水肿。当心包壁层与脏层发生广泛粘连时，心脏的舒张与收缩均受限制，可导致心输出量减少而发生心功能不全。

二、心肌炎

心肌炎是指心肌的炎症，通常伴发于全身性疾病，特别是传染病、寄生虫病、中毒和过敏反应等。

1. 心肌炎类型

（1）实质性心肌炎　以心肌的变性为主，而渗出和增生过程轻微。常呈急性经过。

① 病因和机制：常见于某些细菌性传染病（巴氏杆菌病、猪丹毒、鸡沙门菌病、链球菌病）、病毒性传染病（口蹄疫、流感等）和中毒病（砷、磷、有机汞中毒等）的伴发病变。

在传染病过程中，病原体及毒素可通过血源途径侵害心肌，可直接破坏心肌细胞引起实质性心肌炎；也可由心内膜炎或心外膜炎蔓延而来。

② 病理变化

眼观：可见心肌呈灰白色煮肉状，质地松脆，心脏扩张，特别是右心室。炎症多为局灶性，心脏横切面有围绕心脏的灰黄色或灰白色斑条状纹，外观形似虎皮，故称"虎斑心"。

镜检：可见心肌纤维呈颗粒变性、脂肪变性，严重时，呈水泡变性或蜡样坏死，甚至崩解。间质及肌纤维坏死都有程度不同的浆液渗出和中性粒细胞、淋巴细胞、组织细胞及浆细胞浸润。

（2）间质性心肌炎　以心肌间质的渗出与增生性变化占优势的炎症，心肌纤维变性变化相对比较轻微。

① 病因和机制：某些寄生虫感染和变态反应可引起间质性心肌炎，间质性心肌炎也发生于传染性和中毒性疾病过程中。

② 病理变化

眼观：病变与实质性心肌炎相似。

镜检：可见心肌纤维表现为不同程度的变性和坏死，间质中组织细胞、淋巴细胞、浆细胞及成纤维细胞明显浸润与增生。

（3）化脓性心肌炎　通常由机体其他部位（如肺、子宫等）的化脓性栓子经血液转移而来或继发于心肌创伤。化脓性心肌炎多为局灶性。

① 病因和机制：常由化脓性细菌引起，如葡萄球菌、链球菌等。化脓性细菌可来源于脓毒败血症的转移性细菌栓子，见于子宫炎、乳房炎、关节炎等化脓性炎症。化脓性细菌栓子经血液转移至心脏，在心肌内形成化脓性栓塞，引起心肌脓肿或化脓性心肌炎。此外，化脓性心肌炎也可由创伤性心包炎或溃疡性心内膜炎与化脓性心外膜炎的炎症过程蔓延到心肌而引起。

② 病理变化

眼观：可见心肌有大小不一的脓肿。慢性时，化脓灶的外面形成包囊。脓汁的颜色可因化脓菌的种类不同而异。

镜检：初期可见血管栓塞部呈出血性浸润，继而发展为纤维素性化脓性渗出，其周围出现充血、出血和中性粒细胞组成的炎性反应带。化脓灶内及其周围的心肌纤维变性。慢性时，化脓灶周围有纤维结缔组织增生。

2. 结局和对机体的影响

心肌炎是一种剧烈的病理过程，对机体影响较大。非化脓性心肌炎可发生机化，化脓性心肌炎的病灶可形成包囊，脓汁干涸并进一步纤维化。

心肌炎可影响心脏的自律性、兴奋性、传导性和收缩性，临床上表现为心律失常，如窦性心动过速，各种形式的期外收缩和传导阻滞。严重时，因心肌广泛变性和坏死以及传导障碍而发展为心力衰竭。

三、心内膜炎

心内膜炎是指心内膜的炎症。按发生部位不同，可分为瓣膜性、心壁性、腱索性和乳头肌性心内膜炎，其中以瓣膜性心内膜炎最为常见。常以瓣膜血栓的形成和结缔组织的纤维素样坏死为特征。根据病变特点可将其分为疣状性心内膜炎和溃疡性心内膜炎。

1. 病因和机制

动物心内膜炎通常由细菌感染引起，常伴发于慢性猪丹毒、链球菌、葡萄球菌、化脓棒状杆菌等化脓性细菌的感染过程中。细菌及毒性产物可直接引起结缔组织胶原纤维变性，形成自身抗原，或菌体蛋白与瓣膜组织有交叉抗原性，或菌体蛋白与瓣膜成分结合形成自身抗原，发生自身免疫反应，使瓣膜遭受损伤，并在此基础上形成血栓。

2. 病理变化

（1）疣状性心内膜炎　疣状性心内膜炎是以心瓣膜形成疣状血栓为特征的炎症，疣状赘生物常发生于二尖瓣心房面和主动脉瓣的心室面的游离缘。

眼观：早期炎症可见局部增厚而失去光泽，继而游离缘可见黄白色的小结节，以后逐渐增大形成大小不等的疣状物，表面粗糙，质脆易碎。后期疣状物可发生机化，形成菜花样不易剥离的赘生物。

镜检：初期疣状物主要是以血小板、纤维蛋白为主构成的白色血栓。后期结缔组织增生和炎性细胞浸润。

（2）溃疡性心内膜炎　亦称败血性心内膜炎，是以瓣膜发生局灶性坏死为特征的炎症。

眼观：初期瓣膜上形成大小不等的淡黄色坏死斑点，以后逐渐融合，并发生脓性溶解，形成溃疡，而疣状血栓发生脓性分解后，亦可形成溃疡，严重时可继发瓣膜穿孔。溃疡表面附有灰黄色的凝固物，周围常有出血及炎性反应，并有结缔组织增生，使边缘稍隆起。

镜检：可见瓣膜深层组织发生坏死，局部有明显的炎性渗出、中性粒细胞浸润及肉芽组织增生，表面附着由大量纤维素、崩解的细胞与细菌团块组成的血栓凝块。

3. 结局和对机体的影响

心内膜炎通常呈进行性发展，可反复形成血栓和机化。一方面血栓可在血流的冲击下脱落，成为栓子，随血流运行而阻塞血管，造成脏器梗死；化脓性栓子，可引起转移性化脓灶。另一方面，由于瓣膜的损伤、机化，可使瓣膜狭窄或闭锁不全，影响心脏功能。

四、心包腔的异常含有物

1. 心包积液

正常时心包腔只含有少量微黄色透明的浆液。若其含量异常增多时，就称为心包积液。

（1）常见原因　心包积液是一种原发性疾病，它常继发于下列原因。

① 心脏功能不全、右房室瓣口狭窄或瓣膜闭锁不全、慢性肺脏疾患，如肺鼻疽、肺结核、慢性泛发性肺泡气肿以及泛发性肺间质纤维化等，都会引起冠状循环淤血和血压升高，致使毛细血管壁通透性增高而导致心包积液。

② 恶病质、肾脏疾患（肾炎、肾病综合征）以及肝脏疾患（肝炎、肝硬化）等时，因血浆胶体渗透压降低、毛细血管壁通透性增高以及钠、水潴留等，在发生全身性水肿的同时往往伴发心包积液。

③ 某些传染病和寄生虫病过程中，如梭菌性感染、猪水肿病、猪桑椹心病、马传染性贫血、牛、羊心水病、梨形虫病等，因心脏功能不全，心包血管内皮受损，血管壁通透性增高也常伴发心包积液。

④ 当外源性毒物中毒时在诱发心肌变性、毛细血管壁受损以及肝、肾等器官功能障碍的同时也可出现心包和其他浆膜腔积液。

（2）病理变化　心包积液时，剖检见心包的容积增大，心包内蓄积多量澄清、草黄色的液体，有时可多达正常的100～200倍，相对密度约为1.016，蛋白质含量在3%以下，其中缺乏纤维蛋白，心包本身通常保持固有的光滑和色泽。若积液潴留时间较长，心包和心外膜有时可出现轻度的纤维性肥厚和混浊，甚至出现绒毛增殖，但在传染病和中毒性疾病时，由于循环毒素对心包血管内皮损害较重，故此时心包积液内常含有丰富的蛋白质或纤维蛋白，比重也因而增高，并变得混浊。

2. 心包积血

心包积血又称为血心包，通常发生于外伤、心脏破裂、心脏基底部的大血管破裂、冠状动脉破裂、心脏动脉瘤破裂、转移性心包的肿瘤以及败血症和出血性素质等情况下。血液可从破裂的血管、心房或心肌壁突然进入心包而使心包填塞，限制心脏活动，动物往往在短时间内死亡。

3. 心包积气

心包积气又称为气心包，即心包内蓄积多量气体。其发生的原因如下。

① 由于胃内异物刺破心包，致使胃内气体随同进入，见于创伤性心包炎时。

② 肺和心包部的结核病灶崩解，肺内气体窜入心包。

③ 肋骨发生复杂性骨折时，体外空气随破裂口进入心包。

④ 腐败或化脓性心包炎的合并症。发生这种病变后，动物常取死亡的转归。

4. 心包积脓

心包积脓即心包内蓄积多量脓汁，其发生的原因如下。

① 由于化脓性细菌，如链球菌和葡萄球菌所诱发的心包炎。

② 肺结核或胸膜结核的蔓延。

③ 化脓性肋胸膜炎或肺炎的蔓延。

④ 心包积脓时，心肌脓肿的破裂，动物常趋于死亡。

五、心脏扩张与肥大

1. 心脏扩张

心脏扩张是指心腔容积的增大。心腔容积的增大伴有心肌纤维的牵张和紧张度增高，称为心脏紧张性扩张或功能性扩张，这种扩张具有代偿适应性意义。

（1）病因和机制

① 心脏排出的血液部分反流：例如，主动脉瓣闭锁不全时，左心室在舒张期除接受从左心房注入的血液外，还加上从主动脉反流而来的血液，结果引起左心室的紧张性扩张。

② 心脏排空受阻：例如，二尖瓣口狭窄时，左心房在收缩前排空不全，而从肺静脉来的血液仍不断注入，左心房的容量因而增加，结果出现左心房的紧张性扩张。

③ 先天性心血管畸形：例如，动脉导管未闭、心房或心室间隔缺损时，可发生左右心分流。由于心脏舒张，充血量增加，心脏容量也随之增多，结果引起心腔紧张性扩张。

④ 部分心肌收缩力减弱：例如，当心肌炎症或营养障碍时，心输出量减少，心腔残余血量增多，而注入血量仍暂时不变，从而导致舒张期容量增多，结果引起该心腔的扩张。

（2）病理变化　剖检时，见扩张的心腔多发生于右心室。此时心脏的外形是卵圆形，心尖钝圆，心脏的横径大于其纵径。心腔内常积有多量血液或血液凝块，心壁变薄而柔软。以刀切开，室壁自行塌陷。心肌组织显示贫血和变性，呈淡黄褐色，弛缓脆弱，乳头肌和腱索延伸而平展。如心扩张局限于心腔的某部，则可形成心脏动脉瘤。

2. 心脏肥大

当心脏的血容量增多或循环阻力增大，使心脏长期负荷加重时，可引起心肌纤维变粗，体积增大，并由此而导致心壁增厚，心脏重量增加，称为心脏肥大。

（1）病因和机制

① 过劳：由于机体过度劳动而引起的心脏肥大。因劳动时，动物全身骨骼肌必须加强收缩，亦促使肌间动脉收缩，因而血压升高，使心力亢进，保证身体需要的循环血量，心肌作功因而加强，导致心脏肥大，竞赛马和猎犬常见。

② 动脉疾患：如主动脉瘤、主动脉先天性狭窄、血栓形成、肿瘤压迫、动脉硬化等，均可使心脏负荷增大而发生心脏肥大。

③ 心脏瓣膜病：例如主动脉瓣口狭窄时，因左心室加强收缩，以排除积血来维持循环血量，结果导致左心室肥大，继而左心室余血增多，左心房排空遭遇阻力。而肺静脉的血液仍不断地注入左心房，左心房为了排除积血和克服排空阻力，又可继发肥大。

④ 肺脏疾患：如慢性肺气肿、肺与肋膜粘连、慢性进行性肺炎（绵羊梅迪病）以及鼻疽性和结核性肺炎等，都能妨碍肺脏的血液循环，增加右心的负荷，而促使右心肥大。

⑤ 心脏与心包粘连：因牵制心脏的运动，心肌收缩势必增强，从而导致心脏肥大。

⑥ 慢性肾炎时：因大量肾单位纤维化，肾组织缺血，刺激肾小球旁器分泌肾素增多，通过肾素-血管紧张素系统，使外周小动脉收缩，引起血压升高，从而增加左心室负荷，结果导致左心室肥大。

（2）病理变化

眼观：剖检时，心脏肥大可以发生于心脏的一侧，也可以发生于心脏的两侧，但通常以左心肥大较多于右心，心室肥大较多于心房。右心肥大时，心尖部的横径增加，左心肥大则心脏的纵径增长。左右心肥大时，心脏的外形比正常心脏圆。左心肥大心脏的重量显著增加，有时可达正常2倍以上，心腔肉壁增厚，乳头肌和肉柱变粗，硬度如橡皮样。右心室肥大时，还可见右心室内的肌纤维带变厚。

镜检：心肌纤维的长度增加，直径变大，肌原纤维的数量增多，心肌纤维的体积虽增大，但常不一致，胞核变大，两极多呈方形，线粒体变大，但其数量和膜的宽度则相对地比肌原纤维的体积减小。

子任务4 分析肝脏病理

［任务目标］

掌握肝脏疾病病理的眼观变化特点，熟悉各种肝炎发生的原因机理。培养识别肝炎眼观病理变化并进行描述的能力。

［基础链接］

在学习以下内容之前，建议将以下在基础课当中学过的知识点进行回顾，以便更好地运用。

各种动物肝脏解剖生理特点。

［任务导入］

图 15-6

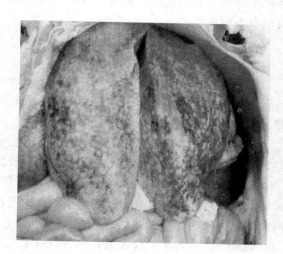

图 15-7

问题：

1. 图 15-6（彩图见插页）与图 15-7（彩图见插页）是哪些地方发生病变（发生异常）？
2. 请描述发生了什么样的异常。

[相关知识]

肝炎是指肝脏在某些致病因素的作用下发生的以肝细胞变性、坏死或间质增生为主要特征的一种炎症过程。肝炎是动物的一种常见肝脏病变，按疾病进程分急性、慢性两种。病理类型则有实质性与间质性之分。根据病因、疾病进程和病理特点将肝炎分为如下几种。

一、传染性肝炎

动物的传染性肝炎由病毒、细菌、真菌和寄生虫引起。

1. 病因和机制

（1）病毒性肝炎　侵害动物肝脏引起炎症的病毒都是一些嗜肝性病毒，如雏鸭肝炎病毒、鸡包涵体肝炎病毒、犬传染性肝炎病毒。某些不是以肝脏为主要侵害靶器官的病毒如牛恶性卡他热、鸭瘟、马传染性贫血等病的病原体，也可引起肝炎。

（2）细菌性肝炎　引起此型肝炎的细菌种类很多，如巴氏杆菌、沙门菌、坏死杆菌、钩端螺旋体和各种化脓性细菌等。细菌性肝炎以组织变质、坏死、形成脓肿或肉芽肿为主要病理特征。

（3）寄生虫性肝炎　此型肝炎因肝内某些寄生虫在肝实质中或肝内胆管寄生繁殖，或某些寄生虫的幼虫移行于肝脏时而发生。

2. 病理变化

（1）病毒性肝炎

眼观：肝脏呈不同程度肿大，边缘钝圆，被膜紧张，切面外翻。呈暗红色或红色与土黄色（或黄褐色）相间的斑驳色彩，其间往往有灰白色或灰黄色形状不一的坏死灶。胆囊胀大或缩小不定。

镜检：肝小叶中央静脉扩张，小叶内见出血和坏死病灶。肝细胞呈广泛水泡变性，淋巴细胞浸润，肝窦充血。小叶间组织和汇管区内小胆管和卵圆形细胞增殖。部分病毒所致肝炎还可于肝细胞的胞核或胞浆内发现特异性包涵体；用免疫组织化学或特殊染色方法有时可发现病毒表面抗原。

（2）细菌性肝炎

① 以变质为主要表现的细菌性肝炎

眼观：肝脏肿大，肝内充血阶段可见肝脏呈暗红色；有黄疸者为土黄色或橙黄色。常见点状出血与斑状出血，以及灰白色或灰黄色的坏死病灶。禽类的许多细菌性肝炎，还见肝被膜上有呈条索样或膜样的纤维素性渗出物。

镜检：中央静脉扩张，肝窦充血。肝细胞呈广泛颗粒变性、脂肪变性或水泡变性和局灶性坏死，以及以中性粒细胞为主的炎症细胞浸润。

② 化脓性感染，特别是化脓棒状杆菌引起的化脓性肝炎（肝脓肿），在牛中很常见。病菌一般经由门静脉血流进入肝脏，也可能由于网胃里的异物直接刺入肝脏，或是由于创伤性网胃炎的化脓病灶直接蔓延到肝脏所致。

眼观：脓肿为单发或多发，多数发生在左肝叶。脓肿具有包膜，内含黏稠的黄绿色脓液。肝表面的脓肿常引起纤维素性肝周围炎，因而发生粘连。

③ 禽霍乱：常发生于鸡、鸭、鹅的巴氏杆菌病的肝脏，有点状坏死和实质性炎症，在急性型病例具有诊断意义。

眼观：肝脏稍肿大，由于淤血而大部分呈暗红色，表面和切面上可见散在的大量针头大的灰白色坏死点。坏死灶周围不见充血带，因此在肝脏变性显著的病例，由于肝实质肿胀发黄而将坏死点掩盖，不易分辨。

镜检：局部肝细胞发生凝固性坏死，并有多量白细胞浸润。

④ 沙门菌引起的各种动物的沙门菌病：常发生肝脏炎症病变。

眼观：肝脏中出现多数局灶性坏死，坏死灶的范围不大，小的仅为少数。

镜检：肝细胞凝固性坏死或是由于单核细胞增生而形成小的细胞性肉芽肿，中央也可能坏死，肝小叶间往往也有单核细胞浸润。在眼观上这种肉芽肿和凝固性坏死灶均呈淡灰黄色的小点。

⑤ 以肉芽肿形式出现的细菌性肝炎，常为肝内感染某些慢性传染病的病原体如结核杆菌、鼻疽杆菌、放线菌等所致。

肝内此类肉芽肿的组织结构大致相同，为大小不等的结节状病变。增生性结节中心为黄白色干酪样坏死物，如有钙化时质地比较硬固，刀切时闻磨砂声。镜检可见结节中心为均质无结构坏死灶，其间或有钙盐沉着；周围为多量上皮样细胞浸润，其间还见几个胞体很大的多核巨细胞，它们的胞核位于胞浆的一侧边缘，呈马蹄状排列；周围有多量淋巴细胞浸润，外围见数量不等的结缔组织环绕。结节与周围组织分界清楚。

（3）寄生虫性肝炎

① 鸡盲肠肝炎：又叫黑头病，病原体是火鸡组织滴虫，特征为引起盲肠和肝脏的特异性坏死性炎症。有些病鸡的面部皮肤变紫蓝色或黑色，所以俗称"黑头病"。

眼观：可见一侧或两侧盲肠发生出血性坏死性炎症。肝脏肿大，表面形成圆形或不规则形的、稍稍凹陷的溃疡病灶，溃疡呈淡黄色或淡绿色，边缘稍隆起。

镜检：坏死灶为肝实质凝固性坏死，有炎性细胞浸润，包括巨噬细胞、淋巴细胞和中性粒细胞，在坏死区周围可以看到圆形的组织滴虫，大小不一，染成红色。

② 兔球虫病：是家兔的一种常见病，病原为艾美耳属球虫。种类很多，大多寄生于肠道黏膜的上皮细胞，也有的寄生于肝内胆管系统的黏膜层内，引起肝脏产生典型的球虫性肝炎病变。

眼观：肝脏肿大，表面有米粒至豌豆大的黄白色结节，还可见弯曲的灰白色条索状物，均为增生和扩大的胆管。

镜检：初期为胆管黏膜上皮脱落，呈卡他性胆管炎，以后由于胆管上皮增生，使胆管显著扩张，黏膜上皮呈乳头状或树枝状突出于胆管腔内，在这种增生的上皮层内可以看到球虫卵囊、裂殖体等，在慢性病例、胆管周围及肝小叶间有多量结缔组织增生，附近的肝实质组织萎缩。

③ 由某些寄生虫（蛔虫和肾虫）的幼虫移行肝脏时发生的肝炎。

眼观：肝脏表面有大量形态不一的白斑散布，白斑质地致密和硬固，有时高出被膜位置，此俗称"乳斑肝"。

镜检：可见许多肝小叶内有局灶性坏死病灶，其周围有大量嗜酸性粒细胞以及少量中性粒细胞和淋巴细胞浸润，小叶间和汇管区结缔组织增生。肝脏寄生虫幼虫移行的坏死病灶，形成有上皮样细胞围绕和炎性细胞浸润以及结缔组织增生的肉芽肿。

二、中毒性肝炎

由于环境污染的日益严重，以及各种化学性制剂（农药、药物、添加剂）的广泛使用和人工配合饲料的某些缺陷等原因，动物中的中毒性肝炎已日渐多见，在集约化和封闭式饲养的饲养业中，且常有大规模发生的特点。

1. 病因和机制

引起中毒的各种化学性物质大多是所谓的亲肝性毒物，例如有机氯化合物中的氯丹、毒杀芬、五氯酚钠、多氯联苯等，有机磷化合物中的双硫磷和有机汞化合物中的赛力散等。这类用做农药的物质在使用不当时可污染饲料而使动物受害。

引起中毒的药物种类也很多。药物与毒物之间并无严格的界限，当超量使用或用法不当时，可对机体（包括肝脏）起毒性作用。有不少药物对肝组织能产生直接毒害作用，如汞剂、硫酸亚铁、氯仿、酒精、甲醛、磷、铜、砷、氟化物和煤酚等。近年还不断发现某些临床上经常使用的解热镇痛药如羟基保泰松、消炎痛，某些抗生素和呋喃类化合物如先锋毒素Ⅰ、杆菌肽、呋喃唑酮，麻醉药氟烷和免疫抑制药硫唑嘌呤以及种类繁多的环境消毒药等，在过量或持久使用的情况下对动物的肝脏均有一定的毒性，有的很快即引起转氨酶升高。在动物已有肝疾患时，其毒性更为明显。因机体本身患有某些疾病引起物质代谢障碍，毒性代谢产物在体内蓄积过多，以及严重的胃肠炎、肠梗阻和肠穿孔招致的腹膜炎，也能发生这一类型的肝炎。

2. 病理变化

急性中毒性肝炎的主要病理变化是肝组织发生重度的营养不良性病变以至坏死，同时还伴有充血、水肿和出血。

眼观：肝脏呈不同程度肿大，潮红充血或可见出血点与出血斑，水肿明显时肝湿润和重量增加，切面多汁。在重度肝细胞脂肪变性时，肝呈黄褐色。如淤血兼有脂肪变性时，肝脏在黄褐色或灰黄色的背景上，见暗红色的条纹，呈类似于槟榔切面的斑纹；同时常可于肝的表面和切面发现有灰白色的坏死灶。急性中毒性肝炎，由于大量肝细胞坏死、崩解和伴有脂肪变性，肝脏的体积通常缩小，肝叶边缘变锐薄，呈黄色。

镜检：肝小叶中央静脉扩大，肝窦淤血和出血，肝细胞重度脂肪变性和颗粒变性，小叶周边、中央静脉周围或散在的肝细胞坏死。严重病例坏死灶遍及整个小叶呈弥漫性坏死；末期完全坏死溶解的肝细胞可见胞核固缩或碎裂。肝小叶内或间质中炎性细胞渗出现象一般微弱，有时仅见少许淋巴细胞。

3. 结局和对机体的影响

由于引起中毒的毒物种类较多，且中毒的程度轻重不一，上述这些变化有时差异颇大。耐过的一些急性中毒性肝炎可转为慢性。其主要病理特征为变性轻微的肝细胞逆转恢复正常，较小的坏死灶通过纤维组织增生而瘢痕化，肝脏实质萎缩，肝被膜、小叶间和汇管区结缔组织不同程度增生而出现肝硬化。

三、肝硬化

各种原因引起肝细胞严重变性和坏死后，出现肝细胞结节状再生和间质结缔组织广泛增生，使肝小叶正常结构受到严重破坏，肝脏变形、变硬的过程称为肝硬化。它不是一种毒理的疾病，而是许多疾病的并发症。

1. 病因和机制

（1）门脉性肝硬化　见于病毒性肝炎、黄曲霉毒素中毒、营养缺乏，如缺乏胆碱或蛋氨酸等，肝脏长期脂变、坏死，被结缔组织取代，肝小叶结构改变。其特征是汇管区和小叶间纤维结缔组织增生，但胆管增生不明显，假小叶形成，眼观可见肝脏表面颗粒状小结节，黄褐色或黄绿色，弥漫分布于全肝。镜检，肝小叶正常结构破坏，肝小叶被结缔组织分割形成大小不一的"假小叶"团块，无中央静脉，细胞排列紊乱，细胞较大，肝表面有结节形成，相当于小结节型肝硬化。

（2）坏死后肝硬化　此种肝硬化是在肝实质大片坏死的基础上形成的，常是慢性中毒性肝炎的一种结局。多见于黄曲霉毒素、四氯化碳中毒及猪营养性肝病等。因病变发展较快，大量肝细胞迅速坏死，使肝体积缩小，肝细胞结节状再生，形成大小不一的结节，与门脉性肝硬化不同之处在于假小叶间的纤维间隔较宽，炎性细胞浸润，胆管增生显著。

（3）淤血性肝硬化　此种肝硬化是因为长期心脏功能不全，肝脏淤血、缺氧，肝细胞变性、坏死，网状纤维胶原化，间质结缔组织也因缺氧及代谢产物的刺激而广泛增生，特点是肝体积稍缩小，呈色红褐，表面呈细颗粒状。

（4）寄生虫性肝硬化　这是最常见的肝硬化，如寄生虫幼虫移行时破坏肝脏（如猪蛔虫病），或是虫卵沉着在肝内（牛、羊血吸虫），或由于成虫寄生于胆管内（牛、羊肝片吸虫），或由原虫寄生于肝细胞内，引起肝细胞坏死（兔肝球虫病）。此型肝硬化的特点是有嗜酸性粒细胞浸润。

（5）胆汁性肝硬化　由于胆管阻塞，肝内胆汁淤滞而引起的。肿瘤、结石、虫体可压迫或阻塞胆管，使胆汁淤滞，肝被胆汁染成绿色或绿褐色，肝体积增大，表面平滑或呈颗粒状，硬度中等。镜检可见肝细胞胞浆内胆色素沉积、变性坏死；毛细胆管淤积胆汁，胆栓形成。胆汁外溢，充满坏死区成为"胆汁湖"，汇管区小胆管增生，因纤维组织增生而增大。

2. 病理变化

肝硬化由于发生原因不同，其形态结构变化也有所差异，但基本变化是一致的。

眼观：肝脏常见缩小，边缘锐薄，质地坚硬，表面凹凸不平或呈颗粒状、结节状隆起，色彩斑驳，常染有胆汁；肝被膜变厚。切面上可见十分明显的淡灰色结缔组织条索围绕着的淡黄色圆形的肝实质。肝内胆管明显，管壁增厚。

镜检：可见到以下变化。

① 结缔组织广泛增生：结缔组织在肝小叶内及间质中增生，炎性细胞以淋巴细胞浸润为主。

② 假小叶形成：增生的结缔组织包围或分割肝小叶，使肝小叶形成大小不等的圆形小岛，称假性肝小叶。假小叶内缺乏中央静脉或中央静脉偏位，肝细胞大小不一，排列紊乱。

③ 假胆管：在增生的结缔组织中有新生的毛细血管和假胆管。假胆管是由两条立方形细胞形成的条索，但无腔，故称假胆管。

④ 肝细胞结节：病程长时，残存肝细胞再生，由于没有网状纤维作支架，故再生肝细胞排列紊乱，聚集成团，且无中央静脉。再生的肝细胞体积较大，胞核可能有两个或两个以上，胞浆着染良好。

3. 结局和对机体的影响

肝硬化是一渐进性的病理过程，即使病因消除也不能恢复正常。肝细胞的再生和代偿能力都很强，早期可通过功能代偿而在相当长的时间内不出现症状。但后期由于代偿失调，则出现一系列的症状，主要为门静脉高压和肝功能障碍。

（1）门静脉高压　肝硬化时，门静脉压升高，引起门静脉所属器官（胃、肠、脾）淤血和水肿，影响胃肠道蠕动和分泌功能，进一步引起慢性胃肠炎，所以临床上有食欲不振和消化不良。肝硬化后期可引起腹水。腹水的形成机理主要是门静脉高压和血浆胶体渗透压下降。

（2）肝功能障碍

①　合成功能改变：肝硬化时，肝合成蛋白质的能力降低，血浆蛋白含量减少，血浆胶体渗透压降低。另外，肝合成纤维蛋白原和凝血酶原的作用降低，故有出血倾向。

②　灭活功能降低：肝硬化时，肝脏对某些激素特别是醛固酮和抗利尿激素灭活发生障碍，使其在体内蓄积，引起腹水。

③　胆色素代谢障碍：肝细胞受损和胆汁排出受阻，血中直接胆红素及间接胆红素均增加。

④　酶活性改变：肝细胞受损，某些酶如谷丙转氨酶、谷草转氨酶等进入血液，因而肝功能检查时，这些酶活性升高。

⑤　肝性脑病：是肝功能衰竭的一种表现。肝硬化时，肝屏障及解毒功能降低，不能有效地清除血液中的有毒代谢产物，如血氨及酚类，造成自体中毒，特别是氨中毒。

四、肝坏死

肝脏常受致病因子的影响，发生变质性变化或炎症，而肝脏的变质性变化和炎症非常复杂，常以肝细胞变性、坏死为主要表现形式。

1. 病因和机制

肝脏是体内最大的代谢和解毒器官，也是非常重要的屏障机构。所以肝脏在发挥生理作用的同时，又易受各种致病因子的作用，发生变性、坏死。引起肝细胞坏死的原因很多，常见的有生物性致病因子（如细菌、病毒、寄生虫及其代谢产物等）、化学毒物及某些药物（如重金属盐、氯仿、四氯化碳、棉酚、氯霉素、利福平等），某些营养物质缺乏（如微量元素硒、维生素 E、含硫氨基酸等）。这些原因引起肝细胞代谢障碍，肝屏障功能受损，导致肝细胞变性、坏死。

2. 病理变化

按坏死灶发生的位置，可把肝坏死分为以下几种形式。

（1）弥漫性肝坏死　这种坏死的范围可以超过肝小叶的界限。如果肝实质大片坏死和溶解吸收，肝体积缩小，处于不同变性阶段或坏死的肝组织呈黄色，出血坏死的肝组织呈暗红色。称之为急性黄色（红色）肝萎缩。

（2）局灶性肝坏死　在剖检中最常见，多发生于传染病过程中。坏死灶散在分布于肝小叶内任何部位，针头大到粟粒大，数量较多。例如沙门菌病、禽巴氏杆菌病等。

（3）周边性肝坏死　肝小叶周边的肝细胞首先受到血中有毒物质的作用，发生的坏死主要见于中毒性肝病。

（4）中心性肝坏死　是比较常见的肝坏死的一种形式，是靠近中央静脉的肝细胞受到淤血、缺氧的影响所致。中心区肝细胞坏死见于急性肝中毒、肝淤血等。

子任务 5　分析肺脏病理

［任务目标］

掌握肺脏疾病病理的眼观变化特点，熟悉各种肺炎的发生机理。培养识别各种肺脏眼观病理变化并进行描述的能力。

［基础链接］

在学习以下内容之前，建议将以下在基础课当中学过的知识点进行回顾，以便更好地运用。

　　各种动物呼吸系统的解剖结构与生理特点。

［任务导入］

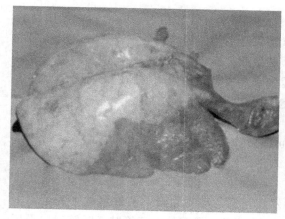

图 15-8

图 15-9

问题：

1. 图 15-8（彩图见插页）与图 15-9（彩图见插页）是哪些地方发生病变（发生异常）？
2. 请描述发生了什么样的异常。

［相关知识］

一、肺炎

　　肺炎通常是指肺组织发生的急性渗出性炎症，根据病因、病变范围和部位以及炎症性质的不同进行分类，肺炎有许多类型。按炎性渗出物的性质，可将肺炎分为以下类型。

　　1. 支气管肺炎

　　支气管肺炎是以支气管为中心的单个小叶或一群小叶的炎症，故又称为小叶性肺炎。其炎性渗出物以浆液和脱落的上皮细胞为主，所以也称为卡他性肺炎。

　　（1）病因和机制　引起支气管肺炎的原因主要是细菌（巴氏杆菌、沙门菌、葡萄球菌、链球菌、霉形体和真菌等），在有害因子（寒冷、感冒、过劳、长途运输和 B 族维生素缺乏等）影响下，机体抵抗力降低，特别是呼吸道防御能力减弱，进入呼吸道的病原菌可大量繁殖，引起支气管炎，炎症沿支气管蔓延，引起支气管周围的肺泡发炎。

　　另外，病原菌也可经血流运行至肺脏，引起间质发炎，继而波及支气管和肺泡，引起支气管肺炎。

　　（2）病理变化

　　眼观：肺的前下部区域内不规则实变（坚实并能沉于水），肺的尖叶、心叶和膈叶是最常受侵犯的部位。实变区色暗红至淡灰红到灰色不等，取决于炎症的性质和时间经过。病变多呈镶散状，中心部呈灰白色至黄色，周围为红色的实变区以及充血和萎陷，外围为正常乃至气肿的苍白区。这种眼观表现取决于炎症的扩散速度与小叶的分隔程度，如小叶中隔发育良好的反刍动物和猪，常表现为这种缓慢扩散的支气管肺炎形式，在炎症迅速扩散、小叶分隔不良或病变为多中心时，则病变广泛而同质，甚至整个肺叶受损，但经眼观仔细检查，仍可辨认出支气管肺炎形式，因为散在有多发性小的灰白色、突出的病灶，并为窄的深红色带所分开。突出的灰白色病灶为以细支气管为中心的渗出区，红色带为周围的充血、水肿与萎陷的肺泡实质。这种形式的支气管肺炎较常见于小叶中隔发育不全的犬和猫，以及见于反刍动物和猪的地方性肺炎。

镜检：病变的核心是在支气管-肺泡连接处。早期细支气管和相连的肺泡内充满中性粒细胞，有时是不等量的细胞碎屑、黏液、纤维素与巨噬细胞的混合物。细支气管上皮从变性到坏死和脱落不一，这些变化因致病因子的性质和致病力而定。细支气管周围结缔组织有轻度急性炎症。支气管病变类似但通常轻微。严重的细支气管炎，周围的肺泡部分萎陷，并含有不等量的浆液或浆液纤维素性渗出物、红细胞和白细胞。

（3）结局和对机体的影响

① 完全消散：及时消除病因，支气管肺炎可消散，完全修复。

② 慢性支气管肺炎的病变为慢性化脓和纤维化，如猪喘气病时在两侧肺边缘形成对称性的肺肉变。

③ 由于渗出物排出障碍，常可引起各种并发症。反刍动物和猪的消散常常不完全，牛特别容易发展为慢性化脓性支气管扩张和慢性支气管肺炎。严重的支气管肺炎时肺泡中隔坏死、渗出物难以清除或病原持续存在，从而阻碍完全消散，引起一系列的并发症，包括从萎陷、慢性支气管炎与支气管扩张到脓肿形成或坏死块形成。

（4）支气管肺炎对机体的影响 主要为低氧血症和毒血症，依肺炎侵犯的范围、组织破坏的程度和细菌的毒力而定。低氧血症是由于肺泡有效呼吸面积大量减少，而毒血症是有毒产物和细菌毒素进入血流的结果。低氧血症和毒血症的联合是严重支气管肺炎引起死亡的主要原因。

2. 纤维素性肺炎

纤维素性肺炎是以细支气管和肺泡内充满大量纤维素性渗出物为特征的急性炎症。此型肺炎常侵犯一个大叶、一侧肺叶或全肺，所以又称为大叶性肺炎。

（1）病因和机制 纤维素性肺炎见于传染病，如巴氏杆菌病、牛传染性胸膜肺炎等，这些病的病原体可随血液、呼吸道和淋巴液侵入肺脏，在机体抵抗力降低时（感冒、过劳、长途运输和吸入刺激性气体等），病原体大量繁殖，沿支气管、血管周围的淋巴管扩散，炎症迅速扩展至整个肺叶及胸膜。由于毛细血管壁遭受损伤，可引起纤维素渗出、出血等变化。

（2）病理变化 按纤维素性肺炎的病变发展过程可分为四个期，但各期的变化实际是一个连续发展过程的不同阶段，并不能机械性地将其分开。有时纤维素性肺炎的四个时期的炎症变化会在同一个肺脏出现，这种情况下眼观肺切面出现各种不同色彩，交织在一起，呈大理石样。但不一定在每个病例上都能看到纤维素性肺炎四个时期的炎症变化。

① 充血水肿期：特征是肺泡壁毛细血管充血与浆液性水肿。

眼观：可见肺脏稍肿大，重量增加，质地稍变实，呈暗红色，切面平滑，按压时流出大量血样泡沫液体。

镜检：可见肺泡壁毛细血管扩张充血，肺泡腔内有大量浆液性水肿液，少量红细胞、中性粒细胞和巨噬细胞等。

② 红色肝变期：由充血水肿期发展而来，特征是肺泡壁毛细血管仍显著扩张充血，肺泡腔内含有大量的纤维素、白细胞和红细胞。

眼观：可见肺体积肿大，呈暗红色，质地坚实如肝，切面干燥，呈细颗粒状。肺间质增宽（有半透明胶样的液体蓄积），呈灰白色条纹。

镜检：可见肺泡壁毛细血管极度扩张充血，支气管和肺泡腔内有多量交织成网的纤维素，网眼内有多量的红细胞、少量的白细胞和脱落上皮细胞。间质炎性水肿，淋巴管扩张。

③ 灰色肝变期：特征是肺泡壁充血减弱或消退，肺泡腔中有大量中性粒细胞。

眼观：可见肺呈灰红色，质地坚实如肝，切面干燥，呈细颗粒状。间质变化同上期。

镜检：可见肺泡壁毛细血管充血消退，白细胞和纤维蛋白增多，红细胞溶解消失。

④ 消散期：特征是中性粒细胞坏死崩解、纤维素溶解和肺泡上皮再生。

眼观：可见肺体积较前期变小，色略带灰红色或正常色，质地柔软，切面湿润。

镜检：可见肺泡壁毛细血管重新扩张，肺泡腔中的中性粒细胞坏死、崩解，纤维素被溶解，成为微细颗粒。巨噬细胞增多，并可吞噬坏死细胞和崩解产物。

（3）结局和对机体的影响　动物发生纤维素性肺炎时很少能完全恢复，渗出物、坏死组织常被机化，使肺组织致密而坚实，呈肉样色彩，故称"肉变"。若继发感染，则可形成大小不一的脓肿或腐败分解。严重时，形成空洞或继发脓毒败血症，常伴发纤维素性胸膜炎、心包炎，病程较长时可有胸膜、心包和肺的粘连，纤维素性肺炎可很快引起动物呼吸和心功能障碍而死亡。

3. 间质性肺炎

间质性肺炎是指发生于肺脏间质的炎症，特征是间质炎性细胞浸润和结缔组织增生。

（1）病因和机制　引起间质性肺炎的原因很多，常见的有微生物（如病毒、霉形体等）、寄生虫（如弓形体），此外，过敏反应、某些化学性因素都可引起间质性肺炎。病因可直接或间接损伤肺泡壁毛细血管，引起通透性升高，在病原体及毒物作用下，肺泡上皮增生，同时间质结缔组织增生，单核细胞、淋巴细胞等浸润。

（2）病理变化

眼观：可见病变区呈灰白色或灰红色，常呈局灶性分布，病灶周围常有肺气肿，质地稍硬，切面平整，炎灶大小不一，病区可为小叶性、融合性或大叶性。病程较久时，则可纤维化而变硬。

镜检：可见支气管周围、血管周围，肺小叶间隔和肺泡壁及胸膜有不同程度的水肿和淋巴细胞、单核细胞浸润，结缔组织轻度增生，间质增宽。肺泡腔闭塞，有时渗出的血浆成分在肺泡内形成透明膜。

（3）结局和对机体的影响　急性间质性肺炎在病因消除后能完全消散。慢性时常以纤维化而告终，可持久地引起呼吸障碍。

二、肺气肿

肺气肿是指肺组织含气量异常增多而致体积过度膨大。肺泡内空气增多称肺泡性肺气肿；由于肺泡破裂，空气进入间质并使其膨胀时，称间质性肺气肿，前者较常见。

1. 病因和机制

（1）急性肺泡性肺气肿　多见于吸气量急剧增加，肺内压升高，肺泡扩张。

① 呼吸急剧加强：濒死或代偿性呼吸增强时深度吸气，肺泡内气体急剧增加。

② 剧烈咳嗽时：深吸气，肺内压升高，肺含气量增加，肺泡扩张。

③ 支气管不全阻塞：支气管炎时，渗出物增多，如肺丝虫寄生等，阻塞物好似活塞，吸气时肺扩张，支气管管径扩大，空气可进入肺泡；呼气时则闭塞，空气不能呼出而蓄积在肺泡中。

（2）慢性肺泡性肺气肿

① 弹性纤维萎缩：老龄动物肺脏弹性纤维萎缩，肺泡壁的弹性回缩力降低，常处于膨胀状态而使肺泡扩张。

② 过度使役：长期过度使役，需气量增多，呼吸加强，肺泡长期处于扩张状态，毛细血管受压、闭锁，肺泡营养不良，弹性纤维断裂，回缩力降低。

③ 慢性支气管炎：支气管管腔狭窄，气体不能呼出；或由于肺泡炎性渗出物及肺泡上皮的破坏，表面活性物质减少，使肺泡表面张力降低，回缩力下降，吸气时易扩张。

（3）间质性肺气肿　多伴发于肺泡性肺气肿，肺泡或细支气管破裂，气体进入间质，使其扩张。常见于牛甘薯黑斑病中毒。

2. 病理变化

（1）急性肺泡性肺气肿

眼观：可见肺体积增大，常充满胸腔，色泽苍白，质地松软，按压后凹陷慢慢复平，并有捻发音，切面干燥。

镜检：可见肺泡强度扩张，间隔变薄，毛细血管闭塞，肺泡隔常发生破裂，融合成大的囊腔。

（2）慢性肺泡性肺气肿

眼观：可见肺脏膨大，肺表面有肋骨压痕，肺切面有气囊泡，切开时有破裂声。

镜检：可见其病变与急性肺泡性肺气肿相同，但肺泡弹性纤维减少，间质结缔组织增多。

（3）间质性肺气肿

眼观：可见肺小叶间质增宽，内有成串的大气泡，许多单个气泡形成完整的条索，使肺呈网状，牛和猪因肺间质丰富而疏松，故间质性气肿非常明显。

3. 结局和对机体的影响

急性肺气肿在病因消除后，肺组织弹性恢复，可完全恢复正常，慢性肺泡性肺气肿由于破坏严重，部分发生纤维化，不能完全恢复。肺气肿可使胸内压升高，静脉回流障碍，肺泡壁毛细血管闭锁，肺动脉压升高，加重右心负荷，引起右心肥大，重者可引起呼吸及心脏功能不全。

三、肺萎陷

肺萎陷也称肺膨胀不全或肺不张，是指肺泡内空气含量减少而塌陷。

1. 病因

（1）压迫性萎陷　肺外压力升高，如气胸、水胸、胸腔肿瘤、肺肿瘤、寄生虫、腹内压升高时，都可压迫肺脏，使其扩张受阻。

（2）阻塞性肺萎陷　支气管管腔不通（主要是支气管炎时渗出物增多）、黏膜肿胀、虫体、肿瘤均可阻塞支气管，气体不能进入，原有的氧气逐渐被吸收而形成萎陷。

（3）新生动物肺内未进入空气，发生先天性膨胀不全或肺不张。

2. 病理变化

眼观：可见肺病变部位体积缩小，表面塌陷，呈暗红色或紫红色，无弹性，质地如肉，切面平滑。

镜检：可见肺泡壁平行排列，彼此相接，毛细血管充血，萎陷的肺泡腔内有脱落的肺泡上皮细胞。

3. 结局和对机体的影响

病因消除后，可有良好结局，如病因持续存在，萎陷部可发生淤血、水肿、肺泡壁细胞变性，间质结缔组织增生，最后纤维化，肺组织变硬；若继发感染，可发生肺炎。

子任务6 分析肾脏病理

［任务目标］

掌握肾脏疾病病理的眼观变化特点，熟悉各种肾炎的发生机理。鉴别诊断各种肾炎的眼观病理变化，并具有描述和分析问题的能力、利用已知知识解决问题的能力。

［基础链接］

在学习以下内容之前，建议将以下在基础课当中学过的知识点进行回顾，以便更好地运用。

各种动物肾脏解剖生理特点。

［任务导入］

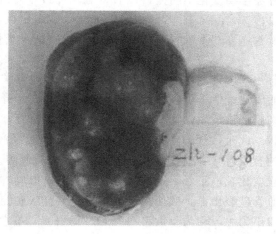

图 15-10

问题：

1. 图 15-10（彩图见插页）是哪些地方发生病变（发生异常）？
2. 请描述发生了什么样的异常。

［相关知识］

一、肾炎

肾炎是指以肾小球、肾小管和间质的炎症变化为特征的疾病。根据发生部位和性质，通常把肾炎分为肾小球肾炎、间质性肾炎和化脓性肾炎。

（一）肾小球肾炎

肾小球肾炎是以肾小球的炎症为主的肾炎。炎症过程常常始于肾小球，然后逐渐波及肾球囊、肾小管和间质。根据病变波及的范围，肾小球肾炎可分为弥漫性和局灶性两类。病变累及两侧肾脏几乎全部肾小球者，为弥漫性肾小球肾炎；仅有散在的部分肾小球受累，为局灶性肾小球肾炎。

1. 病因与机制

家畜肾小球肾炎常发生于某些传染病过程中，如猪丹毒、猪瘟、链球病、沙门菌病、鸡新城疫、马传染性贫血等。近年来，大量试验和医学临床研究证明，肾小球性肾炎是一种变态反应性炎症，多半属于抗原抗体反应所引起的免疫性疾病。机体在抗原物质包括外源性、内源性抗原的作用下，产生抗体反应，由形成的免疫复合物引起肾小球肾炎。其机理有两种情况：一种是在肾小球内直接形成免疫复合物，引起肾小球炎症，或者在血液循环中形成免疫复合物，经血流而沉积在肾小球内，损害肾小球；另一种情况是形成的免疫复合物，在肾小球内激活各种炎症介质而引起肾小球损伤。

2. 类型与病理变化

肾小球肾炎的分类方法很多，分类的基础和依据各不相同。根据肾小球肾炎的病程和病理变化，一般将肾小球肾炎分为急性、亚急性和慢性三大类。

（1）急性肾小球肾炎 起病急、病程短，病理变化主要在肾小球毛细血管网和肾球囊内，通常开始以血管球毛细血管变化为主，以后肾球囊内也出现明显病变，病变性质包括变质、渗出和增生三种变化，但不同病例，有时以增生为主，有时以渗出为主。

眼观：急性肾小球肾炎早期变化不明显，以后肾脏轻度或中度肿大、充血，包膜紧张，表面光滑，色较红，所以称"大红肾"。若肾小球毛细血管破裂出血，肾脏表面及切面可见散在的小出血点，形如蚤咬，称"蚤咬肾"，肾切面可见皮质由于炎性水肿而变宽，纹理模糊，与髓质分界清楚。

镜检：主要病变是肾小球内细胞增生。早期，肾小球毛细血管扩张充血，内皮细胞和系膜细胞肿胀增生，毛细血管通透性增强，血浆蛋白滤入肾球囊内，肾小球内有少量白细胞浸润。随后肾小球内系膜细胞严重增生，这些增生细胞压迫毛细血管，使毛细血管管腔狭窄甚至阻塞，肾小球呈缺血状。此时，肾小球内往往有多量炎性细胞浸润，肾小球内细胞增多，肾小球体积增大，膨大的肾小球毛细血管网几乎占据整个肾球囊腔。囊腔内有渗出的白细胞、红细胞和浆液。病理变化较严重者，毛细血管腔内有血栓形成，导致毛细血管发生纤维素样坏死，坏死的毛细血管破裂出血，致使大量红细胞进入肾球囊腔。不同的病例，病变的表现形式不同，有的以渗出为主，称为急性渗出性肾小球肾炎；有些以系膜细胞增生为主，称为急性增生性肾小球肾炎；伴有严重大量出血者称为急性出血性肾小球肾炎。肾小管上皮常有颗粒变性、玻璃样变性和脂肪变性。管腔内含有从肾小球滤过的蛋白、红细胞、白细胞和脱落的上皮细胞，这些物质在肾小管内凝集成各种管型。由蛋白凝固而成的称为透明管型，由许多细胞聚集而成的称为细胞管型。肾脏间质内常有不同程度的充血、水肿及少量淋巴细胞和中性粒细胞浸润。

（2）亚急性肾小球肾炎 亚急性肾小球肾炎可由急性肾小球肾炎转化而来，或由于病因作用较弱，病势一开始就呈亚急性经过。

眼观：肾脏体积增大，被膜紧张，质地柔软，色泽苍白或淡黄色，俗称"大白肾"。若皮质有无数瘀点，表示曾有急性发作。切面隆起，皮质增宽，苍白色、混浊，与颜色正常的髓质分界明显。

镜检：突出的病变为大部分肾球囊内有新月体形成。新月体主要由壁层上皮细胞增生和渗出的单核细胞组成。扁平的上皮细胞肿大，呈梭形或立方形，成层堆积在肾球囊，形成新月体或球形体。新月体内的上皮细胞间可见红细胞、中性粒细胞和纤维素性渗出物，早期新月体主要由细胞构成，称为细胞性新月体。上皮细胞之间逐渐出现新生的纤维细胞，纤维组织逐渐增多形成纤维细胞性新月体。最后新月体内的上皮细胞和渗出物完全由纤维组织替代，形成纤维性新月体。新月体的形成一方面压迫毛细血管丛，另一方面使肾小囊闭塞，致使肾小球的结构和功能严重破坏，影响血浆从肾小球滤过，最后毛细血管丛萎缩、纤维化，整个肾小球呈纤维化玻璃样变。肾小管上皮细胞广泛颗粒变性，由于蛋白的吸收形成细胞内玻璃样变，病变肾单位所属肾小管上皮细胞萎缩甚至消失，间质水肿，炎性细胞浸润，后期发生纤维化。

（3）慢性肾小球肾炎　慢性肾小球肾炎可以由急性和亚急性肾小球肾炎演变而来，也可以一开始就呈慢性经过，慢性肾小球肾炎起病缓慢，病程长，常反复发作，是各型肾小球肾炎发展到晚期的一种综合性病理类型。

眼观：由于肾组织纤维化、瘢痕收缩和残存肾单位的代偿性肥大，肾脏体积缩小，表面高低不平，呈弥漫性细颗粒状，质地变硬，肾皮质常与肾被膜发生粘连，颜色苍白，故称"颗粒性固缩肾"或"皱缩肾"，切面见皮质变薄，纹理模糊不清，皮质与髓质分界不明显。

镜检：大量肾小球纤维化，玻璃样变，所属的肾小管也萎缩消失，纤维化，由于萎缩部有纤维化组织增生，继而发生收缩，致使玻璃样变的肾小球互相靠近，这种现象称为"肾小球集中"。有些纤维化的肾小球消失于周围增生的结缔组织之中，残存的肾单位发生代偿性肥大，表现为肾小球体积增大，肾小管扩张。扩张的肾小管管腔内常有各种管型，间质纤维组织明显增生，并有大量的淋巴细胞和浆细胞浸润。

（二）间质性肾炎

间质性肾炎是在肾脏间质发生的以淋巴细胞、单核细胞浸润和结缔组织增生为原发病变的非化脓性肾炎。

1. 病因与机制

本病原因尚不完全清楚，一般认为与感染、中毒性因素有关，某些细菌或病毒性传染病如布氏杆菌病、钩端螺旋体病、副伤寒、犬瘟热、猪大肠杆菌病等多有间质性肾炎的病变，青霉素类、先锋霉素、磺胺类药物过敏及寄生虫感染等都可引起间质性肾炎。

间质性肾炎常同时发生于两侧肾脏，表明其发生是毒性物质在排泄过程中经血源性途径侵入肾脏而引起的，炎症首先从肾小管间的间质开始，表现为淋巴细胞和单核细胞浸润，并有成纤维细胞增生，由于间质中增生和浸润的细胞压迫肾小管和肾小球，可使肾小管和肾小球发生萎缩和崩解消失，若大量的肾单位被破坏，患畜往往死于尿毒症。

2. 类型与病理变化

根据间质性肾炎炎症波及的范围不同可将其分为两种类型。

（1）弥漫性间质性肾炎

眼观：急性弥漫性间质性肾炎的肾脏稍肿大，被膜紧张容易剥离，颜色苍白或灰白，切面间质明显增厚，灰白色，皮质纹理不清，髓质淤血暗红。亚急性和慢性弥漫性间质性肾炎的肾脏体积缩小，质地变硬，肾表面凹凸不平，呈淡灰色或黄褐色，被膜增厚，与皮质粘连，剥离困难，切面皮质变薄，皮质与髓质分界不清，这种肾炎眼观和显微镜下与慢性肾小球肾炎都不易区别。

镜检：急性弥漫性间质性肾炎的间质小血管扩张充血，结缔组织水肿，白细胞浸润，浸润的白细胞为单核细胞、淋巴细胞和浆细胞，浸润细胞波及整个肾间质。肾小管及肾小球变化多不明显，当转为慢性间质性肾炎时，间质发生纤维组织广泛增生，随着纤维组织逐渐成熟，炎性细胞数量逐渐减少。许多肾小管发生颗粒变性、萎缩消失，并被纤维组织所代替，残留的肾小管则发生扩张和肥大。肾小囊发生纤维性肥厚或者囊腔扩张，以后肾小球变形或皱缩，在与慢性肾小球肾炎鉴别诊断时，许多肾小球无变化或仅有轻度的变化是其主要特点。

（2）局灶性间质性肾炎

眼观：在肾表面及切面皮质部散在多数点状、斑状或结节状病灶。病灶的外观依动物不同而略有差异，牛尤其是犊牛，病灶较大（豌豆大到蚕豆大），稍膨隆，呈灰白色，有油脂样光泽，称为白斑肾；犬间质性肾炎病灶较小，为圆形或多形的灰色小结节；马间质性肾炎病灶更小，通常为灰白色针尖大小的小结节，小病灶可以融合成大病灶，严重者也可发展成为弥漫性间质性肾炎。

（三）化脓性肾炎

化脓性肾炎是指肾实质和肾盂的化脓性炎症，根据病原的感染途径不同可分为以下两种类型。

1. 肾盂肾炎

肾盂肾炎是肾盂和肾组织因化脓菌感染而发生的化脓性炎症，通常是从下端尿路上行的尿源性感染，常与输尿管、膀胱和尿道的炎症有关。

（1）病因与机制　细菌感染是肾盂肾炎的主要原因，主要病原菌是棒状杆菌、葡萄球菌、链球菌、铜绿假单胞菌，大多是混合感染。尿道狭窄与尿路阻塞都是引起肾盂肾炎的重要因素，尿路阻塞导致尿液蓄积，细菌大量繁殖，引起炎症，细菌沿尿道逆行蔓延到肾盂，经集合管侵入肾髓质，甚至侵入肾皮质，导致肾盂肾炎。

（2）病理变化

眼观：初期，肾脏肿大、柔软，被膜容易剥离，肾表面常有略显隆起的灰黄色或灰白色斑状化脓灶，脓灶周围的肾表面有出血。切面肾盂高度肿胀，黏膜充血水肿，肾盂内充满脓液；髓质部有自肾乳头伸向皮质的呈放射状的灰白色或灰黄色条纹，以后这些条纹融合成楔状的化脓灶，其底面转向肾表面，尖端位于肾乳头，病灶周围有充血、出血，与周围健康组织分界清楚。严重病例肾盂黏膜和肾乳头组织发生化脓、坏死，引起肾组织的进行性脓性溶解，肾盂黏膜形成溃疡，后期肾实质内楔形化脓灶被吸收或机化，形成瘢痕组织，在肾表面出现较大的凹陷，肾体积缩小，形成继发性皱缩肾。

镜检：初期，肾盂黏膜血管扩张、充血、水肿和细胞浸润。浸润的细胞以中性粒细胞为主。黏膜上皮细胞变性、坏死、脱落，形成溃疡。自肾乳头伸向皮质的肾小管（主要是集合管）内充满中性粒细胞，细菌染色可发现大量病原菌，肾小管上皮细胞坏死脱落，间质内常有中性粒细胞浸润、血管充血和水肿。后期转变为亚急性或慢性肾盂肾炎时，肾小管内及间质内的细胞浸润以淋巴细胞和浆细胞为主，形成明显的楔形坏死灶，病变区成纤维细胞广泛增生，形成大量的结缔组织，结缔组织纤维化形成瘢痕组织。

2. 栓子性化脓性肾炎

发生在肾实质内的一种化脓性炎症，其特征性病理变化是在肾脏形成多发性脓肿。

（1）病因与机制　病原是各种化脓菌，这种化脓菌多来源于机体其他组织器官的化脓性炎症，机体其他组织器官的化脓性炎症的化脓菌团块侵入血流，经血液循环转移到肾脏，进入肾脏的化脓菌栓子在肾小球毛细血管及间质的毛细血管内形成栓塞，引起化脓性肾炎。

（2）病理变化

眼观：病变常累及两侧肾脏，肾脏体积增大，被膜容易剥离。在肾表面有多个稍隆起的灰黄色或乳白色圆形小脓肿，周边围以鲜红色或暗红色的炎性反应带。切面上的小脓肿较均匀地散布在皮质部，髓质内的脓肿灶较少。髓质内的病灶往往呈灰黄色条纹状，与髓线平行，边缘有鲜红色或暗红色的炎性反应带。

镜检：在血管球及间质毛细血管内有细菌团块形成的栓塞，其周围有大量中性粒细胞浸润。在肾小管间也可见到同样的细菌团块和中性粒细胞浸润，以后浸润部肾组织发生坏死和脓性溶解，形成小脓肿，脓肿范围逐渐扩大和融合，形成较大的脓肿，其周围组织充血、出血、炎性水肿以及中性粒细胞浸润。

二、肾病

肾病是指以肾小管上皮细胞变性、坏死为主的一类病变，是由于各种内源性毒素和外源性毒物随血液流入肾脏而引起的。外源性毒物包括重金属（汞、铅、砷、铋和钴等）、有机溶剂（氯仿、四氯化碳）、抗生素（新霉素、多黏菌素）、磺胺类以及栎树叶与栎树籽实等；内源性毒素是许多疾病过程中产生的并经肾排出的毒素。毒性物质随血流进入肾脏，可直接损害肾小管上皮细胞，使肾小管上皮细胞变性、坏死。

1. 坏死性肾病（急性肾病）

多见于急性传染病和中毒病。

眼观：两侧肾脏轻度或中度肿大，质地柔软，颜色苍白。切面稍隆起，皮质部略有增厚，呈苍白色，髓质淤血，暗红色。

镜检：急性病例的特征是肾小管上皮细胞变性、坏死、脱落，管腔内出现颗粒管型和透明管型。早期由于肾小管上皮肿胀，肾小管管腔变窄；晚期肾小管中度扩张。经一周后，上皮细胞可以再生。肾小管基底膜由新生的扁平上皮细胞覆盖，以后肾小管完全修复不留痕迹，但动物多在大量肾小管上皮细胞变性、坏死时发生肾功能衰竭而死亡。

2. 淀粉样肾病（慢性肾病）

多见于一些慢性消耗性疾病。

眼观：肾脏肿大，质地坚硬，色泽灰白，切面呈灰黄色半透明的蜡样或油脂状。

镜检：肾小球毛细血管、入球动脉和小叶间动脉及肾小管的基底膜上有大量淀粉样物质沉着。所属肾小管上皮细胞发生颗粒变性、透明变性、脂肪变性、水泡变性和坏死，病程久者，间质结缔组织广泛增生。

子任务7　分析脾脏病理

[任务目标]

掌握脾脏疾病病理的眼观变化特点，熟悉脾脏各种炎症的发生机理。培养识别各种脾脏疾病的眼观病理变化并进行描述的能力。

[基础链接]

在学习以下内容之前，建议将以下在基础课当中学过的知识点进行回顾，以便更好地运用。

各种动物脾脏解剖与生理结构特点。

[任务导入]

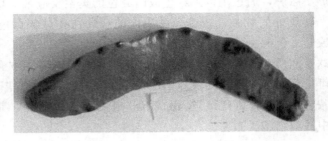

图 15-11

问题:

1. 图 15-11 (彩图见插页) 是哪个脏器发生病变 (发生异常)?
2. 请描述发生了什么样的异常。

[相关知识]

脾脏的炎症称为脾炎, 各种传染病及部分寄生虫引起的侵袭病中多有脾炎发生, 在某些非传染性疾病中也有发生。

1. 急性炎性脾肿

急性炎性脾肿亦称为败血脾, 是指伴有脾脏明显肿大的急性脾炎, 多见于急性败血性疾病过程中, 如急性猪丹毒、猪急性副伤寒、猪急性链球菌病、弓形虫病等。

(1) 病理变化

眼观: 脾脏体积增大, 但程度不同, 一般比正常大 2～3 倍, 有时甚至可达 5～10 倍; 被膜紧张, 边缘钝圆; 切开时流出血样液体, 切面隆起并富有血液, 明显肿大时犹如血肿, 呈暗红色或黑红色, 白髓和脾小梁形象不清, 脾髓质软, 用刀轻刮切面, 可刮下大量富含血液而软化的脾髓。

镜检: 可见脾髓内充盈大量血液, 脾实质细胞 (淋巴细胞、网状细胞) 弥漫性坏死、崩解而明显减少; 白髓体积缩小, 甚至几乎完全消失, 仅在中央动脉周围残留少量的淋巴细胞; 红髓中固有的细胞成分也大为减少, 有时在小梁或被膜附近可见一些被血液排挤的淋巴组织。脾脏含血量增多是急性炎性脾肿最突出的病变, 也是脾体积增大的主要组织学基础。脾脏内大量血液充盈是炎性充血的结果, 同时也有血液的淤积, 其发生与血液循环障碍和自主神经功能障碍导致的脾被膜、小梁内平滑肌松弛以及上述支持组织中平滑肌、胶原纤维、弹性纤维的损伤有直接联系, 在充血的脾髓中还可见病原菌和散在的炎性坏死灶, 后者由渗出的浆液、中性粒细胞和坏死崩解的脾实质细胞混杂在一起组成, 其大小不一, 形状不规则。此外, 被膜和小梁中的平滑肌、胶原纤维和弹性纤维肿胀、溶解, 排列疏松。

(2) 结局和对机体的影响　急性炎性脾肿的病因消除后, 炎症过程逐渐消散, 充血消失, 局部血液循环可恢复正常, 坏死的细胞崩解, 随同渗出物被吸收。此时脾脏实质成分减少, 结果使脾脏皱缩, 其被膜上出现皱纹, 质地松弛, 切面干燥呈褐红色。以后这种脾脏通过淋巴组织再生和支持组织的修复一般都可以完全恢复其正常的形态结构和功能。有些因机体状况不良而再生能力弱和脾实质破坏严重可发生脾萎缩，此时脾体积缩小，质软，被膜和小梁因结缔组织增生而增厚、变粗。

2. 坏死性脾炎

坏死性脾炎是指脾脏以实质的变性和坏死变化为主，而渗出和增生变化轻微的炎症过程，多见于坏死杆菌病、沙门菌病、禽霍乱、鸡新城疫等。

（1）病理变化

眼观：脾脏体积不肿大，其外形、色彩、质地与正常脾脏无明显的差别，透过被膜可见分布不均的灰白色坏死小点。

镜检：可见脾脏实质细胞坏死特别明显，在白髓和红髓均可见散在的坏死灶，其中多数淋巴细胞和网状细胞已坏死，其胞核溶解或破碎，胞浆肿胀、崩解；少数细胞尚具有淡染而肿胀的胞核。坏死灶内同时见浆液渗出和中性粒细胞浸润，有些粒细胞也发生核破碎。脾脏含血量不见增多，故脾脏的体积不肿大。被膜和小梁均见变质性变化。鸡新城疫和鸡霍乱时，表现为坏死性脾炎，坏死主要发生在鞘动脉的网状细胞，并可扩大波及周围淋巴组织。此时鞘动脉的内皮细胞稍肿胀，尚可辨认，而外围的网状细胞都发生坏死，其胞核溶解，胞浆肿胀、崩解；坏死细胞通常与渗出的浆液混合成均质一片，严重时周围的淋巴组织也发生坏死，且可与相邻的坏死灶互相融合，有的坏死性脾炎，由于血管壁破坏，还可发生较明显的出血。例如在猪瘟的一些病例，脾脏白髓内出现灶状出血，严重时整个白髓的淋巴细胞几乎全被红细胞替代。坏死性脾炎中增生过程通常很不明显。

（2）结局和对机体的影响　坏死性脾炎的病因消除后，炎症过程可以消散，随着坏死液化物质和渗出物的吸收，淋巴细胞和网状细胞的再生，一般可以完全恢复脾脏的结构和功能。只有脾实质和支持组织遭受严重损伤的病例，脾脏才不能完全恢复，其实质成分减少，出现纤维化，支持组织中结缔组织明显增生而致小梁增粗和被膜增厚。

3. 慢性脾炎

慢性脾炎是指伴有脾脏肿大的慢性增生性脾炎，多见于慢性传染病和寄生虫病，如结核、布氏杆菌病、副伤寒、亚急性或慢性马传染性贫血、牛传染性胸膜肺炎、锥虫病、焦虫病等。

（1）病理变化

眼观：脾脏轻度肿大或比正常大1～2倍，被膜增厚，边缘稍显钝圆，其质地硬实，切面平整或稍隆突，在暗红色红髓的背景上可见灰白色增大的淋巴小结呈颗粒状向外突出；但有时这种现象不明显，只见整个脾脏切面色彩变淡，呈灰红色。

镜检：可见增生过程特别明显，此时淋巴细胞和巨噬细胞都可呈现分裂增殖，但在不同的传染病过程中有的以淋巴细胞增生为主，有的以巨噬细胞增生为主，有的淋巴细胞和巨噬细胞都明显增生。如亚急性马传染性贫血慢性脾炎时，脾脏淋巴细胞增生特别明显，淋巴小结明显增多，排列紧密。鸡结核性脾炎，脾巨噬细胞明显增多，外围淋巴细胞增多，结缔组织增生。布氏杆菌病慢性脾炎，既可见淋巴细胞增生，又可见上皮样细胞结节和普通结缔组织增生。

（2）结局和对机体的影响　慢性脾炎通常以不同程度的纤维化为结局。随着慢性传染病过程的结束，脾脏中增生的淋巴细胞逐渐减少，局部网状纤维胶原化，上皮样细胞转变为成纤维细胞，结果使脾脏内结缔组织成分增多，发生纤维化；而被膜、小梁也因结缔组织增生而增厚、变粗，从而导致脾脏体积缩小、质地变硬。

子任务 8　分析胃肠病理

[任务目标]

掌握消化系统疾病病理的眼观变化特点，熟悉胃炎、肠炎的发生机理。培养识别各种类型胃炎、肠炎眼观病理变化并进行描述的能力。

[基础链接]

在学习以下内容之前，建议将以下在基础课当中学过的知识点进行回顾，以便更好地运用。

各种动物消化系统生理。

[任务导入]

图 15-12

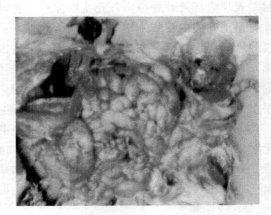

图 15-13

问题：

1. 图 15-12（彩图见插页）与图 15-13（彩图见插页）是哪些地方发生病变（发生异常）？
2. 请描述发生了什么样的异常。

[相关知识]

一、胃炎

胃炎是指胃壁表层和深层组织的炎症。按病程长短临床上分为急、慢性两种。

1. 急性胃炎

急性胃炎病程短，发病急，症状重，炎症变化剧烈，渗出现象明显；根据渗出物的性质和病变特点分为以下 5 种类型。

（1）急性卡他性胃炎　是常见的一种胃炎类型，以胃黏膜表面被覆多量黏液和脱落上皮为特征。

① 病因：包括生物性（细菌、病毒、寄生虫等）因素、机械性（粗硬饲料、尖锐异物刺激）因素、物理性（冷、热刺激）因素、化学性（酸性或碱性物质、霉败饲料、化学药物）因素以及剧烈的应激等。其中以生物性因素最为常见，损害最严重，例如，猪瘟、猪丹毒、猪传染性胃肠炎、猪伪狂犬病、仔猪水肿病、犬瘟热、犬细小病毒性肠炎、鸡新城疫、

禽霍乱等传染性疾病均可引起急性卡他性胃炎。

② 病理变化

眼观：发炎部位胃黏膜特别是胃底腺部黏膜呈现弥漫性充血、潮红、肿胀，黏膜面被覆多量浆液性、浆液-黏液性、脓性甚至血性分泌物，并常散发斑点状出血和糜烂。

镜检：可见胃黏膜上皮细胞变性、坏死、脱落，有时局部出现浅层糜烂；固有层、黏膜下层毛细血管扩张、充血，甚至出血；固有膜内淋巴小结肿胀，有时见其生发中心扩大或有新生淋巴小结；组织间隙有大量的浆液渗出及炎性细胞浸润，杯状细胞增多并脱落；黏膜下层轻度水肿。

（2）出血性胃炎　出血性胃炎以胃黏膜弥漫性或斑块状、点状出血为特征。

① 原因：各种原因造成的剧烈呕吐、强烈的机械性刺激、毒物中毒及某些传染病。如灭鼠药、重金属（砷）、农药中毒，霉败饲料的刺激，鸡新城疫、鸡法氏囊病、禽流感、猪瘟、犬瘟热、犬细小病毒性肠炎、兔巴氏杆菌病、兔瘟、败血性猪丹毒、绵羊真胃内的捻转胃虫侵袭等均可引起胃黏膜出血性胃炎。

② 病理变化

眼观：胃黏膜呈深红色的弥漫性、斑块状或点状出血，黏膜表面或胃内容物内含有游离的血液。时间稍久，血液渐呈棕黑色，与黏液混在一起成为一种淡棕色的黏稠物，附着在胃黏膜表面。

镜检：可见黏膜固有层、黏膜下层毛细血管扩张、充血，红细胞局灶性或弥漫分布于整个黏膜内。

（3）纤维素性胃炎　是以胃黏膜表面覆盖大量纤维素性渗出物为特征。

① 病因：强烈刺激物刺激引起，误服腐蚀性药物，也常见于某些传染病过程中。

② 病理变化

眼观：胃黏膜表面被覆一层灰白色纤维素性假膜。浮膜性炎，假膜易剥离，剥离后，黏膜显示肿胀、充血、出血和糜烂；固膜性炎，纤维素膜与组织结合牢固，不易剥离，强行剥离则见溃疡形成。

镜检：黏膜表面的固有膜下层大量纤维素渗出。黏膜上皮变性，坏死脱落，表面覆盖大量的纤维素性物质，其中混合炎性细胞。黏膜下层充血，水肿，渗出明显，含纤维素。

（4）化脓性胃炎　以胃黏膜表面脓性渗出物形成为特征。

① 病因：多见于尖锐异物损伤后继发感染引起化脓。

② 病理变化

眼观：胃黏膜表面覆盖一层黄白色浓汁样黏液性分泌物，黏膜上皮湿润、充血、出血。严重时可造成糜烂，溃疡，穿孔，继而形成化脓性腹膜炎。

镜检：黏膜固有层及下层有大量中性粒细胞浸润，局部脓性溶解。

（5）坏死性胃炎　是以胃黏膜坏死和形成溃疡为特征。

① 病因：常见于一些传染病，应激反应和寄生虫感染。

② 病理变化

眼观：胃黏膜表面有大小不等的坏死灶，圆形或不规则。有糜烂，溃疡形成至穿孔。

镜检：坏死部位组织溶解，周边及底部明显充血，炎性细胞浸润。

2. 慢性胃炎

慢性胃炎是以黏膜固有层和黏膜下层结缔组织显著增生为特征的炎症。慢性胃炎病情缓和、病程较长，有的病例伴有显著增生，常常是由急性胃炎转化而来。

（1）病因　多由急性胃炎发展转变而来，少数由寄生虫（猪蛔虫，马胃蝇的幼虫，牛、羊真胃捻转血矛线虫）寄生所致。

（2）病理变化

眼观：胃黏膜表面被覆大量灰白色、灰黄色黏稠的液体，皱褶显著增厚。由于增生性变化，使全胃或幽门部黏膜肥厚，称肥厚性胃炎。有的胃黏膜由于增生不均匀，黏膜表面呈高低不平的颗粒状，称颗粒性胃炎，它较多发生于胃底腺部。随着病变的发展，有的由于腺体、肌层、胃黏膜萎缩变薄，胃壁由厚变薄，皱襞减少，称萎缩性胃炎。

镜检：肥厚性胃炎时，黏膜固有层和黏膜下层腺体、结缔组织增生，并有多量炎性细胞浸润；固有层的部分腺体受增生的结缔组织压迫而萎缩，部分存活的腺体则呈代偿性增生；腺体的排泄管也因受增生的结缔组织压迫而变得狭长，形成闭塞的小囊泡。颗粒性胃炎时，黏膜固有层腺体与黏膜下层的结缔组织呈不均匀的增生。

二、肠炎

肠炎指肠的某段或全部肠道的炎症。若炎症局限于一某一部位，可就按照该部位的名称来进行命名。但肠炎并不局限于某一固定区段，往往表现为不同肠段同时发生或相继发生炎症，因此临床上常有小肠结肠炎、盲肠结肠炎之称。根据病程长短可将肠炎分为急性和慢性两种。

1. 急性肠炎

急性肠炎根据渗出物的性质和病变特点，常分为以下五种类型。

（1）急性卡他性肠炎　为临床上最常见的一种肠炎类型，多为各种肠炎的早期变化，以充血和渗出为主，主要以肠黏膜表面渗出多量浆液和黏液为特征。

① 病因：卡他性肠炎病因很多，有营养性、中毒性、生物性因素等几大类，如饲料粗糙、霉败、搭配不合理，饮水过冷、不洁，误食有毒植物，滥用抗生素导致肠道正常菌群失调及霉菌（黄曲霉毒素）导致的霉菌毒素中毒（黄曲霉毒素中毒），病毒、细菌、寄生虫感染引起的猪瘟、伪狂犬病、细小病毒性肠炎、传染性胃肠炎、鸡新城疫、禽流感、传染性法氏囊病、牛黏膜病、犬细小病毒性肠炎、仔猪黄痢、仔猪白痢、仔猪副伤寒、鸡白痢、伤寒、副伤寒、禽霍乱、鸡盲肠肝炎等。

② 病理变化

眼观：肠黏膜表面（或肠腔中）有大量半透明的无色浆液或灰白色、灰黄色黏液，刮取覆盖物可见肠黏膜潮红、充血、肿胀，肠壁孤立淋巴滤泡和淋巴结肿胀，形成灰白色结节，呈半球状突起。

镜检：黏膜上皮变性、脱落，杯状细胞显著增多，黏液分泌增多。黏膜固有层毛细血管扩张、充血，并有大量浆液渗出和大量中性粒细胞及数量不等的组织细胞、淋巴细胞浸润，有时可见出血性变化。当有化脓性细菌（如链球菌、绿脓杆菌等）感染时，可形成大量脓性分泌物被覆于肠黏膜表面，黏膜上皮坏死，大量多形核中性粒细胞浸润，坏死变化严重。

（2）出血性肠炎　特征是肠黏膜明显出血（大量血管受破坏）。

① 病因：主要有化学毒物（如牛、羊误食夹竹桃叶子）引起的中毒，微生物感染（炭疽、钩端螺旋体病、犬细小病毒性肠炎、急性猪丹毒、仔猪红痢、猪痢疾、羊肠毒血症、禽霍乱、禽流感）或寄生虫侵袭（鸡、兔球虫病）。

② 病理变化

眼观：肠黏膜肿胀，有点状、斑块状或弥漫性出血，黏膜表面覆盖多量红褐色黏液，有时有暗红色血凝块。肠内容物中混有血液，呈淡红色或暗红色。

镜检：黏膜上皮和腺上皮变性、坏死和脱落，黏膜固有层和黏膜下层血管明显扩张、充血、出血和炎性渗出。

（3）化脓性肠炎　是由化脓菌引起的以嗜中性粒白细胞渗出和肠壁组织脓性溶解为特征的肠炎。

① 病因：主要由各种化脓性细菌引起，如沙门菌、链球菌、志贺杆菌等，多经肠黏膜损伤部或溃疡面侵入。

② 病理变化

眼观：黏膜表面覆盖多量脓性渗出物。有时形成大片糜烂或溃疡。

镜检：黏膜表面及黏膜内有大量中性粒细胞，黏膜上皮变性、坏死、脱落，毛细血管扩张、充血、出血。

（4）纤维素性肠炎　纤维素性肠炎是以肠黏膜表面被覆纤维素性渗出物为特征的炎症，临床上多为急性或亚急性经过。

① 病因：多数与病原微生物感染有关，如猪瘟、仔猪副伤寒、鸡沙门菌病、猪坏死性肠炎、鸡新城疫、小鹅瘟等。

② 病理变化

眼观：初期肠黏膜充血、出血和水肿，黏膜表面有多量灰白色、灰黄色絮状、片状、糠麸样纤维素性渗出物，多量的渗出物形成薄膜被覆于黏膜表面。如果纤维素性薄膜在肠黏膜上易于剥离，肠黏膜仅有浅层坏死，则称为浮膜性肠炎，薄膜剥离后黏膜充血、水肿，表面光滑，有时可见轻度糜烂，肠内容物稀薄如水，常混有纤维素碎片。

镜检：病变部位肠黏膜上皮脱落，渗出物中有大量的纤维素和黏液、中性粒细胞，黏膜层、黏膜下层小血管充血、水肿和炎性细胞浸润。

（5）纤维素性坏死性肠炎　是指肠黏膜坏死后，黏膜表面覆盖一层纤维素假膜为特征的炎症。

① 病因：与纤维素性肠炎相同，常伴发于猪瘟、猪副伤寒、鸡新城疫等。

② 病理变化

眼观：如果肠黏膜发生深层坏死，渗出的纤维蛋白与黏膜深部组织牢固结合，不易剥离，强行剥离后，可见黏膜出血和溃疡，则称为固膜性肠炎，也叫做纤维素性坏死性肠炎，以亚急性、慢性猪瘟在大肠黏膜表面形成的"扣状肿"最为典型。

镜检：病变部黏膜上皮完全脱落，黏膜坏死，大量纤维蛋白与坏死组织融合在一起，黏膜固有结构消失，坏死组织周围明显充血、出血、炎性细胞浸润。

2. 慢性肠炎

慢性肠炎是以肠黏膜和黏膜下层结缔组织增生及炎性细胞（淋巴细胞为主，还有浆细胞、组织细胞）浸润为特征的炎症。

（1）病因　慢性肠炎主要由急性肠炎发展而来，也可见于长期饲喂不当，肠内大量寄生虫寄生时。

（2）病理变化　眼观：肠管臌气（肠蠕动减弱、排气不畅）。肠黏膜表面被覆多量黏液，肠黏膜增厚。有时结缔组织增生不均，使黏膜表面呈现高低不平的颗粒状或形成皱褶。此外，病程较长时，黏膜萎缩，增生的结缔组织收缩，肠壁变薄。

镜检：黏膜上皮细胞变性、脱落，肠腺间结缔组织增生，肠腺萎缩或完全消失或伸长，呈安瓿样扩张；有时结缔组织侵及肌层及浆膜，并有淋巴细胞、浆细胞、组织细胞浸润，有时有嗜酸性粒细胞浸润。

三、胃肠炎的结局及对机体的影响

1. 结局

急性胃肠炎病因消除后，机体通过抗损伤、修复，多可恢复正常。否则转为慢性胃肠炎，最终引起胃肠功能障碍。

2. 影响

① 腹泻和消化不良：病因刺激引起肠蠕动加快、分泌增多，出现腹泻。慢性肠炎：肠腺萎缩，运动功能、分泌功能下降引起消化不良、便秘、臌气。

② 脱水及酸碱平衡紊乱：急性肠炎、剧烈腹泻，导致大量肠液、胰液丢失，K^+、Na^+ 流失增多，重吸收减少而引起脱水、电解质丢失及酸碱平衡紊乱。

③ 肠管的屏障功能障碍和自体中毒：急性肠炎时黏膜肿胀引起胆管口被堵塞，导致胆汁排出受阻，肠道细菌得以大量繁殖，产生毒素，加之黏膜受损，将毒素吸收入血，引起自体中毒。慢性肠炎时肠运动、分泌功能减弱，引起内容物停滞，可发酵、腐败、分解，产生毒性物质，导致中毒。

子任务 9　分析骨、关节、肌肉病理

[任务目标]

掌握骨、关节、肌肉病理的眼观变化特点。培养识别骨、关节、肌肉病理眼观病理变化并进行描述的能力。

[基础链接]

在学习以下内容之前，建议将以下在基础课当中学过的知识点进行回顾，以便更好地运用。

各种动物骨骼肌肉生理。

[任务导入]

图 15-14　　　　　　　　　　　　　　　　　　　图 15-15

问题：

1. 图 15-14 与图 15-15 是哪些地方发生病变（发生异常）？
2. 请描述发生了什么样的异常。

［相关知识］

一、骨骼病理

1. 佝偻病和骨软症

佝偻病和骨软症是由于钙、磷代谢障碍或维生素 D 缺乏而造成的以骨基质钙化不良为特征的一种代谢性骨病。幼龄动物称为佝偻病。成年动物称为骨软症，又称成年佝偻病。佝偻病、骨软症本质是骨组织内钙盐（碳酸钙、磷酸钙）含量减少。

（1）原因和机制　本病的发生概括起来主要与以下因素有关：母乳或饲料中缺乏维生素 D、钙、磷不足或比例不当；阳光照射不足或肝、肾功能降低而影响饲料中或体内的维生素 D 前身物质向维生素 D 及其衍生物的转化过程；消化功能紊乱或食入锶、铍等元素过多时影响维生素 D 的吸收和利用。

维生素 D 可促进小肠对钙、磷的吸收，调节血液中钙磷的比例，有利于钙盐（主要是磷酸钙）在骨基质中沉着。因此，维生素 D 缺乏时，特别是饲料中钙磷比例不平衡的情况下，导致钙磷代谢紊乱，使骨基质不能完全钙化而发生佝偻病或骨软症。

（2）病理变化　本病变化主要在生长迅速的部位和负重的部位（如长骨的干骺端）。

眼观：在早期一般无明显变化；在后期长骨的骨端和肋胸关节肿大，严重时四肢骨由于负重而弯曲，产生"弓腿"。肋骨和肋软骨交界处呈结节状隆起，形成串珠状"佝偻珠"。脊柱弯曲，胸骨变形，牙齿排列紊乱、磨损迅速不均匀。有时骨外膜形成骨赘，或骨髓腔变小。

镜检：骨骺软骨细胞肥大，并在局部大量堆积，使软骨带加宽，且软骨细胞突向骨干侧，呈岛屿状或舌状生长，因此，骨骺线变宽且不齐。其他部位骨内膜和骨外膜也有大量未钙化的骨样组织，软骨细胞增多。在骨软症时，由于已形成的骨组织脱钙，形成大小不等、形态各异的陷窝，使骨组织失去正常的结构。

2. 纤维性骨营养不良

纤维性骨营养不良是由于日粮中磷过剩而继发钙缺乏或原发性钙缺乏而发生的一种以马属动物为主的骨骼疾病，亦见于山羊和猪，有时也见于牛，特征性病变是骨组织呈现进行性脱钙及软骨组织纤维性增生，进而骨体积增大而重量减轻，尤以面骨和长骨骨端显著。

（1）原因和机制　磷的饲喂量并不多，但钙喂量不足，或钙、磷喂量均不足也被认为是纤维性骨营养不良的一种原因（如辽宁省一些地区），长期过劳或长期休闲也可助长病的发生。

由于饲料中含钙不足或含磷过剩、或含钙正常但含磷特别高，引起机体钙、磷代谢紊乱。血磷过高将使血钙（主要是离子钙）浓度下降，从而刺激甲状旁腺，引起甲状旁腺激素分泌增多，促进溶骨，在钙被动员溶出的同时，磷酸盐也被同时溶出，使血磷浓度更高。而且磷的潴留又使肠吸收钙减少，加重了钙的负平衡，更促进了骨钙的溶出。病马在临床上常伴有慢性胃肠卡他，也可以影响消化道对钙的正常吸收作用，慢性胃肠卡他既是骨营养不良发生后的一种表现，如异嗜癖和消化功能紊乱，也是纤维性骨营养不良的一种诱发因素。

（2）病理变化

眼观：头骨肿大，尤其是下颌骨和上颌骨最明显，骨体肿大呈圆筒状，使下颌间隙变窄和鼻道狭窄。脊柱弯曲，椎骨体肿大，横突与棘突增厚。肋骨增厚变形，肋骨软骨结合部隆起，四肢骨肿胀，骨质疏松，其断面骨质扩大，密骨质变薄，全身的骨骼都出现不同程度的肿胀、变形和变软，容易针刺、锯断，甚至可以用刀切开。

二、关节炎

关节炎是指关节各部位的炎症过程，常发部位有肩关节、膝关节、跗关节、肘关节、腕关节等，多发生于单个关节，有时对称性出现。

1. 原因

引起关节炎的常见原因是创伤和感染，其次是变态反应和自身免疫。

由于剧烈运动等机械性原因造成关节囊、关节韧带、关节部软组织、甚至关节内软骨和骨的创伤，常引起浆液性关节炎，如继发感染则转为感染性关节炎。感染性关节炎主要指由于各种微生物因素（如霉形体、衣原体、细菌、病毒等）所引起的关节部位的炎症过程。感染性关节炎常伴发于全身性败血症或脓毒败血症，即病原体通过血液侵入关节，引起关节炎。也可由于关节创伤、骨折、关节手术、关节囊内注射、抽液等直接感染。另外，相邻部位（骨髓、皮肤、肌肉）的炎症也可蔓延至关节而发病。风湿性关节炎是一种变态反应性疾病，类风湿关节炎则是一种慢性、全身性、自身免疫性疾病。

2. 病理变化

急性关节炎时关节肿胀，关节囊紧张，关节腔内聚有浆液性、纤维素性或化脓性渗出物，滑膜充血、增厚。浆液性关节炎时，关节囊内充满大量稀薄、无色或淡黄色的浆液。纤维素性关节炎时，关节腔内有多量渗出液，其中含有黄白色的纤维蛋白，纤维蛋白常常被压扁而浮于关节渗出液内，或于关节内面形成纤维素性假膜。化脓性关节炎时，渗出物为脓性，进一步侵害关节软骨和骨骼则引起化脓性软骨炎和化脓性骨髓炎，关节软骨面粗糙、糜烂。在慢性关节炎时关节囊、韧带、关节骨膜、关节周围的结缔组织呈慢性纤维性增生，进一步发展到关节骨膜、韧带及关节周围结缔组织发生骨化，关节明显粗大、活动很小。最后两骨端被新生组织完全愈着在一起，导致关节变形和强硬。

三、白肌病

白肌病是多种动物的营养代谢性疾病，它是由于硒和维生素 E 缺乏所引的以肌肉（骨骼肌和心肌）病变为主的疾病。特征是肌肉发生变性、凝固性坏死，色泽苍白，故称白肌病。

1. 原因和机制

本病的发生主要是由于饲料中长期缺乏微量元素硒和/或维生素 E，其中缺硒是最重要的因素。

硒是体内谷胱苷肽过氧化物酶的必需成分，具有抗氧化作用，以保护细胞的膜结构；维生素 E，也具有抗氧化作用并能保护细胞的膜结构，因此两者相互协同。当两者缺乏时，体内过氧化物增加并累积，造成膜结构损伤。生长发育的幼畜，对硒和维生素 E 缺乏更敏感，常引起肌纤维变性、坏死和钙化，即白肌病。

2. 病理变化

本病的病变主要见于负重较大的肌肉（如臀部、股部、肩胛部和胸背部肌群）和持续活动的肌肉（心肌、膈肌）。

眼观：骨骼肌病变常见皮下及肌间结缔组织水肿，肌肉肿胀、色变淡，透过肌膜，见肌组织出现黄白色条纹状的坏死病灶，有时整个肌群全部形成黄白色的条纹状病变。心肌呈黄白色斑块状或弥漫性变性、坏死，心肌柔软，有时有斑点或条纹状出血，机化后，心壁变薄。

镜检：可见肌纤维变性、横纹消失，肌纤维肿胀、变粗，甚至断裂成长短不一的节片；肌间水肿。后期，肌纤维消失，同时，有的肌纤维断端靠近肌浆膜处的胞核和少量肌浆发生增生，这种正在增生的胞核及周围的肌浆，称为成肌细胞。肌纤维蜡样坏死区有巨噬细胞、淋巴细胞及浆细胞浸润，并有较多的成纤维细胞增生。

另外，雏鸡缺硒时，可引起渗出性素质，主要是缺硒引起毛细血管通透性增高，使皮下发生水肿。严重病例，由于腹部皮下液体的积聚，雏鸡站立时双腿叉开，胸、腹部皮下浮肿，有蓝绿色黏性液体渗出（有时透过皮肤也能见到），胸肌、腿肌轻度出血，心包液增多，胰腺坏死、萎缩，甚至纤维化。

子任务 10　分析生殖器官病理

[任务目标]

掌握生殖系统疾病病理的眼观变化特点，掌握子宫内膜炎的病理变化特点。培养识别子宫内膜炎眼观病理变化并进行描述的能力。

[基础链接]

在学习以下内容之前，建议将以下在基础课当中学过的知识点进行回顾，以便更好地运用。

各种动物生殖系统生理。

[任务导入]

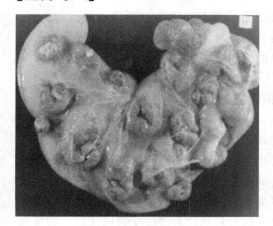

图 15-16　　　　　　　　　　　　　　　　　　　　图 15-17

问题：

1. 图 15-16（彩图见插页）与图 15-17（彩图见插页）是哪些地方发生病变（发生异常）？

2. 请描述发生了什么样的异常。

[相关知识]

一、子宫内膜炎

子宫内膜炎为母畜常发的疾病之一，尤以乳牛多见。是主要波及子宫黏膜或内膜的炎症，也是子宫炎最常见的类型。

1. 病因及发病机制

子宫内膜炎通常与流产和分娩密切相关，产道开张，胎盘剥离，子宫黏膜受损，尤其是胎盘停滞，容易被许多微生物侵入。引起子宫内膜炎的原因归纳为两种：理化因素和传染性因素。前者如过热或过浓的刺激性的消毒药水冲洗子宫、产道。难产时助产器械，截胎后暴露出的胎儿骨端，以及助产者的手指引起的子宫黏膜损伤；后者是各种化脓菌和腐败菌的感染，如棒状化脓杆菌、大肠杆菌、坏死杆菌、梭状芽孢杆菌、链球菌及葡萄球菌等都是最常见的病原菌。生殖克雷伯杆菌、兽医链球菌和马流产沙门菌也能引起母马的感染；马尔他布氏杆菌、流产布氏杆菌、猪布氏杆菌和犬布氏杆菌等则可引起山羊、牛、猪、绵羊和犬的特殊性感染。必须指出，健康家畜的子宫和阴道内经常有微生物存在，当机体的抵抗力减弱时，原来存在的非致病性微生物也有可能迅速繁殖，毒力增强，引起自体感染。

2. 类型和病理变化

子宫内膜炎分为急性和慢性两类，根据炎性渗出物的性质又分为卡他性和化脓性。

（1）急性化脓性子宫内膜炎

眼观病变：子宫浆膜无明显变化，但器官常增大和松软，切开子宫后，黏膜肿胀、充血、出血，表面被覆有污红色的浆液-黏液渗出物，尤其在子叶及其周围充血与出血更为明显。较严重的病例，黏膜表面粗糙，混浊和坏死，若坏死组织脱落则遗留糜烂，炎症限于一侧子宫角，或两侧的子宫角、子宫体与子宫颈。

镜检病变：黏膜血管充血，并有散在出血和小血管内血栓形成。黏膜浅层的子宫腺管周围，有时在腺腔内，均有明显的中性粒细胞、巨噬细胞和淋巴细胞等浸润。黏膜上皮和部分浅层的子宫腺管上皮发生变性、坏死和脱落，黏膜表面被覆含有脱落上皮及白细胞的黏液。病变严重时，白细胞浸润和水肿可侵及子宫壁深层，而且黏膜组织的变性、坏死显著，常与渗出的纤维素和红细胞凝结在一起，其周围有密集的白细胞浸润。

（2）慢性子宫内膜炎

① 慢性卡他性子宫内膜炎：慢性卡他性子宫内膜炎的病理形态多样，这取决于病程长短和病原体作用的性质。初期，黏膜有明显的出血、水肿、白细胞渗出等轻度的急性炎症变化；以后，主要特点是浆细胞和淋巴细胞的大量浸润，成纤维细胞增生，因此黏膜变肥厚。由于黏膜内细胞浸润，腺体和腺管间的结缔组织增生不均衡，变化显著的部位则向腔内呈息肉状隆起，此时称为慢性息肉性子宫内膜炎。随着成纤维细胞的增生和成熟，子宫腺的排泄管受到挤压，分泌物蓄积在腺腔内，使腺腔扩张呈囊状，因而眼观在黏膜表面可见大小不等的囊肿，呈半球状隆起，内含无色或稍混浊的液体，此时称慢性囊肿性子宫内膜炎。在慢性子宫内膜炎的发展过程中，有时子宫内膜的柱状上皮可化生为复层鳞状上皮，并可发生角化。有些病例，黏膜层的子宫腺萎缩或消失，黏膜变得很薄，称为慢性萎缩性子宫内膜炎。

牛发生慢性子宫内膜炎时，坏死的子宫黏膜经常发生钙盐沉着，形成硬固的灰白色小斑点。

② 慢性化脓性子宫内膜炎（子宫积脓）：常见于牛和猪，经常在分娩后有胎儿或胎膜滞

留时发生，由于子宫腔内蓄积大量的脓液，使子宫腔扩张，子宫体积增大，触摸时有波动感。剖开子宫时，由于化脓菌种类的不同，流出不同颜色的脓液，可呈淡黄色、黄绿色或褐红色。脓液有时稀薄如水，有时混浊浓稠，或者呈干酪样。子宫黏膜面粗糙、污秽、无光泽，常被覆多量的坏死组织碎片，使黏膜面的外观如散布一层麦麸一般。子宫壁的厚度与脓液的蓄积量有关。光镜下可见黏膜内有大量的中性粒细胞、浆细胞和淋巴细胞浸润。

患布氏杆菌病的母猪，子宫黏膜中出现粟粒至高粱大小的多发性黄白色结节，向表面隆起，部分为化脓或干酪样坏死的病灶。病猪多发性坏死性葡萄球菌子宫内膜炎时，子宫内蓄积脓液很少，子宫腔狭窄，子宫壁增厚，黏膜上有针头大到豌豆大的淡灰色坏死灶，严重的病例，黏膜弥漫性坏死，由上皮到深层发展。

二、卵巢炎

1. 急性卵巢炎

常在产后继发于输卵管炎或由腹膜炎波及而来，形成浆液性、纤维素性、出血性或化脓性炎。

眼观卵巢肿大、柔软，并有炎性渗出物产生，有时覆盖大量纤维素或散在出血斑点。化脓性炎症时，可见卵巢表面和实质内有小脓肿。

2. 慢性卵巢炎

多继发于急性卵巢炎，也有一开始即呈慢性经过的。

卵巢实质变性，淋巴细胞和浆细胞浸润，结缔组织增生，卵巢白膜增厚，体积缩小，质地变硬，称"卵巢硬化"。

三、睾丸炎

睾丸炎可发生于多种动物，但以牛、羊、猪多见。根据发生的原因和病程可分为以下类型。

1. 急性睾丸炎

由外伤或经血源感染引起，或由尿道经输精管感染发病，病原菌有化脓菌、坏死杆菌、布氏杆菌和马流产菌等。

眼观：发炎睾丸发红、肿胀，被膜紧张变硬，切面湿润多汁、实质显著隆突，炎症波及被膜，可引起睾丸鞘膜炎，有时见有大小不等的凝固性坏死灶或化脓灶。

镜检：可见细精管内及间质有炎性细胞（中性粒细胞、淋巴细胞及浆细胞等）浸润，血管充血、炎性水肿，并见组织坏死。

2. 慢性睾丸炎

多继发于急性炎症，以局灶性或弥漫性肉芽组织增生为特征，睾丸的体积不变或缩小，质地坚硬、表面粗糙，被膜增厚，切面干燥，常有钙盐沉着，伴有鞘膜炎时，因机化使鞘膜脏层和壁层粘连，以致睾丸被固定，不能移动。

此外，结核分枝杆菌、布氏杆菌、鼻疽杆菌等特定病原菌还可引起特异性睾丸炎，病原多源于血源散播，病程多取慢性经过。

子任务 11　分析脑、脊髓病理

［任务目标］

掌握各种脑炎的发病原因与病理变化特点。掌握脑炎发病的本质并能够采取正确的诊断方法判断为何种脑炎，培养分析问题的能力、利用已知知识解决问题的能力。

[基础链接]

在学习以下内容之前，建议将以下在基础课当中学过的知识点进行回顾，以便更好地运用。

1. 神经生理。
2. 脑部组织的细胞结构。

[任务导入]

痒病是绵羊和山羊的一种缓慢发展的传染性中枢神经系统疾病。其特征为几年的潜伏期，剧痒，共济失调、麻痹、衰竭、最后死亡。本病病原可使人致病，与人的库鲁病，克-雅病（进行性早老性痴呆症）类似。痒病、库鲁病和克-雅病可能是由同一或极其类似的病原引起。

图 15-18

图 15-19

问题：

1. 图 15-18（彩图见插页）与图 15-19（彩图见插页）是哪些地方发生病变（发生异常）？
2. 病理图片发生了什么样的异常？

[相关知识]

脑炎是指脑实质的炎症，当同时伴有脊髓炎时，则成为脑脊髓炎，按炎症性质通常将脑炎分为化脓性脑炎和非化脓性脑炎。

1. 化脓性脑炎

化脓性脑炎是指脑组织由于化脓菌感染而引起的以大量中性粒细胞渗出，同时伴有局部组织液化坏死和脓汁形成为特征的炎症过程。

（1）原因　引起化脓性脑炎的病原主要是细菌，如葡萄球菌、链球菌、棒状杆菌、巴氏杆菌、李氏杆菌、大肠杆菌等，主要源于血源性感染和组织源性感染。

（2）病理变化　化脓性脑炎在脑组织中形成微细脓肿到眼观可见的脓肿，单发或多发，但很少出现大范围的化脓性浸润。脓肿壁呈絮状的软化组织，浸润有大量的中性粒细胞，中性粒细胞在毛细血管周围形成袖套。陈旧的脓肿灶周围由神经胶质细胞及结缔组织增生形成包囊。

2. 非化脓性脑炎

非化脓性脑炎是动物脑炎中常见的一种，其特征是脑血管周围间隙有数量不等的炎性细胞（淋巴细胞、浆细胞或嗜酸性粒细胞）浸润，构成袖套现象。

（1）病毒性脑炎　　本型脑炎呈典型的非化脓性脑炎，主要病变在脑脊髓实质，脑脊髓膜变化轻微。

① 病因：多见于动物的乙型脑炎、狂犬病、伪狂犬病、猪瘟、犬瘟热、鸡新城疫、禽脑脊髓炎等。

② 病理变化

眼观：软脑膜充血水肿，脑回变短、变宽，脑沟变浅，切面充血、水肿，严重者可见点状出血及粟粒至米粒大小的软化灶，软化灶可以散在或聚集成群。

镜检有以下特征。

a. 血管变化：脑血管扩张充血，血流停滞，血管内皮细胞肿胀，血管周围有浆液渗出，间隙增宽，由聚集的淋巴细胞、单核细胞等构成血管套。

b. 神经细胞变性、坏死，神经元变性的通常形式是，中心染色质溶解，并逐渐扩展到整个细胞，然后细胞肿胀、苍白，细胞核消失。严重时，神经原凝固、皱缩、变圆，深染伊红，核固缩或消失。神经元数量减少，如鸡患脑脊髓炎时，小脑浦肯野细胞变性、坏死，而且数目明显减少。

c. 神经胶质细胞增生，神经胶质细胞呈弥漫性或局灶性增生，且主要是小胶质细胞的增生。局灶性增生可发生于脑实质的任何部位。在脑炎区，少突胶质细胞发生变性。星型胶质细胞变性或增生，取决于损伤的严重程度。小胶质细胞还可参与构成卫星现象和噬神经现象，变性、坏死的神经元被吞噬后，常为增生的胶质细胞所取代，形成胶质细胞结节。

很少有严重的脑膜炎，但某些病原对脑膜有选择性亲和力，因此，脑膜炎也是原发病的一部分，如犬瘟热等。如上所述，血管周围套、神经元变性和神经胶质细胞增生，是中枢神经系统病毒性感染的典型指征，并且意味着病毒的细胞致病作用和对神经细胞变性的应答。病毒性脑炎不仅有上述共同的病变，由于病原不同，还有某些特异病变，如在狂犬病的脑神经细胞的胞质内见有包涵体，这是诊断狂犬病的重要依据。

（2）嗜酸性粒细胞性脑炎　　是由食盐中毒引起的以嗜酸性粒细胞渗出为主的脑炎，本型脑炎多发于鸡、猪，主要由于食入含盐过多的饲料引起。

眼观：软脑膜充血，脑回变平，脑实质有小出血点，其他病变不明显。

镜检：可见大脑软脑膜充血、水肿，有时出血。脑膜及灰质内血管周围有嗜酸性粒细胞构成的血管套，多者达十几层。脑实质毛细血管内常形成微血栓，靠近血管的部位也有嗜酸性粒细胞浸润。大脑灰质的另一变化是发生急性层状或假层状坏死与液化，发生在灰质的中层。有时第三、四、六层还可见散在的微细海绵状空腔化区。

[相关练习]

如何区分化脓性和非化脓性脑炎？

项目三　动物尸体剖检技术

⊙ [项目任务描述]

1. 掌握各种常见病变的眼观变化。
2. 熟练掌握动物尸体剖检技术。
3. 掌握病料的采取、保存及运输方法。

⊙ [技能目标描述]

1. 能够正确识别常见病变的眼观变化。
2. 能够进行病死动物的尸体剖检。
3. 能够熟练进行动物病料的采取、保存、包装和运输的操作。

⊙ [项目内容]

项目三 动物尸体剖检技术	任务 16 病理变化的识别
	任务 17 掌握动物尸体剖检术式
	任务 18 动物病料的采取、保存、包装和运输

任务 16　病理变化的识别

[任务目标]

掌握充血、出血、淤血、水肿、萎缩、变性、坏死等常见病理现象的眼观变化，能够初步分析引起各种眼观变化的原因及机理。培养识别并描述充血、出血、淤血、水肿、萎缩、变性、坏死等常见病理现象的眼观变化的能力。

[材料资源]

病理标本或者图片：各种充血、出血、淤血、水肿、萎缩、变性、坏死等常见病理现象的眼观标本或者病理图片。

[任务导入]

学生观察病理标本或者病理图片，描述并识别各组织器官发生的眼观病变，并且进一步分析发生该病变的原因及机理。

[相关内容]

一、充血变化

1. 观看急性猪丹毒病猪的肾脏的病理图片

眼观肾脏稍肿大，全肾呈鲜红色，夹杂有灰色的云雾状斑纹，切面上皮质部呈鲜红色，颜色比髓质部深。

2. 猪丹毒病猪的皮肤疹块的病理图片

眼观皮肤上有不规则的疹块稍突起于皮肤、颜色鲜红。

二、淤血变化

1. 观看急性肝淤血的病理图片

肝脏体积略增大，边缘钝圆，呈暗紫红色，切面流出黑红色的血液。

2. 观看肺淤血的病理图片

多见于左心机能不全。静脉回流受阻，肺体积增大，被膜紧张，色紫红，质地较坚实，切面流出多量暗红色的血液。

三、出血变化

观看组织出血的病理图片：

（1）在皮肤上有针尖大的出血点和出血斑，颜色鲜红或暗红；

（2）在腹膜下有血凝块与周围分界清楚，呈暗红色或黑红色，剖面呈轮层状，还有未凝固的血液。

四、梗死变化

观看急性猪瘟猪的脾脏出血性梗死的病理图片：脾脏体积正常或稍增大，其边缘或表面有暗红色单个或多个，大小不等的隆起或略高于周围组织的梗死灶，与健康组织界限清楚。梗死灶呈黑红色，中央色稍淡，较干燥，无光泽，在梗死灶周围有暗红色的出血性浸润带。

五、水肿变化

1. 观看皮下水肿的病理图片

皮下疏松结缔组织层增宽，有灰白色半透明的物质聚集。

2. 观看肺水肿的病理图片

肺体积增大，被膜紧张，重量增加，切块投入水中如载重舟；切面流出大量血色泡沫状液体；肺间质增宽，其间聚集白色胶冻样水肿液。

3. 观看胃肠道水肿的病理图片

切面见胃黏膜下有灰白色胶冻样浆液浸润。

六、萎缩、变性、坏死的变化

1. 观看猪肾肿胀的病理图片

体积增大，被膜紧张，边缘钝圆，颜色苍白混浊呈水煮样外观。切面，皮髓质界线不清，质脆易碎。

2. 观看猪皮肤水疱变性的病理图片

猪蹄部皮肤上见有黄豆至蚕豆大的浅红色溃疡灶，此为皮肤上水疱破裂后所形成。为猪水疱病的图片。

3. 观看猪肝脂肪变性的病理图片

肝体积增大，质软易碎，呈黄褐色、灰褐色或土黄色。肝脂肪变性可发生在小叶中心或小叶周边。若小叶周边脂肪化，小叶中心区淤血，则形成红黄相间的外观，称槟榔肝。

4. 观看肌肉蜡样坏死的病理图片

此标本取自硒缺乏症的羔羊和牛，坏死肌肉混浊肿胀，干燥坚实，呈灰黄色或灰白色，形似石蜡。

5. 观看结核干酪样坏死的病理图片

此标本为牛淋巴结结核。眼观淋巴结体积增大，表面有大小不等的圆形或类圆形结节，切面见皮质和髓质中有白色或灰白色的干酪样或豆腐渣样的坏死物质，质地松软易碎。

任务 17　掌握动物尸体剖检术式

[任务目标]

熟练掌握猪、鸡尸体剖检术式，识别各组织器官发生的眼观变化，并能够初步分析引起疾病的原因。培养识别组织器官的眼观病理变化的能力，分析问题的能力。

[材料资源]

病死动物、尸体剖检器材。

[任务导入]

学生观看动物尸体剖检术式的演示，学生分组进行操作，组内分工，认真进行尸体剖检操作并进行尸体剖检记录。

[相关内容]

动物尸体剖检是运用病理解剖知识，通过检查尸体的病理变化，来诊断疾病的一种方法。剖检时，必须对病尸的病理变化做到全面观察，客观描述，详细记录，然后运用辩证唯物主义的观点，进行科学分析和推理判断，从中作出符合客观实际的病理解剖诊断。

1. 尸体剖检的意义

尸体剖检是运用兽医病理学知识检查尸体的病理变化，来诊断和研究疾病的一种方法。病理解剖学的研究主要依靠这种方法，在临床实践上则经常应用这种方法对病畜进行死后诊断。

尸体剖检的意义有以下三方面。

① 提高临床诊断和治疗质量。在临床实践中，通过尸体剖检，可以检验临床诊断和治疗的准确性，及时总结经验，提高诊疗质量。

② 尸体剖检是最为客观、快速的畜禽疾病诊断方法之一。对于一些群发性疾病，如传染病、寄生虫病、中毒性疾病和营养缺乏症等，或对一些群养动物（尤其是中、小动物如猪和鸡）疾病，通过尸体剖检，观察器官特征病变，结合临床症状和流行病学调查等，可以及早做出诊断（死后诊断），及时采取有效的防治措施。

③ 促进病理学教学和病理学研究。尸体剖检是病理学不可分割的、重要的实际操作技术，是研究疾病的必需手段，也是学生学习病理学理论与实践结合的一条途径。随着养殖业的迅速发展和一些新畜种、新品种的引进，临床上常会出现一些新病，老病则可能发生新变化，给临床诊断造成一定的困难。对临床上出现的新问题，或新的病例进行尸体剖检，可以了解其发病情况，疾病的发生、发展规律以及应采取的防治措施。

尸体剖检，常按一定的目的进行。按剖检目的的不同，尸体剖检分为诊断学剖检、科学研究剖检和法兽医学剖检 3 种。诊断学剖检的目的在于查明病畜发病和致死的原因、目前所处的阶段和应采取的措施。这就要求对待检动物全身的每个脏器和组织都要做细致的检查，并汇总相关资料进行综合分析。只有这样，才能得出准确的结论。科学研究剖检以学术研究为目的，如人工造病以确定实验动物全身或某个组织器官的病理变化规律。多数情况下，目标集中在某个系统或某个组织，对其他的组织和器官只做一般检查。法兽医学剖检则以解决与兽医有关的法律问题为目的，是在法律的监控下所进行的剖检。三者各依其目的要求来考虑剖检方法和步骤。

2. 尸体的变化

动物死亡后，有机体变为尸体。因体内存在着的酶和细菌的作用以及外界环境的影响，动物死亡后逐渐发生一系列的死后变化。在检查判定大体病变前，正确地辨认尸体变化，可以避免把某些死后变化误认为生前的病理变化。尸体的变化有多种，其中包括尸冷、尸僵、尸斑、尸体自溶、尸体腐败、血液凝固。

(1) 尸冷　指动物死亡后，尸体温度逐渐降至外界环境温度水平的现象。尸冷之所以发生是由于机体死亡后，机体的新陈代谢停止，产热过程终止，而散热过程仍在继续进行。在死后的最初几小时，尸体温度下降的速度较快，以后逐渐变慢。通常在室温条件下，一般以 $1℃/h$ 的速度下降，因此动物的死亡时间大约等于动物的体温与尸体温度之差。尸体温度下降的速度受外界环境温度的影响，如受季节的影响，冬季天气寒冷将加速尸冷的过程，而夏季炎热将延缓尸冷的过程。检查尸体的温度有助于确定死亡的时间。

(2) 尸僵　动物死亡后，肢体由于肌肉收缩变硬，四肢各关节不能伸屈，使尸体固定于一定的形状，这种现象称为尸僵。

动物死后最初由于神经系统麻痹，肌肉失去紧张力而变得松弛柔软。但经过很短时间后，肢体的肌肉即行收缩变为僵硬。尸僵开始的时间，因外界条件及机体状态不同而异。大、中动物一般在死后 $1.5\sim 6h$ 开始发生，$10\sim 24h$ 最明显，$24\sim 48h$ 开始缓解。尸僵从头部开始，然后是颈部、前肢、后躯和后肢的肌肉逐渐发生，此时各关节因肌肉僵硬而被固定，不能屈曲。解僵的过程也是从头、颈、躯干到四肢。除骨骼肌以外，心肌和平滑肌同样可以发生尸僵。在死后 $0.5h$ 左右心肌即可发生尸僵，尸僵时心肌的收缩使心肌变硬，同时可将心脏内的血液驱出，肌层较厚的左心室表现得最明显，而右心往往残留少量血液。经 $24h$，心肌尸僵消失，心肌松弛。如果心肌变性或心力衰竭，则尸僵可不出现或不完全，这时心脏质地柔软，心腔扩大，并充满血液。因此，发生败血症时，尸僵不完全。

富有平滑肌的器官，如血管、胃、肠、子宫和脾脏等，平滑肌僵硬收缩，可使腔状器官的内腔缩小，组织质地变硬。当平滑肌发生变性时，尸僵同样不明显，例如败血症的脾脏，由于平滑肌变性而使脾脏质地变软。

了解尸僵有助于在诊断过程中加以鉴别。尸僵出现的早晚、发展程度以及持续时间的长短与外界因素和自身状态有关。如周围气温较高，尸僵出现较早，解僵也较迅速，寒冷时则尸僵出现较晚，解僵也较迟。肌肉发达的动物，要比消瘦动物尸僵明显。死于破伤风或番木鳖碱中毒的动物，死前肌肉运动较剧烈，尸僵发生得快而且明显。死于败血症的动物，尸僵不显著或不出现。另外，如尸僵提前，说明动物急性死亡并有剧烈的运动或高热疾病，如破伤风；如尸僵时间延缓、拖后，尸僵不全或不发生尸僵，应考虑到生前有恶病质或烈性传染病，如炭疽等。

除了注意时间以外，还要注意关节不弯曲。发生慢性关节炎时关节也不弯曲。但如果是尸僵的话，四个关节均不能弯曲，而如果是慢性关节炎的话，不能弯曲的关节只有一个或两个。

（3）尸斑 动物死亡后，由于心脏和大动脉的临终收缩及尸僵的发生，血液被排挤到静脉系统内，并由于重力作用，血液流向尸体的低下部位，使该部血管充盈血液，呈青紫色，这种现象称为坠积性淤血。尸体倒卧侧组织器官的坠积性淤血现象称为尸斑。一般在死后1～1.5h即可能出现。尸斑坠积部的组织呈暗红色。初期，用指按压该部可使红色消退，并且这种暗红色的斑可随尸体位置的变更而改变。随着时间的延长，红细胞发生崩解，血红蛋白溶解在血浆内，并通过血管壁向周围组织浸润，结果使心内膜、血管内膜及血管周围组织染成紫红色，这种现象称为尸斑浸润，一般在死后24h左右开始出现。改变尸体的位置，尸斑浸润的变化也不会消失。

检查尸斑，对于死亡时间和死后尸体位置的判定有一定的意义。临床上应与淤血和炎性充血加以区别。淤血发生的部位和范围，一般不受重力作用的影响，如肺淤血或肾淤血时，两侧的表现是一致的，肺淤血时还伴有水肿和气肿。炎性充血可出现在身体的任何部位，局部还伴有肿胀或其他损伤。而尸斑则仅出现于尸体的低下部，除重力因素外没有其他原因，也不伴发其他变化。

（4）尸体自溶和尸体腐败 尸体自溶是指动物体内的溶酶体酶和消化酶如胃液、胰液中的蛋白解酶，在动物死亡后，发挥其作用而引起的自体消化过程。自溶过程中细胞组织发生溶解，表现最明显的是胃和胰腺，胃黏膜自溶时表现为黏膜肿胀、变软、透明，极易剥离或自行脱落和露出黏膜下层，严重时自溶可波及肌层和浆膜层，甚至可出现死后穿孔。尸体腐败是指尸体组织蛋白由于细菌作用而发生腐败分解的现象，主要是由于肠道内的厌氧菌的分解、消化作用，或血液内、肺脏内细菌的作用，也有从外界进入体内的细菌的作用。在腐败过程中，体内复杂的化合物被分解为简单的化合物，并产生大量气体，如氨、二氧化碳、甲烷、氮、硫化氢等。因此，腐败的尸体内含有多量的气体，并产生恶臭。尸体腐败的变化可表现在以下几个方面。

① 死后臌气：这是胃肠内细菌繁殖，胃肠内容物腐败发酵、产生大量气体的结果。这种现象在胃肠道表现明显，尤其是反刍兽的前胃和单蹄兽的大肠更明显。此时，气体可以充满整个胃肠道，使尸体的腹部膨胀，肛门突出且哆开，严重臌气时可发生腹壁或横膈破裂。死后臌气应与生前臌气相区别，生前臌气压迫横膈使其前伸造成胸内压升高，引起静脉血回流障碍呈现淤血，尤其是头、颈部，浆膜面还可见出血，而死后臌气则无上述变化。死后破裂口的边缘没有生前破裂口的出血性浸润和肿胀。在肠道破裂口处有少量肠内容物流出，但没有血凝块和出血，只见破裂口处的组织撕裂。

② 肝、肾、脾等内脏器官的腐败：肝脏的腐败往往发生较早，变化也较明显。此时，肝脏体积增大，质地变软，污灰色，肝包膜下可见到小气泡，切面呈海绵状，从切面可挤出混有泡沫的血水，这种变化，称为泡沫肝。肾脏和脾脏发生腐败时也可见到类似肝脏腐败的变化。

③ 尸绿：动物死后尸体变为绿色，称为尸绿。由于组织分解产生的硫化氢与红细胞分解产生的血红蛋白和铁相结合，形成硫化血红蛋白和硫化铁，致使腐败组织呈污绿色，这种变化在肠道表现得最明显。临床上可见到动物的腹部出现绿色，尤其是禽类，常见到腹底部的皮肤为绿色。

④ 尸臭：尸体腐败过程中产生大量带恶臭的气体，如硫化氢、甲硫醇、氨等，致使腐败的尸体具有特殊的恶臭气味。

通过尸体的自溶和腐败，可以使死亡的动物逐步分解、消失。但尸体腐败的快慢，受周围环境的温度和湿度及疾病性质的影响。适当的温度、湿度或死于败血症和有大面积化脓性炎症的动物，尸体腐败较快且明显。在寒冷、干燥的环境下或死于非传染性疾病的动物，尸体腐败缓慢且微弱。

尸体腐败可使生前的病理变化遭到破坏，这样会给剖检工作带来困难，因此，病畜死后应尽早进行尸体剖检，以免死后变化与生前的病变发生混淆。

（5）血液凝固　动物死后不久还会出现血液凝固，即心脏和大血管内的血液凝固成血凝块。在死后血液凝固较快时，血凝块呈一致的暗红色。在血液凝固缓慢时，血凝块分成明显的两层，上层为主要含血浆成分的淡黄色鸡脂样凝血块，下层为主要含红细胞的暗红色血凝块，这是由于血液凝固前红细胞沉降所致。

血凝块表面光滑、湿润，有光泽，质柔软，富有弹性，并与血管内膜分离。血凝块与血栓不同，应注意区别。动物生前如有血栓形成，血栓的表面粗糙，质脆而无弹性，并与血管壁有粘连，不易剥离，硬性剥离可损伤内膜。在静脉内的较大血栓，可同时见到黏着于血管壁上呈白色的头部（白色血栓）、红白相间的体部（混合血栓）和全为红色的游离的尾部（红色血栓即血凝块）。

血液凝固的快慢与死亡的原因有关。由于败血症、窒息及一氧化碳中毒等死亡的动物，往往血液凝固不良。

3. 尸体剖检前的准备

进行尸体剖检，尤其是剖检传染病尸体时，剖检者既要注意防止病原扩散，又要预防自身感染。因此，必须做好如下工作。

（1）剖检场地的选择　尸体剖检，特别是剖检传染病尸体，一般应在病理剖检室进行，以便消毒和防止病原扩散。如果条件不许可而在室外剖检时，应选择地势较高、环境较干燥、远离水源、道路、房舍和畜舍的地点进行。剖检前挖 2m 深的深坑，剖检后将内脏、尸体连同被污染的土层投入坑内，再撒上石灰或喷洒 10% 的石灰水、3%～5% 来苏儿或臭药水，然后用土掩埋。

（2）尸体剖检常用的器械和药品　根据死前症状或尸体特点准备解剖器械，一般应有解剖刀、剥皮刀、脏器刀、外科刀、脑刀、外科剪、肠剪、骨剪、骨钳、镊子、骨锯、双刃锯、斧头、骨凿、阔唇虎头钳、探针、量尺、量杯、注射器、针头、天平、磨刀棒或磨刀石等。如没有专用的解剖器材，也可用其他合适的刀、剪代替。准备装检验样品的灭菌平皿、棉拭子和固定组织用的内盛 10% 福尔马林或 95% 酒精的广口瓶。常用消毒液，如 3%～5% 来苏儿、石炭酸、臭药水、0.2% 高锰酸钾、70% 酒精、3%～5% 碘酒等。此外，还应准备凡士林、滑石粉、肥皂、棉花和纱布等。

（3）剖检人员的防护　剖检人员，特别是在剖检传染病尸体时，应穿工作服、外罩胶皮或塑料围裙，戴胶手套、线手套、工作帽，穿胶鞋。必要时还要戴上口罩和眼镜。如缺乏上述用品时，可在手上涂抹凡士林或其他油类，保护皮肤，以防感染。在剖检中不慎切破皮肤时应立即消毒和包扎。

在剖检过程中，应保持清洁，注意消毒。常用清水或消毒液洗去剖检人员手上和刀剪等器械上的血液、脓液和各种排出物。

剖检后，双手先用肥皂洗涤，再用消毒液冲洗。为了消除粪便和尸腐臭味，可先用 0.2% 高锰酸钾溶液浸洗，再用 2%～3% 草酸溶液洗涤，退去棕褐色后，再用清水冲洗。

4. 尸体剖检的注意事项

（1）尸体剖检的时间　尸体剖检应在病畜死后愈早愈好。尸体放久后，容易腐败分解，尤其是在夏天，尸体腐败分解过程更快，这会影响对原有病变的观察和诊断。剖检最好在白天进行，因为在灯光下，一些病变的颜色（如黄疸、变性等）不易辨认。供分离病毒的脑组织要在动物死后 5h 内采取。一般死后超过 24h 的尸体，就失去了剖检意义。此外，细菌和病毒分离培养的病料要先无菌采取，最后再取病料做组织病理学检查。如尸体已腐烂，可锯一块带骨髓的股骨送检。

（2）了解病史　尸体剖检前，应先了解病畜所在地区的疾病的流行情况、病畜生前病史，包括临床化验、检查和临床诊断等。此外，还应注意治疗、饲养管理和临死前的表现等方面的情况。

（3）自我防护意识　剖检前应在尸体体表喷洒消毒液；搬运尸体时，特别是搬运炭疽、开放性鼻疽等传染病尸体时，用浸透消毒液的棉花团塞住天然孔，并用消毒液喷洒尸体后方可运送。

（4）病变的切取　未经检查的脏器切面，不可用水冲洗，以免改变其原来的颜色和性状。切脏器的刀、剪应锋利，切开脏器时，要由前向后，一刀切开，不要由上向下挤压或拉锯式的切开。切开未经固定的脑和脊髓时，应先使刀口浸湿，然后下刀，否则切面粗糙不平。

（5）尸检后处理

① 衣物和器材：剖检中所用衣物和器材最好直接放入煮锅或手提高压锅内，经灭菌后，方可清洗和处理；解剖器械也可直接放入消毒液内浸泡消毒后，再清洗处理。胶手套消毒后，用清水洗净，擦干，撒上滑石粉。金属器械消毒清洁后擦干，涂抹凡士林，以免生锈。

② 尸体：为了不使尸体和解剖时的污染物成为传染源，剖检后的尸体最好是焚化或深埋。特殊情况如人兽共患病或烈性病尸体要先用消毒药处理后再焚烧。野外剖检时，尸体要就地深埋，深埋之前在尸体上洒消毒液，尤其要选择具有强烈刺激异味的消毒药如甲醛等，以免尸体被意外挖出。

③ 场地：剖检场地要进行彻底消毒，以防污染周围环境。如遇特殊情况（如禽流感），检验工作在现场进行，当撤离检验工作点时，要做终末消毒，以保证继用者的安全。

5. 尸体剖检的步骤

为了全面系统地检查尸体所呈现的病理变化，尸体剖检必须按照一定的方法和顺序进行。但考虑到各种家畜解剖结构的特点，器官和系统之间的生理解剖学关系，疾病的性质以及术式的简便和效果等，各种动物的剖检方法和顺序既有共性又有个性。因此，剖检方法和顺序不是一成不变的，而是依具体条件和要求有一定的灵活性。不管采用哪种方法都是为了高效率地检查全身各个组织器官。对于所有的动物而言，一般剖检先由体表开始，然后是体内，体内的剖检顺序，通常从腹腔开始，之后胸腔，再后则其他。通常采用的剖检顺序如下。

（1）外部检查　在剥皮之前检查尸体的外表状态。外部检查的内容，主要包括以下几方面。

① 尸体概况：畜别、品种、性别、年龄、毛色、特征、体态等。

② 营养状态：可根据肌肉发育情况及皮肤和被毛状况判断。

③ 皮肤：注意被毛的光泽度，皮肤的厚度、硬度及弹性，有无脱毛、褥疮、溃疡、脓肿、创伤、肿瘤、外寄生虫等，有无粪泥和其他病理产物的污染。此外，还要注意检查有无皮下水肿和气肿。

④ 天然孔（眼、鼻、口、肛门、外生殖器等）的检查：首先检查各天然孔的开闭状态，有无分泌物、排泄物及其性状、量、颜色、气味和浓度等；其次应注意可视黏膜的检查，着重检查黏膜色泽变化。

⑤ 尸体变化的检查：家畜死亡后，舌尖伸出于卧侧口角外，由此可以确定死亡时的位置。尸体变化的检查，有助于判定死亡发生的时间、位置，并与病理变化相区别（检查项目见尸体变化）。

（2）致死动物　发病系统不同、检验目的不同，致死动物的方法也不同，主要有下列五种。

① 放血致死：大、中、小动物均适用。即用刀或剪切断动物的颈动脉、颈静脉、前腔动静脉等，使动物因失血过多而死亡。

② 静脉注射药物致死：如静脉注射甲醛、来苏儿等。

③ 人造气栓致死：主要用于小动物。即从静脉中注入空气，使动物在短时间内死于空气性栓塞。

④ 断颈致死：用于小动物或禽类。即将第一颈椎与寰椎脱臼，致使脊髓及颈部血管断裂而死，临床上常用于鸡的致死。这种方法方便、快捷，多数情况下不需器具，但却可造成喉头和气管上部出血，故呼吸道疾病时要注意区别。

⑤ 断延髓：用于大家畜如牛的致死，这种方法要求有确实的把握，否则较危险。

（3）内部检查　内部检查包括剥皮、皮下检查、体腔的剖开及内脏的采出和检查等。

① 剥皮和皮下检查：为了检查皮下病理变化并利用皮革的经济价值，在剖开体腔以前应先剥皮。在剥皮过程中，注意检查皮下有无充血、出血、水肿、脱水、炎症和脓肿等病变，并观察皮下脂肪组织的多少、颜色、性状及病理变化的性质等。剥皮后，应对肌肉和生殖器官作一大概的检查。

② 暴露腹腔：视检腹腔脏器。按不同的切线将腹壁掀开，露出腹腔内的脏器，并立即进行视检。检查的内容包括：腹腔液的数量和性状，腹腔内有无异常内容物，腹膜的性状，腹腔脏器的位置和外形，横膈膜的紧张程度，有无破裂等。

③ 胸腔的剖开和胸腔脏器的视检：剖开胸腔，注意检查胸腔液的数量和性状，胸腔内有无异常内容物，胸膜的性状，肺脏，胸腺，心脏等。

④ 腹腔脏器的采出：腹腔脏器的采出与检查可以同时进行，也可以先采出后检查。腹腔脏器的采出包括胃、肠、肝、脾、胰、肾和肾上腺等的采出。

⑤ 胸腔脏器的采出：为使咽、喉头、气管、食管和肺联系起来，以观察其病变的互相联系，可把口腔、颈部器官和肺脏一同采出。但大家畜一般都采用口腔、颈部器官、胸腔器官分别采出。

⑥ 口腔和颈部器官的采出：先检查颈部动静脉、甲状腺、唾液腺及其导管，颌下和颈部淋巴结有无病变，然后采出口腔和颈部的器官。

⑦ 颈部、胸腔和腹腔器官的检查：脏器的检查最好在采出的当时进行，因为此时脏器还保持着原有的湿润度和色泽。如果采出过久，由于受周围环境的影响，脏器的湿润度和色泽会发生很大的变化，使检查发生困难。但是，应用边采出边检查的方法，在实际工作中也常感不便，因为与病畜发病和致死原因有关的病变有时被忽略。通常，腹腔、胸腔和颈部各器官和病畜发病致死等问题的关系最密切，所以这三部分脏器采出之后就要进行检查。检查后，再按需要采出和检查其他各部分。至于这三部分器官的检查顺序应服从疾病的情况，即先取与发病和致死原因最有关系的器官进行检查，与该病理过程发生发展有联系的器官可一并检查。或考虑到对环境的污染，应先检查口腔器官，再检查胸腔器官，之后再检查腹腔脏器中的脾和肝脏，最后检查胃肠道。总之，检查顺序服从于检查目的和现场的情况，不应墨守成规。既要细致搜索和观察重点的病变，又要照顾到全身一般性检查。脏器在检查前要注

意保持其原有的湿润程度和色彩，尽量缩短其在外界环境中暴露的时间。

⑧ 骨盆腔脏器的采出和检查：在未采出骨盆腔脏器前，先检查各器官的位置和概貌。可在保持各器官的生理联系下一同采出。公畜先分离直肠并进行检查。然后检查包皮、龟头、尿道黏膜、膀胱、睾丸、附睾、输精管、精囊及尿道球腺等；母畜检查直肠、膀胱、尿道、阴道、子宫、输卵管和卵巢的状态。如剖检妊娠子宫，要注意检查胎儿、羊水、胎膜和脐带等。

⑨ 脑的采出和检查：剖开颅腔采出脑后，先观察脑膜有无充血、出血和淤血。再检查脑回和脑沟的状态（禽除外），然后切开大脑，检查脉络丛的性状和脑室有无积水。最后横切脑组织，检查有无出血及溶解性坏死等变化。

⑩ 鼻腔的剖开和检查：用骨锯（大、中动物）或骨剪（小动物和禽）纵行把头骨分成两半，其中的一半带有鼻中隔，或剪开鼻腔，检查鼻中隔、鼻道黏膜、额窦、鼻甲窦、眶下窦等。

⑪ 脊椎管的剖开、脊髓的采出和检查：剖开脊柱取出脊髓，检查软脊膜、脊髓液、脊髓表面和内部。

⑫ 肌肉、关节的检查：肌肉的检查通常只是对肉眼上有明显变化的部分进行，注意其色泽、硬度，有无出血、水肿、变性、坏死、炎症等病变；关节的检查通常只对有关节炎的关节进行，看关节部是否肿大，可以切开关节囊，检查关节液的含量、性质和关节软骨表面的状态。

⑬ 骨和骨髓的检查：主要对骨组织发生疾病的病例进行，先进行肉眼观察，检验其硬度及其断面的形象。骨髓的检查对于与造血系统有关的各种疾病极为重要。检查骨干和骨端的状态，红骨髓、黄骨髓的性质、分布等。

（4）某些组织器官检查要点

① 淋巴结：要特别注意颌下淋巴结、颈浅淋巴结、髂下淋巴结、肠系膜淋巴结、肺门淋巴结等的检查。注意检查其大小、颜色、硬度，与其周围组织的关系及横切面的变化。

② 肺脏：首先注意其大小、色泽、重量、质地、弹性、有无病灶及表面附着物等。然后用剪刀将支气管剪开，注意检查支气管黏膜的色泽、表面附着物的数量、黏稠度。最后将整个肺脏纵横切割数刀，观察切面有无病变，切面流出物的数量、色泽变化等。

③ 心脏：先检查心脏纵沟、冠状沟的脂肪量和性状，有无出血。然后检查心脏的外形、大小、色泽及心外膜的性状。最后切开心脏检查心腔。沿左侧纵沟切开右心室及肺动脉，同样再切开左心室及主动脉。检查心腔内血液的性状，心内膜、心瓣膜是否光滑，有无变形、增厚，心肌的色泽、质地，心壁的厚薄等。

④ 脾脏：脾脏摘出后，注意其形态、大小、质地；然后纵行切开，检查脾小梁、脾髓的颜色，红、白髓的比例，脾髓是否容易刮脱。

⑤ 肝脏：先检查肝门部的动脉、静脉、胆管和淋巴结。然后检查肝脏的形态、大小、色泽、包膜性状、有无出血、结节、坏死等。最后切开肝组织，观察切面的色泽、质地和含血量等情况。注意切面是否隆突，肝小叶结构是否清晰，有无脓肿、寄生虫性结节和坏死等。

⑥ 肾脏：先检查肾脏的形态、大小、色泽和质地，然后由肾的外侧面向肾门部将肾脏纵切为相等的两半（禽除外），检查包膜是否容易剥离，肾表面是否光滑，皮质和髓质的颜色、质地、比例、结构，肾盂黏膜及肾盂内有无结石等。

⑦ 胃的检查：检查胃的大小、质地、浆膜的色泽、有无粘连、胃壁有无破裂和穿孔等，然后沿胃大弯剖开胃，检查胃内容物的性状、黏膜的变化等。

反刍动物胃的检查，特别要注意网胃有无创伤，是否与膈相粘连。如果没有粘连，可将瘤胃、网胃、瓣胃、皱胃之间的联系分离，使四个胃展开。然后沿皱胃小弯与瓣胃、网胃之大弯剪开；瘤胃则沿背缘和腹缘剪开，检查胃内容物及黏膜的情况。

⑧ 肠管的检查：从十二指肠、空肠、回肠、大肠、直肠分段进行检查。在检查时，先检查肠管浆膜面的情况。然后沿肠系膜附着处剪开肠腔，检查肠内容物及黏膜情况。

⑨ 骨盆腔器官的检查：公畜生殖系统的检查，从腹侧剪开膀胱、尿管、阴茎，检查输尿管开口及膀胱、尿道黏膜，尿道中有无结石，包皮、龟头有无异常分泌物；切开睾丸及副性腺检查有无异常。母畜生殖系统的检查，沿腹侧剪开膀胱，沿背侧剪开子宫及阴道，检查黏膜、内腔有无异常；检查卵巢形状，卵泡、黄体的发育情况，输卵管是否扩张等。

6. 尸体剖检记录的编写

剖检记录必须包括主诉、发病经过、主要症状及体征、临床诊断、治疗经过、各种化验室检查结果、死亡前的表现及临床死亡原因等。

剖检记录必须遵守系统、客观、准确的原则，对病变的形态、大小、重量、位置、色彩、硬度、性质、切面的结构变化等都要客观地描述和说明，应尽可能避免采用诊断术语或名词来代替。有的病变用文字难以表达时，可绘图补充说明，有的可以拍照或将整个器官保存下来。

附：动物尸体剖检报告

动物尸体剖检报告

动物类别		性别		品种	
年龄		颜色		特征	
畜主姓名		畜主地址		发病时间	年　月　日
死亡时间	年　月　日	剖检时间	年　月　日	辅助检验	
主检人		助检人		记录员	
临床诊断		临床摘要			

剖检摘要

病理诊断

主检人签字：

20　年　月　日

任务 18　动物病料的采取、保存、包装和运输

[任务目标]

掌握动物病料采取、保存、包装和运输的原则及方法。能够进行动物病料的采取、保存、包装和运输的熟练操作。

[材料资源]

病死动物。

刀（剥皮刀，解剖刀，外科手术刀）、剪（外科剪，肠剪，骨剪）、镊子、骨锯、斧子、磨刀棒或磨石等。

剖检最常用的药品有：消毒药（来苏儿、新洁尔灭）、固定液（福尔马林、酒精）和储存病理组织的容器等。

酒精灯（进行无菌操作）。

[任务导入]

学生观看动物病料采取、保存、包装和运输的演示，学生分组进行操作，组内分工，认真进行动物病料采取、保存、包装和运输的操作。

[相关内容]

在尸体剖检时，为了进一步做出确切诊断，往往需要采取病料送实验室进一步检查。送检时，应严格按病料的采取、保存和寄送方法进行，具体做法如下。

1. 病理组织材料的采取和寄送

采取的病理材料，要采样全面，而且具有代表性，保持主要组织结构的完整性，如肾脏应包括皮质、髓质和肾盂；胃肠应包括从黏膜到浆膜的完整组织等。采取的病料应选择病变明显的部位，而且应包括病变组织和周围正常组织，并应多取几块。切取组织块时，刀要锋利，应注意不要使组织受到挤压和损伤，切面要平整。要求组织块厚度为 5mm，面积为 $1.5\sim3cm^2$；易变形的组织应平放在纸片上，一同放入固定液中。

病理组织材料用 10％福尔马林溶液固定，固定液量为组织体积的 $5\sim10$ 倍。容器底应垫脱脂棉，以防组织固定不良或变形，固定时间为 $12\sim24h$。已固定的组织，可用固定液浸湿的脱脂棉或纱布包裹，置于玻璃瓶封固或用不透水塑料袋包装于木匣内送检。送检的病理组织学材料要有编号、组织块名称、数量、送检说明书和填写送检单，供检验单位诊断时参考。

2. 微生物检验材料的采取和寄送

采取病料应于病畜死后立即进行，或于病畜临死前扑杀后采取，尽量避免外界污染，以无菌操作采取所需组织，采后放在预先消毒好的容器内。所采组织的种类，要根据诊断目的而定。如急性败血性疾病，可采取心血、脾、肝、肾、淋巴结等组织供检验；生前有神经症状的疾病，可采取脑、脊髓或脑脊液；局部性疾病，可采取病变部位的组织如坏死组织、脓肿病灶、局部淋巴结及渗出液等材料。在与外界接触过的脏器采病料时，可先用烧红的热金

属片在器官表面烧烙，然后除去烧烙过的组织，从深部采病料，迅速放在消毒好的容器内封好；采集体腔液时可用注射器吸取；脓汁可用消毒棉球收集，放入消毒试管内；胃肠内容物可收集放入消毒广口瓶内或剪一段肠管两端扎好，直接送检；血液涂片固定后，两张涂片涂面向内，用火柴杆隔开扎好，用厚纸包好送检；小动物可整个尸体包在不漏水的塑料袋中送检；对疑似病毒性疾病的病料，应放入50%甘油生理盐水溶液中，置于灭菌的玻璃容器内密封、送检。

采取病料用的刀、剪、镊子等设备、器械，使用前、后均应严格消毒。送检微生物学检验材料要有编号、检验说明书和送检报告单。同时，应在冷藏条件下派专人送检。

3. 中毒病料的采取与寄送

应采取肝、胃等脏器的组织、血液及较多的胃肠内容物和食后剩余的饲草、饲料，分别装入清洁的容器内，并且注意切勿与任何化学药剂接触混合，密封后在冷藏的条件下（装于放有冰块的保温瓶）送出。

参 考 文 献

[1] 陈宏智. 动物病理. 北京：化学工业出版社，2009.

[2] 周铁中，陆桂平. 动物病理. 北京：中国农业出版社，2006.

[3] 陆桂平. 动物病理. 北京：中国农业出版社，2001.

[4] 孙斌. 动物尸体剖检. 北京：中国科学技术出版社，2001.

[5] 王永琴，梁宏德，金成汉. 家畜病理生理学. 长春：吉林科学技术出版社，1998.

[6] 朱坤熹. 兽医病理解剖学. 北京：中国农业出版社，2000.

图0-1 新城疫病鸡产的蛋

图1-1

图1-2

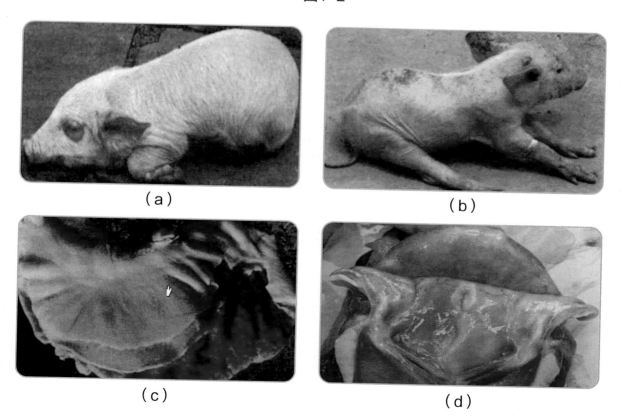

（a）

（b）

（c）

（d）

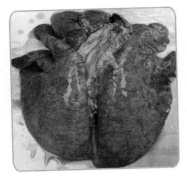
（e）

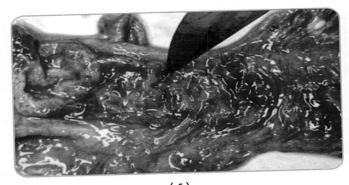
（f）

图1-5 仔猪水肿病的内脏器官的病理变化

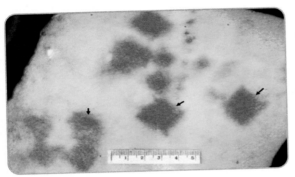

图4-1 猪丹毒时的皮肤表现

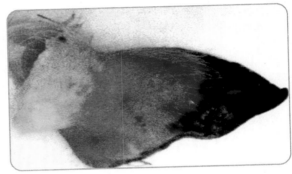

图4-2 病猪的耳朵

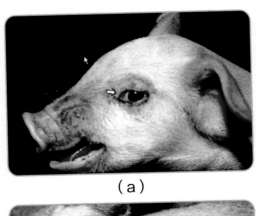
（a）

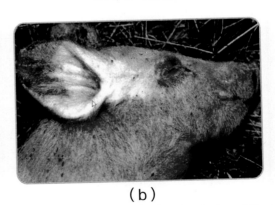
（b）

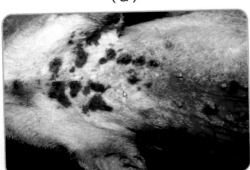
（c）

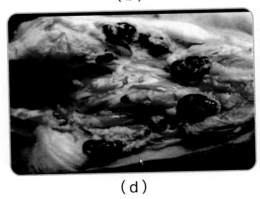
（d）

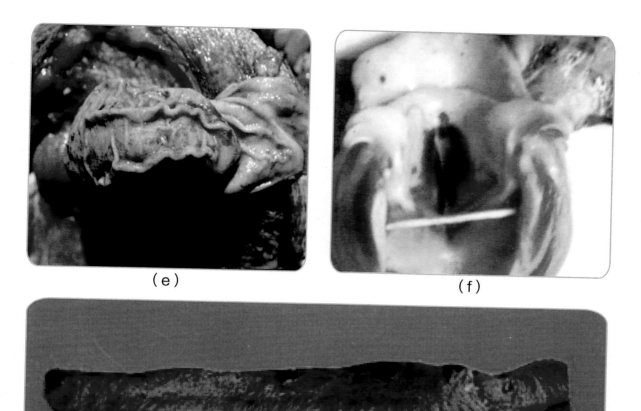

（e）　　　　　　　　　　　　　　　（f）

（g）

图4-9　猪瘟病死猪各组织器官发生的病理变化

图5-1

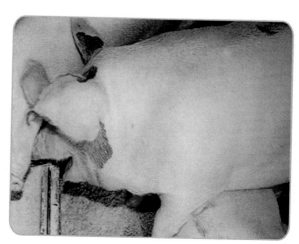

图5-2

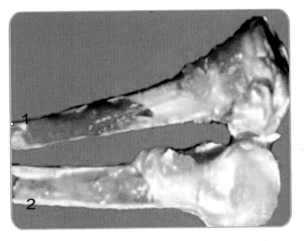

图5-3 鸡传染性贫血患鸡股骨（一）

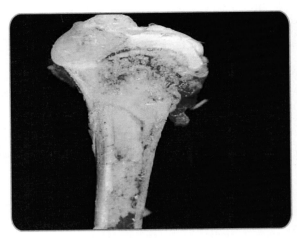

图5-4 鸡传染性贫血患鸡股骨（二）

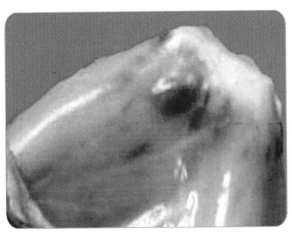

图5-5 鸡传染性贫血患鸡肌肉（一）

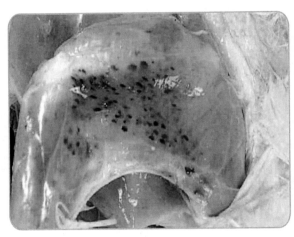

图5-6 鸡传染性贫血患鸡肌肉（二）

图6-1 正常猪的鼻甲骨

图6-2 异常的猪鼻甲骨

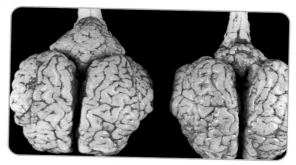

图6-3 牛脑

图6-7 病牛的肝脏

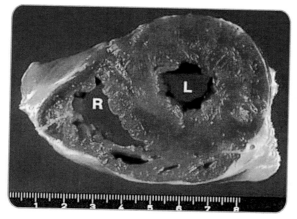

图7-1 正常心脏横切面

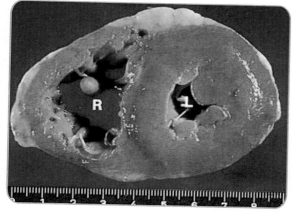

图7-2 异常心脏横切面

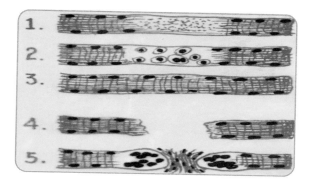

图7-6 骨骼肌的再生

1~3为肌膜未被破坏时骨骼肌的再生过程

4~5为肌膜损伤,肌纤维断裂时骨骼肌的再生过程

图8-1 牛白血病脾脏

图8-2 牛白血病肠管

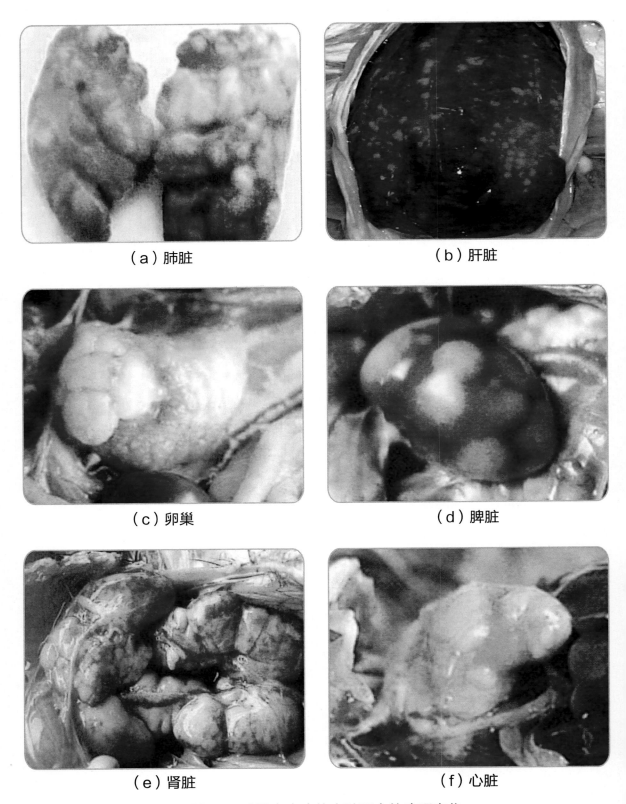

（a）肺脏

（b）肝脏

（c）卵巢

（d）脾脏

（e）肾脏

（f）心脏

图8-5 鸡马立克病的内脏器官的病理变化

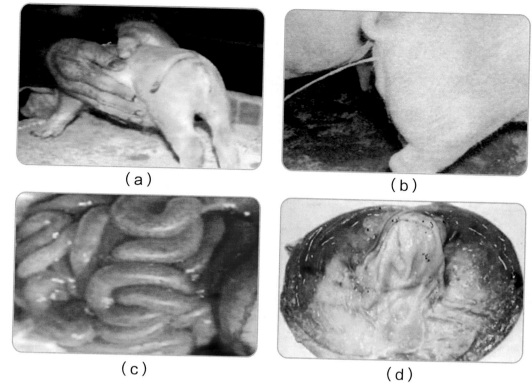

（a） （b）

（c） （d）

图14-3 猪传染性胃肠炎时临床症状及内脏器官的病理变化

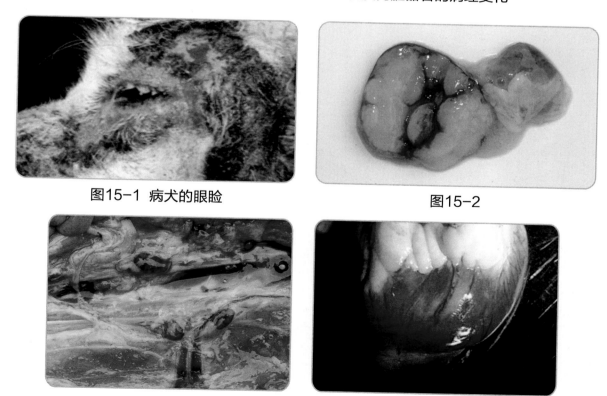

图15-1 病犬的眼睑 图15-2

图15-3 图15-4

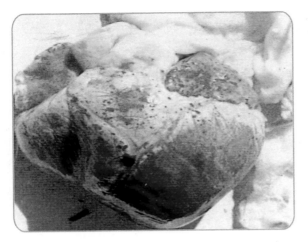

图15-5

图15-6

图15-7

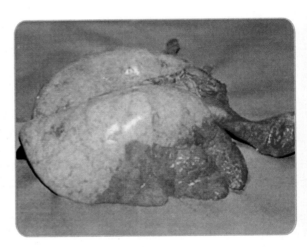

图15-8

图15-9

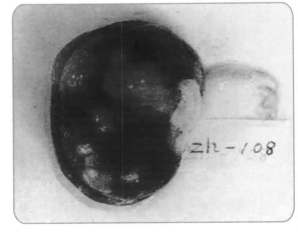

图15-10